Motorrad-
Reparaturanleitung
Band 5233

YAMAHA

YZF 600 R

ab Baujahr 1996

FZS 600 Fazer

ab Baujahr 1998

bucheli verlag

Impressum

ISBN 978-3-7168-1996-8

Motorrad-Reparatur-anleitung Band 5233

Redaktion,
Satz und Gestaltung:
Redaktionsbüro
Thomas Jung
D-70376 Stuttgart
Text:
Thomas Jung
Fotos:
Uwe Altmann
Thomas Jung
MO-Archiv
Druck und Bindung:
KN Digital Printforce GmbH
Schockenriedstr. 37
D-70565 Stuttgart

BUCHELI VERLAGS AG
CH-6304 Zug
Verkauf:
Gewerbestrasse 10
CH-6330 Cham
Postadresse:
Postfach 4161
CH-6304 Zug
Telefon
0041/41/7417755
Fax 0041/41/7417115

Alleinauslieferung für Deutschland:
Motorbuch-Verlag
D-70032 Stuttgart
Postfach 10 37 43
Telefon 0711/21080-0

Alleinauslieferung für Österreich:
Mohr Morawa Buchvertrieb GmbH
A-1101 Wien
Postfach 260
Telefon
0043 1 6896800

2. Auflage 2009

Dieser Band entspricht dem Kenntnisstand zum Zeitpunkt der Drucklegung. Abweichungen durch Weiterentwicklung der beschriebenen Fahrzeuge, geänderte Anweisungen des Fahrzeugherstellers bzw. neue gesetzliche Bestimmungen sind möglich.

Inhalt

Ein kleiner Sprung in die Historie

Drei gekreuzte Stimmgabeln: An diesem weltbekannten Emblem ist noch heute gut zu erkennen, dass das ursprüngliche Metier von YAMAHA der Bau von Musikinstrumenten war, und der übrigens heute noch – und zwar sehr erfolgreich – betrieben wird. Die Anfänge dieses Markennamens reichen bis weit ins achtzehnte Jahrhundert zurück und haben ihre Wurzeln in tief greifenden Veränderungen in der japanischen Gesellschaft.
Der Vater des späteren Firmengründers Torakusu Yamaha war als Samurai noch Angehöriger einer über Jahrhunderte privilegierten und elitären Gesellschaftsschicht.
Torakusu Yamaha wurde 1851 in einer ländlichen Gegend im Westen von Japan geboren, mitten hinein in grundlegende gesellschaftliche Umwälzungen. Das Abbröckeln der Territorialherrschaft und der Übergang zur absoluten Monarchie hatten zur Folge, dass den Samurai hohe Steuerlasten aufgebürdet wurden und deren Nachwuchs sich neue Erwerbsquellen erschliessen wollte und musste – eben arbeiten musste.
Torakusu Yamaha erlernte den Beruf des Feinmechanikers. Später absolvierte er noch eine Ausbildung bei einem Hersteller für medizinische Apparaturen.
1884 eröffnete er in Hamamatsu mit seinem Freund Kisaburo Kawai eine kleine Werkstatt, wo er drei Jahre später, nach diversen kleineren Aufträgen, sein erstes Instrument, ein Harmonium, baute. Der Verkauf lief gut an und der Betrieb vergrösserte sich rasch. YAMAHA spezialisierte sich bald auf den Bau von Orgeln, und bereits 1895 startet der Export nach Europa.
Einschneidende Veränderungen wurden durch den Zweiten Weltkrieg ausgelöst, obwohl die Produktion anfangs noch einigermassen normal weiterlief. 1941 bestand nahezu die gesamte Produktion aus Munition und technischem Gerät für die Kriegsmaschinerie.
Die Kapitulation Japans erforderte die Umstrukturierung und den Neuaufbau des Konzerns, und nur neun Monate später war YAMAHA als Musikgerätehersteller auf dem Weltmarkt wieder präsent.
1950 stiess ein neuer Mann an die Spitze des Konzerns: Genichi Kawamaki. Er war die treibende Kraft hinter der Entscheidung, neue Geschäftsbereiche zu erschliessen. Fünf Jahre später begann YAMAHA, Motorräder zu bauen; 1960 lief die Produktion von Booten und Aussenbordmotoren an.

1955
Das erste YAMAHA-Serienmotorrad: Die YA 1. Von Anderen lernen ist kein Fehler!

Die erste YAMAHA-Maschine war eine Kopie eines berühmten europäischen Vorbilds, nämlich der DKW RT 125, dem deutschen Nachkriegs-Volksmotorrad schlechthin, wie sie z.B auch in England (BSA) oder in den USA (Harley-Davidson) »nachempfunden« wurde. Bis in die 60er-Jahre hinein folgte die Modellpolitik überwiegend den Erfordernissen des Inlandsmarkt, wo hauptsächlich kleine, robuste Zweitakter gefragt waren, ähnlich der Situation im Nachkriegs-Deutschland.
Doch auch der Strassenrennsport wurde nicht vernachlässigt und als wichtiges Marketing-Instrument erkannt (im Gegensatz zu den deutschen Herstellern). So erwarb sich YAMAHA rasch Erfolge. 1964 holte das Werk erstmals die Markenweltmeisterschaft in der 250 cm³-Klasse und belebt mit der Herstellung von käuflichen Rennmaschinen, so genannten Production Racern, bis heute die Motorradszene.
Die Viertakt-Ära läutet YAMAHA für sich 1969 auf der Tokyo Motor Show mit der XS 1 ein. Jedoch musste diese sich an der ebenfalls brandneuen HONDA CB 750 messen lassen, gegen deren Vierzylinder-Power sie auf verlorenem Posten stand und im Verkauf hinter den Erwartungen zurück blieb. Zwei Jahre später gab es eine weiterentwickelte Version (XS 2), die aber für die deutschen Zulassungsbestimmungen stark zugestopft werden musste und zumindest in Europa nicht eben ein Verkaufsschlager wurde. Erst der dritte Anlauf, die XS 650, brachte YAMAHA den sehnlichst gewünschten Durchbruch auf dem Viertaktsektor und blieb immerhin bis 1985 in der Produktion (heute mit fester und treuer Fangemeinde).
YAMAHA-Highlights finden sich noch jede Menge sowohl auf dem Viertakt- als auch Zweitaktsektor, die legendäre Einzylinder-Enduro XT 500 und ihr Strassenableger SR 500 seien genannt, der Vierzylinder-Zweitakter RD 500 oder die erste Fünfventil-FZ 750 von 1986. Dieses über die Jahre immer weiter verfeinerte Know-how steckt heute in jeder YAMAHA.
YAMAHA-Motorräder sind natürlich auch untrennbar mit dem Sport verbunden. So die 1989 eingeführte FZR 600, die der 600er Supersport-Klasse in Deutschland zur Popularität verhalf und diese auch dominierte. Dieses heisse Eisen vergangener Tage ist sozusagen der Herz-, sprich Motorspender, für die YZF 600 R und die FZS 600 Fazer. Wobei die YZF 600 R sportliche Touren- und Langstreckenfahrer anspricht, während die FZS so genannte Allroundfahrer anspricht. Und es sieht so aus, als seien die Allrounder in der Mehrheit. Jedenfalls wird die YZF seit 1996 unverändert gebaut, während die Fazer mit ihrem Konzept des agilen Allrounders – gleich ob in der Hand eines »alten Hasen« oder eines begabten Novizen – leicht der hauseigenen XJ 600 Diversion Konkurrenz macht und der für den Modelljahrgang 2000 schon Modellpflegemassnahmen zuteil wurden. Diese erstrecken sich auf Ausstattungsdetails (Auspuffdämpfer und Soziusrasten sind tiefer angebracht für mehr Komfort, neu gestaltetes Cockpit), aber auch technische Details (zwei Liter mehr Tankinhalt). Der Motor bleibt unangetastet, wozu bei dieser Turbine auch kein Anlass besteht.

In eigener Sache: Dieser Band kann keine dreijährige Motorradmechaniker-Ausbildung ersetzen, setzt aber geübten Umgang mit Werkzeug und Materie voraus.
Einzelne Arbeitsgänge, zu deren Durchführung Sonderwerkzeuge und umfangreicher Maschinenpark (spezielle Dorne, Hülsen und Pressen) benötigt werden, die Hobbymechaniker-Verhältnisse übersteigen, werden zur Durchführung der YAMAHA-Werkstatt empfohlen.
Um sich und andere nicht zu gefährden, sind Arbeiten an der Bremsanlage ebenfalls versierten Fachkräften vorbehalten.

YAMAHA

1 Werkzeug

Werkzeug und Ersatzteile

1.1 Allgemeine Werkzeuge

Das mit der Maschine gelieferte Bordwerkzeug können wir für umfangreichere Wartungsarbeiten oder gar Motorüberholungen vergessen.
Also muss passendes Qualitätswerkzeug selbst besorgt werden, mit dem der Freizeit-Mechaniker seine Maschine mit Spass bei der Arbeit in Schuss halten kann. Hier eine Aufstellung von Werkzeugen, über die der engagierte Hobby-Schrauber verfügen sollte:

1 Gabelschlüssel (kompletter Satz ab 6/7 bis 30/32)
2 Ringschlüssel (abgekröpft, kompletter Satz ab 6/7)
3 Steckschlüssel (kompletter Satz ab 8/9 bis 20/22 und SW 30, 32)
4 Innensechskantschlüssel (kompletter Satz 2–8 mm, abgewinkelt)
5 Schraubendreher für Schlitzschrauben (ein kompletter Satz)
6 Schraubendreher für Kreuzschlitzschrauben (ein kompletter Satz)
7 Schlosserhämmer(200 g, 500 g, 1000 g)
8 Meissel (Satz: Meissel, Durchtreiber, Körner)
9 Stroboskoplampe (Zündungskontrolle)
10 Feilen und Ölstein (je ein Satz)
11 Flachschaber (verschiedene Klingenbreiten, im Durchschnitt 23 mm)
12 Dreikant-Schaber
13 Zangen (Kombi-, Wasserpumpen-, kleine Flachspitz-, Rundspitz-, Innen- und Aussenseegerring- und Grip-Zange)
14 Isolierter Seitenschneider
15 Schlagschraubendreher (mit Schlitz- und Kreuzschlitz-Einsätzen)
16 Knarre (komplett mit allen Einsätzen)
17 Drehmomentschlüssel (5–60 Nm/60–300 Nm, dazu alle nötigen Werkzeuge und Einsätze)
18 Gewindeschneid-Ausrüstung (komplett mit Lehre und Schneider)
19 Gewindereparatur-Ausrüstung
20 Elektrische Bohrmaschine (komplett mit Ausrüstung und Ständer)
21 Schraubstock
22 Werkbank

Das könnte genügen, aber der sichere Mann treibt die Freude noch weiter und gönnt sich noch andere gute Sachen.

23 Verschiedene Abzieher, von denen der wichtigste ein einfacher zweiarmiger ist
24 Lötlampe mit verschiedener Ausrüstung
25 Elektrische Heizplatte (ca. 25 cm Durchmesser)
26 Schiebelehre (Messschieber) und Messuhr (letztere komplett mit Halter)
27 Schraubzwingen zum Festhalten von Teilen
28 Kolbenringzange
29 Lötkolben (verschiedene Grössen: 30, 80, 150 Watt)
30 Für die Elektrik: Prüflampe, Taschenprüfgerät (Ohm- und Volt-Meter), Säureprüfer

Ausserdem muss der Hobbymechaniker über bestimmte *Verbrauchsstoffe* verfügen, als da wären:

31 Spiritus oder Bremsenreiniger zum Entfetten von Dichtflächen (und natürlich Bremsscheiben reinigen)
32 Flüssige Silikon-Dichtmasse
33 Radlagerfett für Seilzug- und Hebel/Pedal-Drehpunkte
34 Montage-Fett mit MoS_2–Anteil
35 Kupferpaste
36 Polfett (säurefrei)
37 Schraubensicherung (Loctite 221 o.Ä.)
38 Mehrzweck-Sprayöl

Dermassen ausgerüstet, bereitet es auch keine Schwierigkeiten, sich aus den Beständen des nächstgelegenen Schrotthändlers Abzieher, Abdrücker oder Spezialdorne und -halter zu konstruieren. Nützlich ist in dem Fall auch noch ein Schleifbock. Eine Motorradhebebühne stellt ebenfalls eine nicht zu unterschätzende Arbeitserleichterung dar. Auf die Reifenmontage wird hier nicht eingegangen, da die Montage von Schlauchlos-Reifen womöglich auch mit Behelfswerkzeug vonstatten geht, Ihr Reifenhändler aber die Felgen Ihrer YZF bzw. FZS bestimmt schonender behandelt, als dies bei einem Reifenwechsel in Eigenregie der Fall ist. Dort kann auch die Wuchtung der Reifen schnell und sicher ausgeführt werden (was auch kein Hexenwerk ist).

1.2 Spezialwerkzeug

■ Folgende Arbeiten erfordern YAMAHA- oder »Universal«-Spezialwerkzeug:

→ **Bild 1:** Ventilfederspanner zum Ausbau der Ventile/Ventilfedern (YAMAHA-Nr. 57001-241).

→ **Bild 2** und **Bild 3:** Rotorabzieher YAMAHA-Nr. 57001-1216 und Rotorhalter YAMAHA-Nr. 57001-1313 zum Ausbau des Generatorrotors.

→ **Bild 4:** Kupplungskorbhalter zum Ausbau des Kupplungskorbs (nicht erforderlich zum Wechseln der Kupplungsfedern oder -beläge; YAMAHA-Nr. 57001-1243).

→ **Bild 5:** Ölfilterschlüssel zur Ölfiltermontage (YAMAHA-Nr. 57001-1249).

TIPP Diese Werkzeuge sind zum Teil (z.B. Ölfilterschlüssel) auch bei den einschlägigen Zubehör-Handelsketten erhältlich.

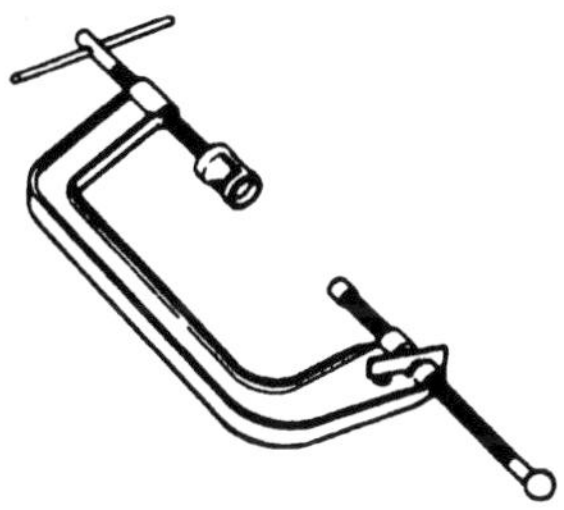

Bild 1
Ventilfederspanner
YAMAHA-Spezialwerkzeug
57001-241

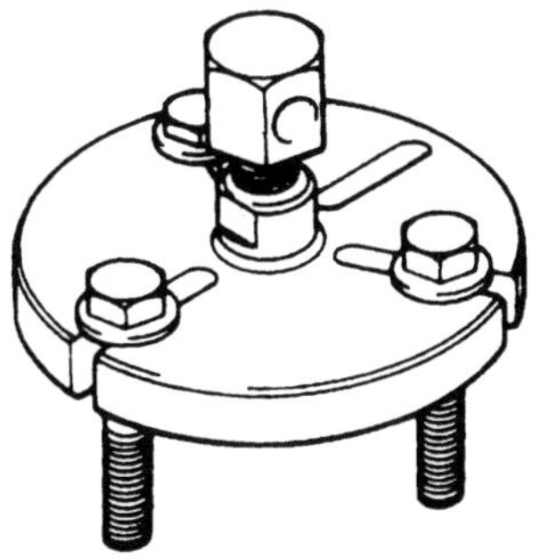

Bild 2
Rotorabzieher
YAMAHA-Spezialwerkzeug
57001-1216

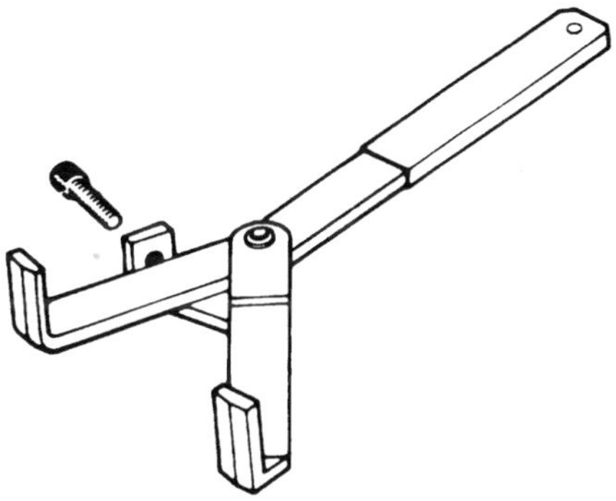

◄ **Bild 3**
Rotorhalter
YAMAHA-Spezialwerkzeug
57001-1313

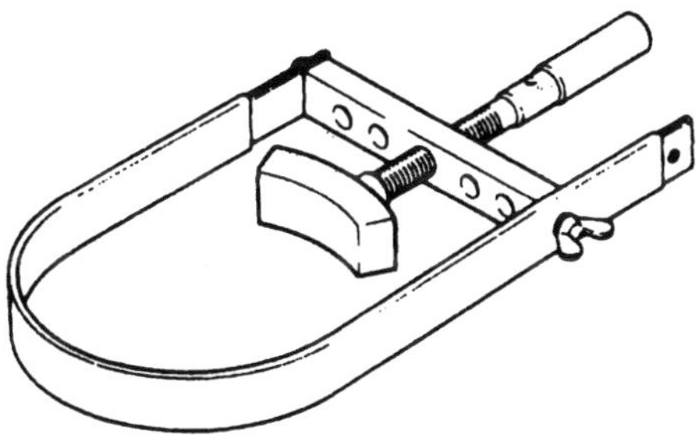

Bild 4
Kupplungsnabenhalter
YAMAHA-Spezialwerkzeug
57001-1243

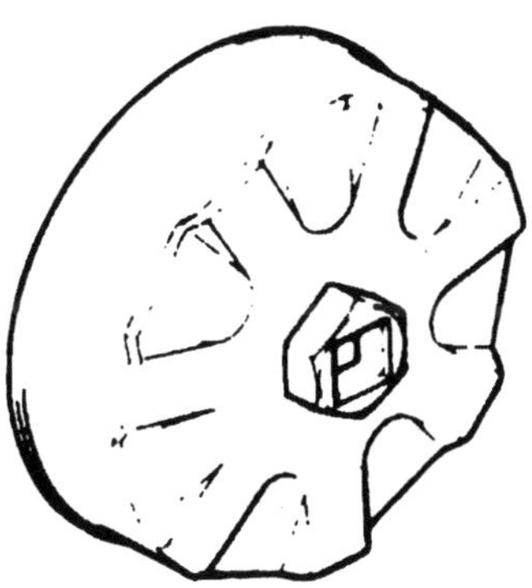

Bild 5
Ölfilterschlüssel
YAMAHA-Spezialwerkzeug
57001-1249

1.3 Ersatzteile

⚠ **Bild 6** bis **Bild 9:** Kraftfahrzeuge sind ständiger Modellpflege unterworfen, wobei meistens nur kleine Details geändert werden, die aber von einem zum anderen Baujahr oftmals nicht mehr kompatibel und selbst Fachleuten wie dem Motorradhändler nicht augenfällig sind. Deshalb ist es sehr wichtig, dass Sie beim Kauf von Ersatzteilen immer Ihren Fahrzeugschein und die Modellcode-Informationen bereithalten, damit Ihr Händler die richtigen, für die jeweilige Ausführung korrekten Teile ausfindig machen kann – das gilt übrigens auch für den Teilekauf bei den einschlägigen Motorradzubehör-Handelsketten.

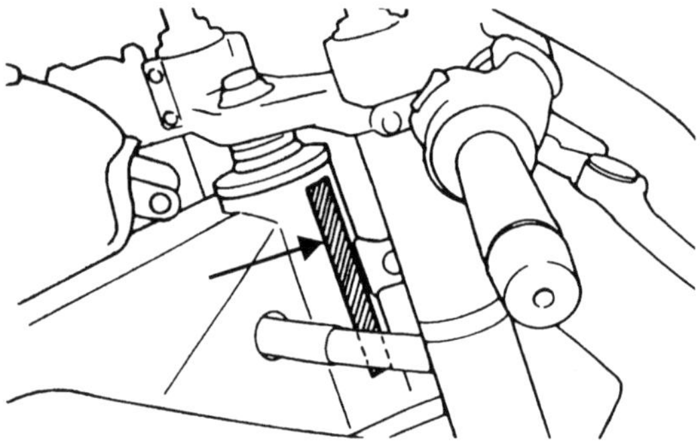

Bild 6
Rahmennummer am Lenkkopf (erste drei Zeichen sind Typkennzeichnung)

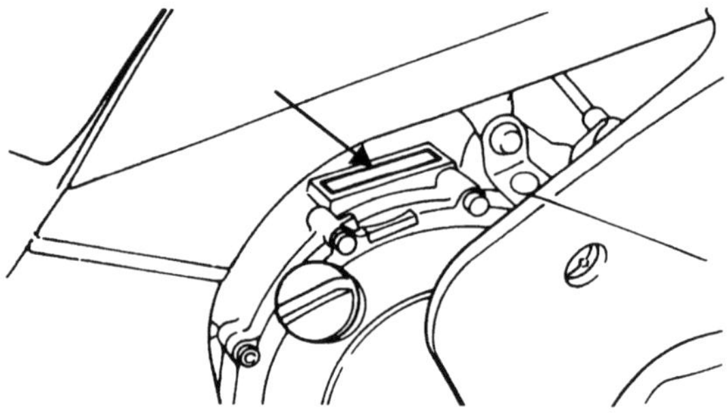

Bild 7 ➤
Motornummer über Kupplungsdeckel

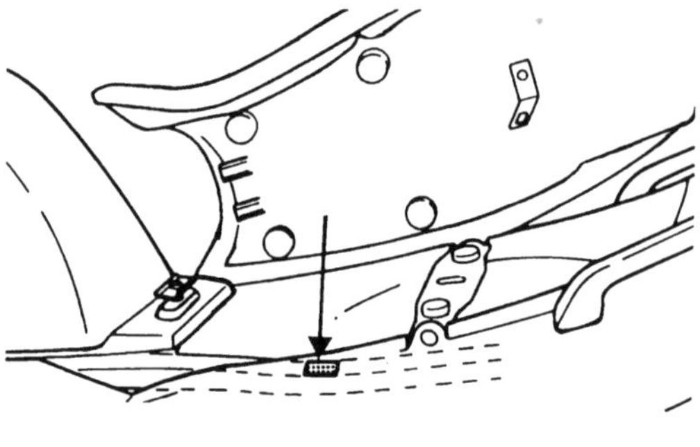

Bild 8
Modellcode-Klebeschild YZF

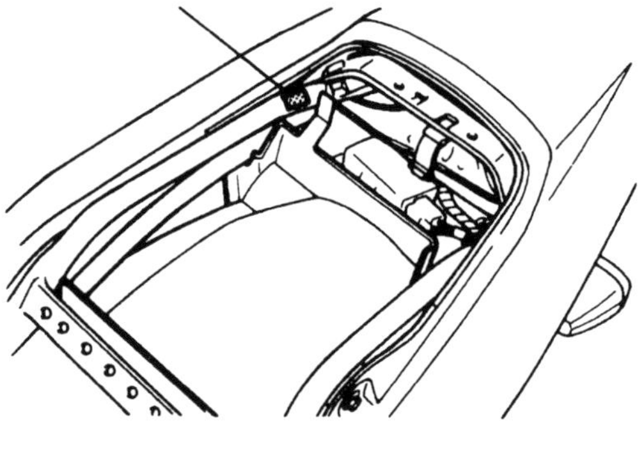

Bild 9 ➤
Modellcode-Klebeschild FZS

Störungssuche

Keine Klagen über die Zuverlässigkeit von YAMAHAS 600er-Reihenvierer! Störungen sind bei richtiger Pflege nicht zu erwarten, kommen aber natürlich dennoch gelegentlich vor.
Die folgende Liste soll helfen, Fehler zu lokalisieren. Jedoch ist die Liste nicht erschöpfend (leider!), da nicht jede mögliche Ursache für die aufgeführten Störungen angegeben werden kann. Sie kann lediglich als Hilfe zur Erleichterung der Störungssuche bei häufiger vorkommenden Störungen dienen.

2.1 Schmiersystem

2.1.1 Ölstand zu niedrig, hoher Ölverbrauch

- Öl läuft aus, Dichtungen lassen durch
- Kolbenringe verschlissen
- Ventilführungen abgenutzt

2.1.2 Öl verschmutzt

- Öl oder Ölfilter nicht rechtzeitig gewechselt
- Zylinderkopfdichtung schadhaft
- Kolbenringe verschlissen

2.1.3 Öldruck zu niedrig

- Ölstand zu niedrig
- Überdruckventil geöffnet oder festgeklemmt
- Ölpumpe verschlissen/Öl läuft aus

2.1.4 Öldruck zu hoch

- Überdruckventil geschlossen oder blockiert
- Ölfilter, Öltunnel verstopft
- Falsche Ölviskosität

2.1.5 Kein Öldruck

- Ölstand zu niedrig
- Ölpumpe defekt
- Internes Ölleck

2.2 Kraftstoffsystem

2.2.1 Motor wird durchgedreht, springt aber nicht an

- Kein Kraftstoff im Tank
- Kraftstoff gelangt nicht zum Vergaser
- Motor mit Kraftstoff überflutet
- Kein Funke an den Zündkerzen
- Kraftstoff-Filter verstopft
- Luftfilter zugesetzt
- Ansaugen von Nebenluft
- Falsche Choke/Gasdrehgriff-Betätigung

2.2.2 Motor springt schlecht an oder geht sofort wieder aus

- Falsche Choke-Betätigung
- Versagen der Zündanlage
- Vergaser defekt
- Kraftstoff verschmutzt
- Ansaugen von Nebenluft
- Leerlaufdrehzahl falsch eingestellt

2.2.3 Unruhiger Leerlauf

- Zündsystem/Vergaser-Einheit defekt
- Leerlaufdrehzahl falsch eingestellt
- Vergaser nicht synchronisiert
- Kraftstoff verschmutzt

2.2.4 Zündaussetzer beim Beschleunigen

- Zündsystem defekt
- Falscher Elektroden-Abstand der Zündkerzen

2.2.5 Fehlzündungen

- Zündsystem defekt
- Vergaser-Einheit oder Vergaser defekt
- Falscher Elektroden-Abstand der Zündkerzen
- Vergaser-Einheit zieht Neben-(Falsch-)Luft

2.2.6 Schlechte Leistung und hoher Verbrauch

- Kraftstoffsystem verstopft
- Zündsystem defekt
- Luftfilter verschmutzt

2.2.7 Zu mageres Gemisch

- Düsen verstopft
- Tank-Belüftung verstopft, Belüftungsschlauch eingeklemmt
- Kraftstoffschlauch eingeklemmt
- Ansaugen von Nebenluft

2.2.8 Zu fettes Gemisch

- Choke bei warmem Motor betätigt
- Luftfilter verschmutzt

2.3 Zylinderkopf, Ventile & Zylinder

2.3.1 Zu niedrige oder ungleichmässige Kompression

- Ventile falsch eingestellt
- Ventile verbrannt oder verbogen
- Falsche Ventilsteuerzeiten (Montagefehler)
- Ventilfeder gebrochen
- Zylinderkopfdichtung bläst durch
- Zylinderkopf verzogen oder gerissen
- Zylinder oder Kolbenringe verschlissen

2.3.2 Starke Geräuschentwicklung

- Ventile falsch eingestellt
- Klemmendes Ventil oder gebrochene Ventilfeder
- Steuerkette zu locker oder verschlissen
- Steuerkettenspanner verschlissen oder beschädigt
- Kolben oder Zylinder verschlissen
- Übermässige Ölkohlebildung im Brennraum

2.3.3 Zu hohe Kompression

- Übermässige Ölkohlebildung im Brennraum

2.3.4 Starke Rauchentwicklung

- Zylinder oder Kolben verschlissen
- Kolbenringe falsch montiert/gebrochen
- Kolben oder Zylinderwand mit Riefen oder Schrammen

2.3.5 Überhitzen

- Übermässige Ölkohlebildung im Brennraum
- Kühler zugesetzt/verschmutzt/beschädigt

2.4 Kupplung, Getriebe und Schaltgestänge

2.4.1 Kupplung rutscht beim Beschleunigen

- Kein Spiel im Seilzug
- Feder erlahmt oder zu schwach
- Kupplungsbeläge verschlissen

2.4.2 Kupplung rückt nicht aus

- Zu viel Spiel im Seilzug
- Scheibe verzogen
- Druckmechanismus defekt

2.4.3 Kupplung rupft

- Kupplungskorb/-Nabe riefig (eingeschlagene Nute)

2.4.4 Übermässig starker Hebeldruck

- Kupplungszug falsch verlegt, beschädigt oder verschmutzt
- Druckmechanismus beschädigt

2.4.5 Getriebe schwer schaltbar

- Falsche Kupplungseinstellung, zu viel Spiel im Seilzug
- Schaltgabeln/Schaltwelle verbogen
- Schaltwalze beschädigt

2.4.6 Gänge springen heraus

- Schaltklauen verschlissen oder verbogen
- Schaltwelle verbogen
- Schaltwalzen-Anschlag defekt

2.5 Kurbelgehäuse und Kurbelwelle

2.5.1 Übermässig starkes Geräusch

- Kurbelwellenhauptlagerzapfen oder Lager verschlissen (Rumpeln)
- Pleuellager verschlissen (Klopfen)

2.6 Frontpartie

2.6.1 Lenkung schwergängig

- Lenkkopfmutter zu fest angezogen
- Lenkkopflager beschädigt
- Lenkkopflager defekt
- Reifenluftdruck zu niedrig

2.6.2 Motorrad zieht nach einer Seite

- Gabelbeine falsch mit Öl befüllt
- Standrohr verbogen
- Vorderachse verbogen
- Rad falsch eingebaut

2.6.3 Vorderrad flattert

- Rad verzogen
- Vorderradlager ausgeschlagen
- Reifen falsch montiert
- Reifen defekt
- Reifen unwuchtig
- Achsmutter nicht genügend angezogen

2.6.4 Federung zu weich

- Gabelfedern ermüdet
- Zu wenig Gabelöl
- Falsche Gabelöl-Viskosität

2.6.5 Federung zu hart

- Zu viel Gabelöl
- Falsche Gabelöl-Viskosität

2.6.6 Geräusche beim Einfedern

- Gleitrohr abgenutzt
- Führungsbuchsen abgenutzt
- Zu wenig Gabelöl
- Vorderradgabel-Befestigungsteile lose

2.7 Vorderradbremse

2.7.1 Schlechte Bremsleistung

- Luft im Hydrauliksystem
- Abgenutzte Bremsklötze
- Bremsklötze verschmutzt oder verglast
- Hydrauliksystem undicht

2.7.2 Handbremse rubbelt

- Bremsscheibe mit unzulässig hohem Schlag

2.7.3 Nachlassende Bremswirkung unter starker Belastung

- Bremsflüssigkeit überaltert

2.8 Heckpartie

2.8.1 Trommeln oder seitliches Flattern des Rades

- Rad verzogen
- Radlager lose
- Reifen falsch montiert
- Reifen defekt oder unwuchtig
- Rad nicht festgezogen
- Schwingenlager zu viel Spiel/defekt

2.8.2 Bremshebel wippt

- Bremstrommel unrund

2.8.3 Federung zu weich

- Federn ermüdet
- Stossdämpfer falsch eingestellt oder defekt

2.8.4 Geräusche beim Einfedern

- Stossdämpfergehäuse klemmt
- Befestigungsteile lose
- Schwingenlager verschlissen

2.8.5 Schlechte Bremsleistung

- Bremsbeläge verölt, verglast oder abgefahren

2.9 Batterie und Ladesystem

2.9.1 Kein Strom bei eingeschalteter Zündung

- Batterie leer/zu niedriger Säurestand
- Zu geringe spezifische Dichte
- Störung im Ladekreis
- Batteriekabel abgetrennt
- Hauptsicherung durchgebrannt
- Zündschloss defekt

2.9.2 Schwacher Strom bei eingeschalteter Zündung

- Batterie nicht aufgeladen
- Zu niedriger Säurestand
- Zu geringe spezifische Dichte
- Störung im Ladesystem
- Batterieanschluss lose

2.9.3 Schwacher Strom bei laufendem Motor

- Batterie nicht ausreichend geladen
- Zu niedriger Säurestand
- Eine oder mehrere tote Zellen
- Störung im Ladekreis

2.9.4 Zeitweilig aussetzender Strom

- Lose Kabelanschlüsse (Wackelkontakte)
- Kurzschluss in der Anlage

2.9.5 Störung im Ladekreis

- Kabel oder Anschluss lose, gerissen oder kurzgeschlossen
- Regler/Generator defekt

2.10 Zündsystem

2.10.1 Motor wird durchgedreht und springt nicht an

- Kein Funke an den Zündkerzen
- Zündgeberspulen defekt
- Kabel zwischen Zündkerzen oder Zündgeberspulen und Zündbox/-spule ungenügend angeschlossen, bzw. gerissen oder kurzgeschlossen

2.10.2 Kein Funke an den Zündkerzen

- Kurzschlussschalter auf OFF
- Kabel schlecht angeschlossen, gerissen oder kurzgeschlossen zwischen Generator und Zündspule, Zündgeberspule und Kurzschluss-Schalter, Zündgeberspule und Zündspule, Zündgeberspule und Zündschloss oder zwischen Zündspule und Zündkerze
- Zündschloss defekt
- Zündspule/Zündgeberspule defekt

2.10.3 Motor springt an, läuft aber stotternd oder dreht nicht hoch

- Defekt im Primärzündstromkreis
- Zündspule/Zündkerze defekt
- Loses oder blankes Kabel
- Wackelkontakt oder loses Kabel in einem Schalter
- Defekt im Sekundärzündstromkreis
- Hochspannungskabel defekt
- Falscher Zündzeitpunkt
- Zündgeberspule defekt
- Defekt im Kraftstoffsystem

2.11 Starter

2.11.1 Startermotor dreht sich nicht

- Batterie entladen
- Zündschalter defekt
- Startknopf/*Neutral*schalter defekt
- Starter-Relaisschalter defekt
- Kabel lose oder abgetrennt

2.11.2 Startermotor dreht den Motor nur langsam durch

- Zu schwache Batterie
- Hoher Widerstand im Schaltkreis
- Startermotor klemmt, defekt

2.11.3 Startermotor läuft, ohne den Motor durchzudrehen

- Freilauf/Zwischenzahnrad defekt
- Zahnräder des Startermotors defekt

Wartung

Wer lange Freude am zuverlässigen Funktionieren seiner Maschine haben will, kommt um regelmässige Wartungsarbeiten nicht herum.
Die YAMAHA-Vierzylinder sind jedoch einfach im Grundaufbau, sodass die Wartungsdienste keinen grossen Werkzeug- und Zeitaufwand erfordern.
Allerdings erfordert die Kontrolle des Ventilspiels das Ablassen des Kühlwassers und den Ausbau der Vergaser und Nockenwellen.
Die Ventilspiel-Kontrollintervalle sind jedoch dank der aufwändigen Technik (zwei obenliegende Nockenwellen mit Tassenstössel-Betätigung der Ventile) mit 42 000 Kilometern (!) recht weit gesteckt.

Die **Wartungsintervalle 3.1** müssen bei normaler Fahrweise nicht sklavisch eingehalten werden. Während einer Urlaubsfahrt kann die fällige Inspektion auch einmal um 500 Kilometer hinausgeschoben werden.
Anders sieht es bei häufigem Kurzstreckenverkehr oder bei dauernden Regenfahrten aus. Eine Fahrerin oder ein Fahrer mit Durchblick werden erkennen, ob sie ihre Maschine erschwerten Bedingungen aussetzen und die höher beanspruchten Baugruppen deshalb vorzeitig überprüfen.
Auch bei Wartungsarbeiten gilt: Ohne gutes Werkzeug in den benötigten Grössen fängt man mit dem Schrauben gar nicht erst an. Arbeiten an der hydraulischen Scheibenbremse sollten allerdings aus Sicherheitsgründen nur bei entsprechenden Vorkenntnissen selbst durchgeführt werden, ansonsten ist das Motorrad in der Fachwerkstatt besser aufgehoben.

■ **Bild 10** und **Bild 11** zeigen Seitenansichten, die letzte Unklarheiten darüber ausräumen, wo sich was befindet.

Bild 10
Seitenansicht von links
1 Luftfilter
2 Batterie
3 Generator
4 Wasserpumpe
5 Ritzelabdeckung

3.1 Tabelle für die periodische Wartung

Intervall/km	**1000**	**6000**	**12000**	**18000**	**24000**
Zeit/Monate	**1**	**6**	**12**	**18**	**24**
Benzinschläuche	–	–	P	–	P
Gasseilzugspiel/Seilzüge	–	–	P	–	P
Luftfilter	–	–	–	E	–
Zündkerze	–	–	P	–	E
Ventilspiel	**Alle 42000 km kontrollieren**				
Motoröl	E	–	E	–	E
Motoröl-Filter	E	–	E	–	E
Vergaser-Abgleich (-Synchronisation)	–	–	P	–	P
Leerlaufdrehzahl	P	P	P	P	P
Kühlmittel **Alle 3 Jahre erneuern**	–	–	I	–	I
Kühlsystem	–	–	P	–	–
Sekundärluftsystem	–	–	P	–	P
Antriebskette	**Alle 1000 km reinigen und schmieren**				
Bremsflüssigkeit	–	P	P	E	–
Bremsbelag-Verschleiss	–	P	P	P	P
Bremsanlage	P	–	P	–	P
Bremslichtschalter	–	–	P	–	P
Scheinwerfer-Einstellung	–	–	P	–	P
Kupplungssystem	P	P	P	P	P
Seitenständer	–	–	P	–	P
Radaufhän un	–	–	P	–	P
Muttern, Schrauben und Befestigungsteile	P	–	P/A	–	P/A
Räder und Reifen	–	–	P	–	P
Lenkkopflager	P	–	P	–	P

A Anziehen
E Erneuern
P Prüfen und gegebenenfalls einstellen, reinigen, schmieren bzw. erneuern

Bei höheren Kilometerständen als den hier aufgeführten, Intervalle sinngemäss wiederholen.

Bild 11
Seitenansicht von rechts
1 Benzinpumpe und -filter
2 Kupplung
3 Starterfreilauf
4 Kühler

3.2 Verkleidung, Sitzbank und Tank

TIPP Ausbau dieser Teile ist nicht grundsätzliche Voraussetzung zu jeder Wartungsarbeit. Die betreffenden Abschnitte enthalten einen Verweis auf dieses Kapitel.

YZF 600 R

- **Bild 12:** Innenteil des Verkleidungskiels nach Ausdrehen der Befestigungsschrauben abnehmen.
- **Bild 13:** Obere Innenteile nach Ausdrehen der Befestigungsschrauben abnehmen.
- **Bild 14:** Luftkanal-Abdeckungen abnehmen.

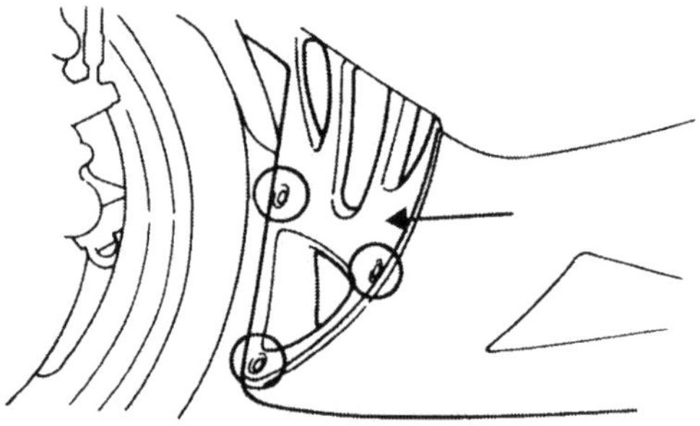

Bild 12
Verkleidungskiel-Innenteil

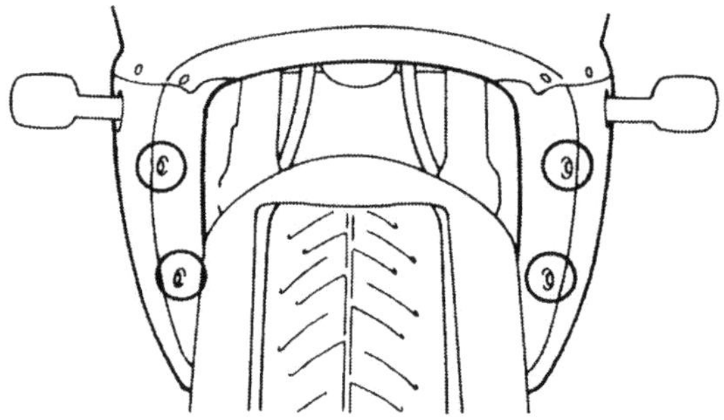

Bild 13 ➤
Obere Innenteile links und rechts

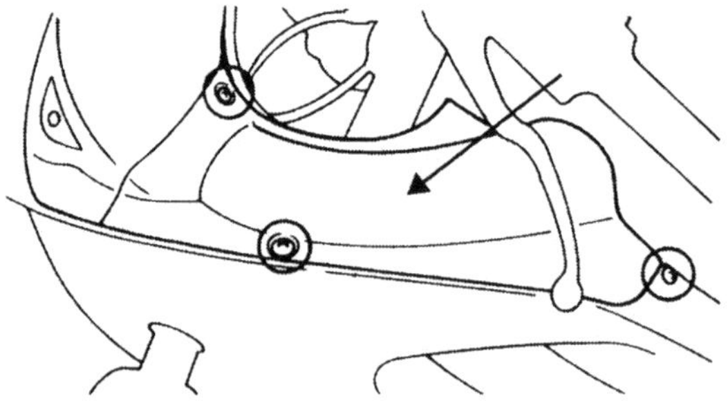

Bild 14
Lufteinlasskanal-Abdeckungen links und rechts

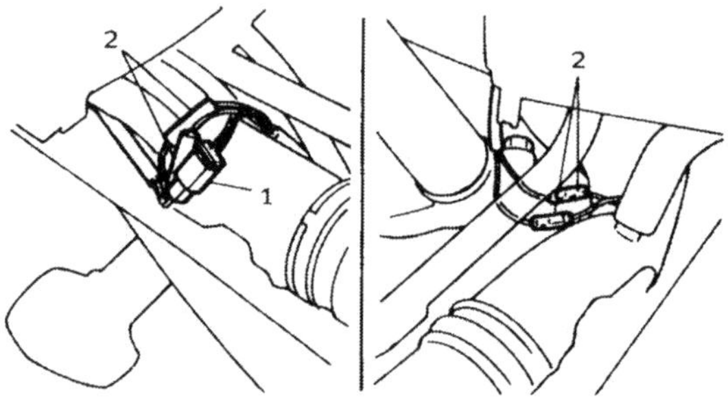

Bild 15 ➤
Blinker- ② und Standlichtkabel ①

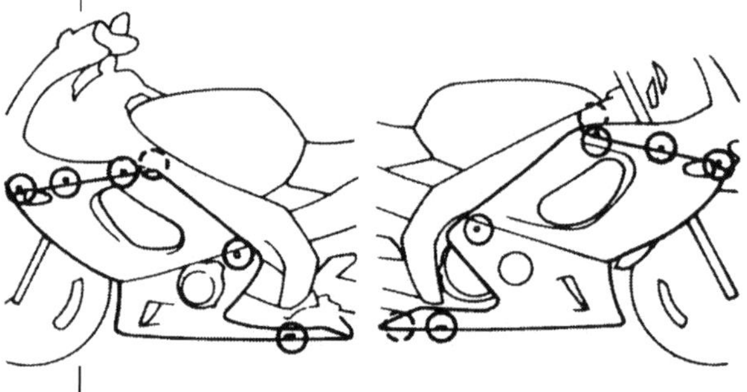

Bild 16
Seitenverkleidung abnehmen

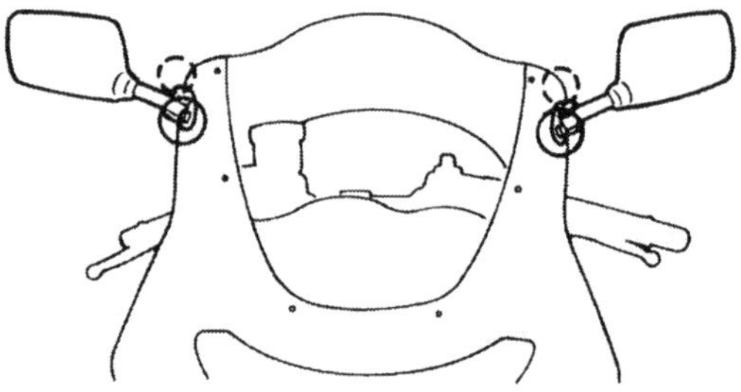

Bild 17 ➤
Rückblickspiegel mit Dämpfergummis

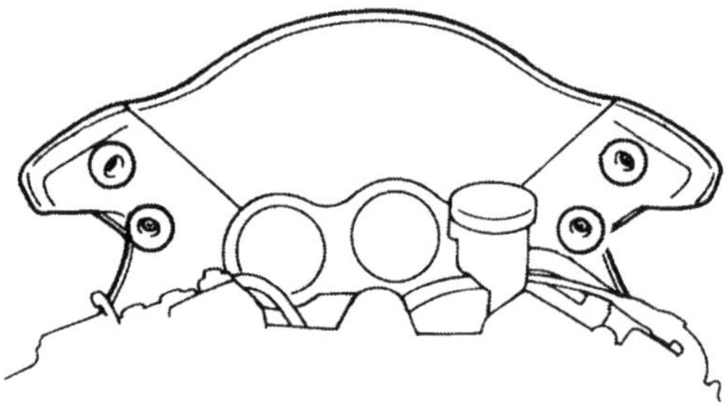

Bild 18
Seitenverkleidung der Frontscheibe

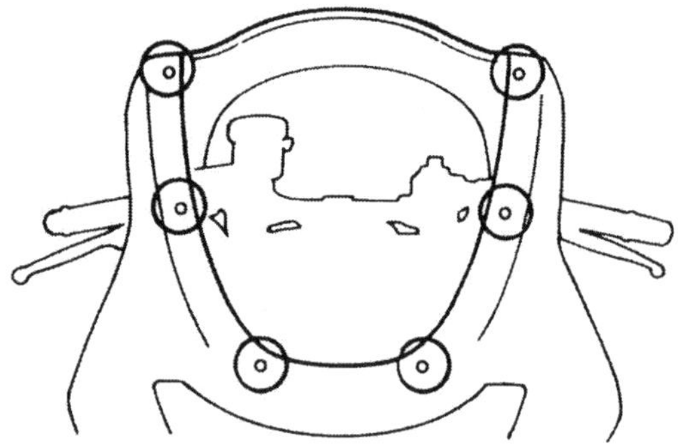

Bild 19
Frontscheibe

- **Bild 15:** Blinker und Standlichtstecker trennen.
- **Bild 16:** Seitenverkleidung nach Ausdrehen der Befestigungsschrauben abnehmen.
- **Bild 17:** Rückblickspiegel mit Dämpfergummis abnehmen.

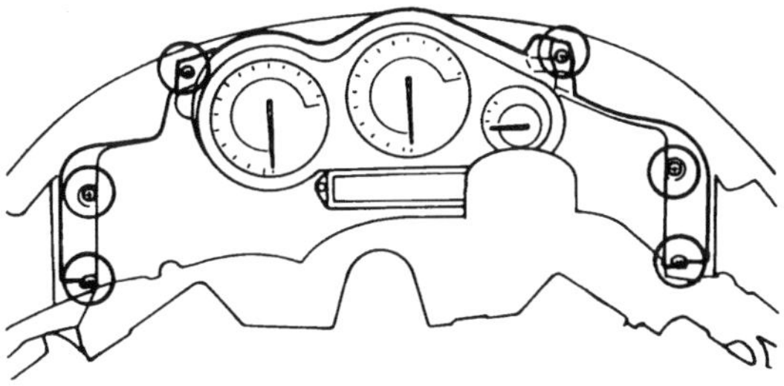

◄ **Bild 20**
Instrumente-Abdeckung

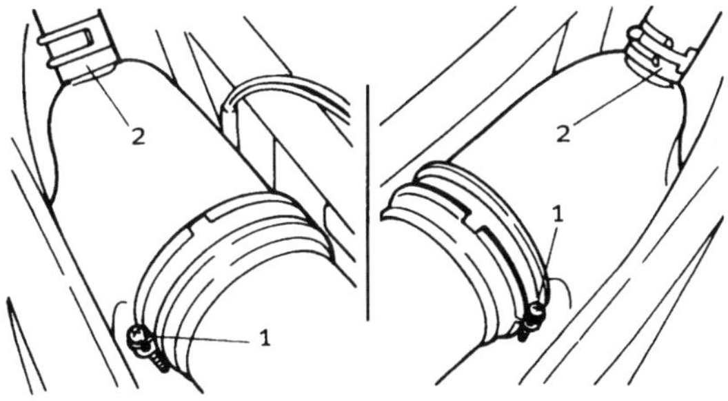

Bild 21
Schlauchschellen der Lufteinlasskanäle ① und Schläuche ②

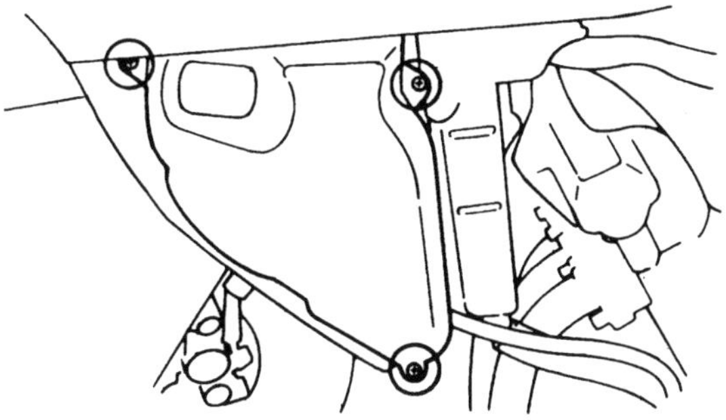

◄ **Bild 22**
Ausdehnungsbehälter

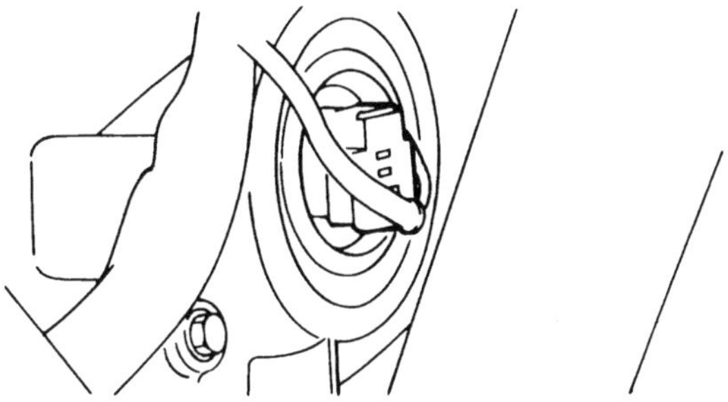

Bild 23
Scheinwerferstecker

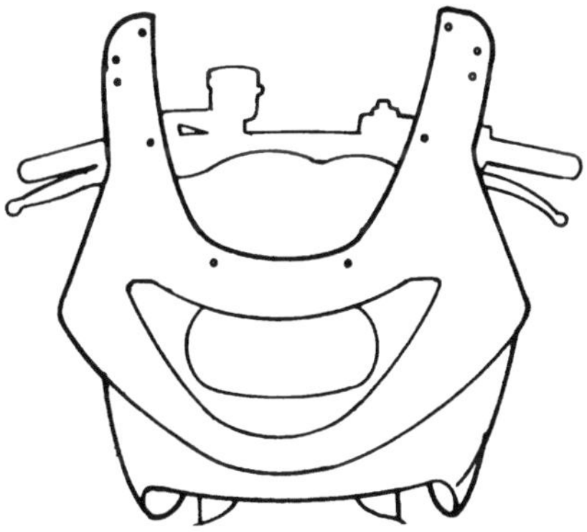

◄ **Bild 24**
Frontverkleidung

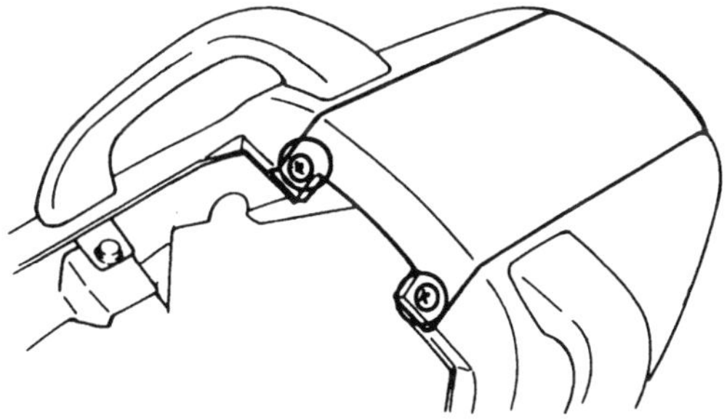

Bild 25
Mittelteil der Heckverkleidung

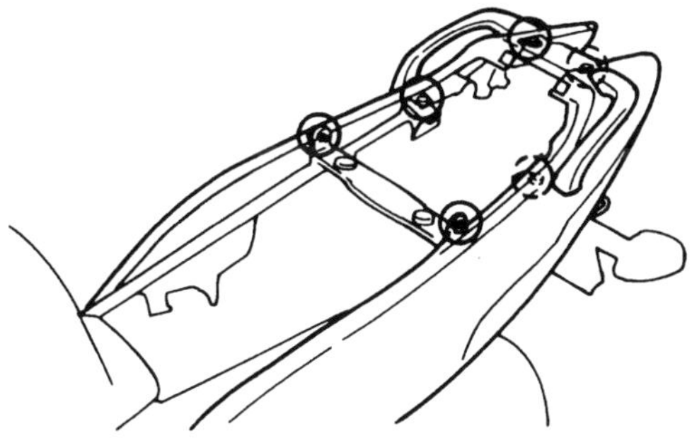

◄ **Bild 26**
Haltegriffe und Seitenteile

Vorsicht! ⚠
Aufgepasst!

- **Bild 18:** Seitenverkleidung der Frontscheibe abnehmen.
- **Bild 19:** Frontscheibe nach Ausdrehen der Befestigungsschrauben abnehmen.
- **Bild 20:** Instrumente-Abdeckung abnehmen.
- **Bild 21:** Schlauchschellen der Lufteinlasskanäle lockern und Schläuche abnehmen.
- **Bild 22:** Ausdehnungsbehälter nach Ausdrehen der Befestigungsschrauben abnehmen.
- **Bild 23:** Scheinwerferstecker abziehen.
- **Bild 24:** Tachowelle und Kondensat-Ablassschlauch des Ausdehnungsbehälters freilegen und Frontverkleidung abnehmen.
- Sitzbank mit Zündschlüssel entriegeln und abnehmen.
- **Bild 25:** Zum Ausbau der Heckverkleidung Mittelteil abnehmen.
- **Bild 26:** Griffe und Seitenteile abnehmen.
- **Bild 27** und **Bild 28:** Einbau erfolgt in umgekehrter Ausbau-Reihenfolge.

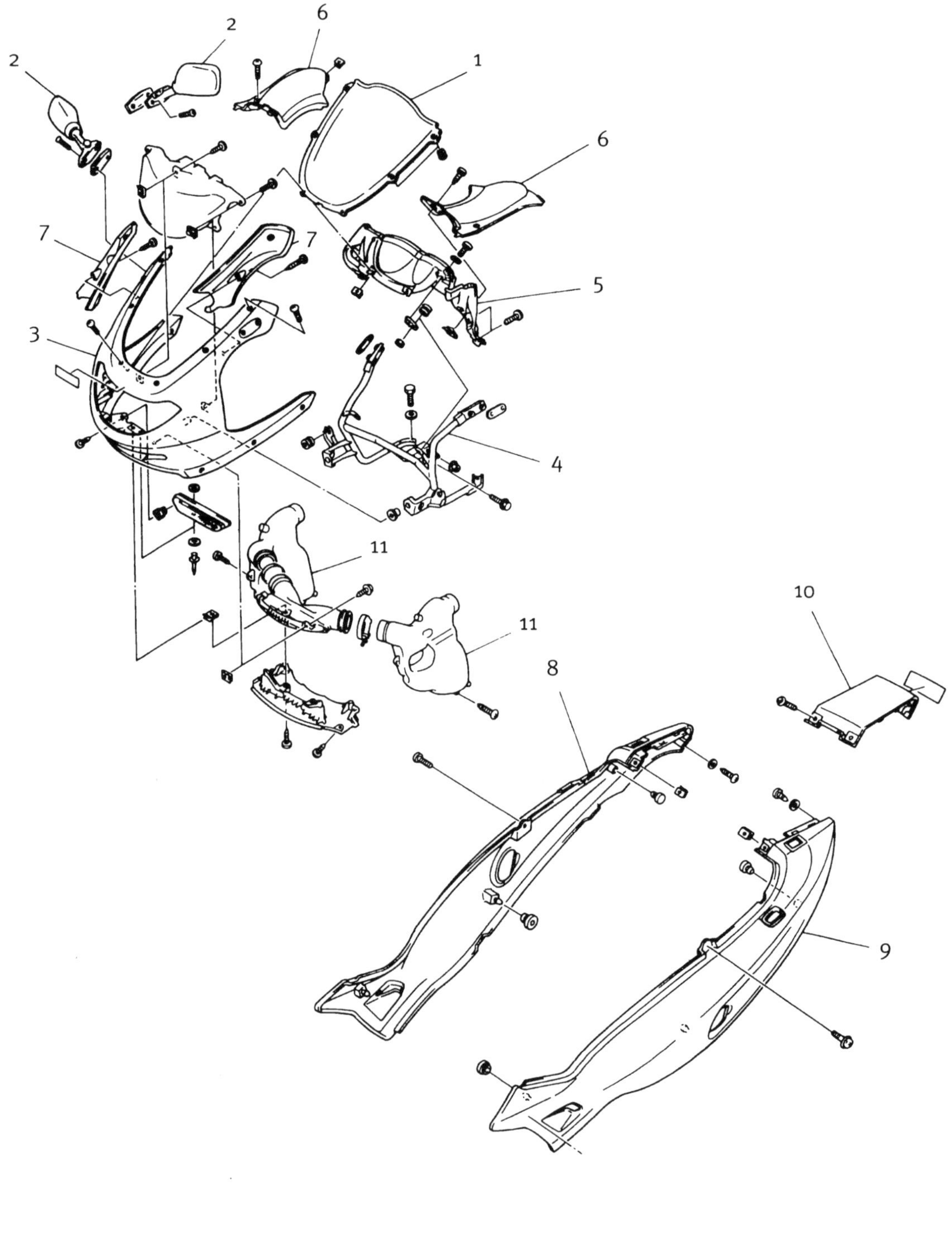

Bild 27
Front- und Heckverkleidung
1 Frontscheibe
2 Rückblickspiegel
3 Frontverkleidung
4 Verkleidungshalterung
5 Instrumente-Abdeckung
6 Lufteinlasskanal-Abdeckung
7 Obere Abdeckung
8 Heckverkleidungs-Seitenteil rechts
9 Heckverkleidungs-Seitenteil links
10 Mittelteil
11 Ausdehnungsbehälter

Bild 28
Verkleidungskiel
1 Seitenteil rechts
2 Verkleidungs-halterung
3 Seitenteil links
4 Innenteil

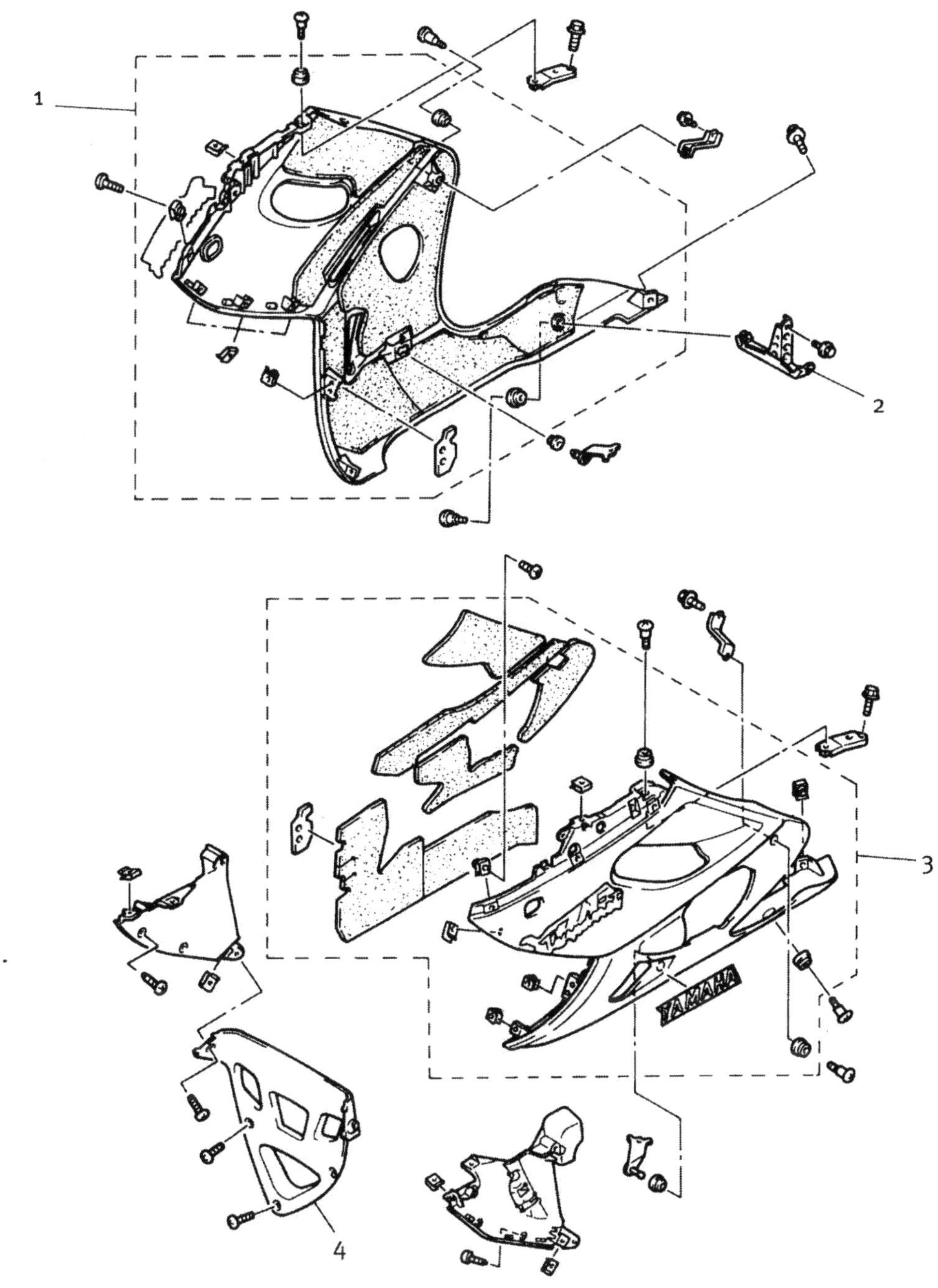

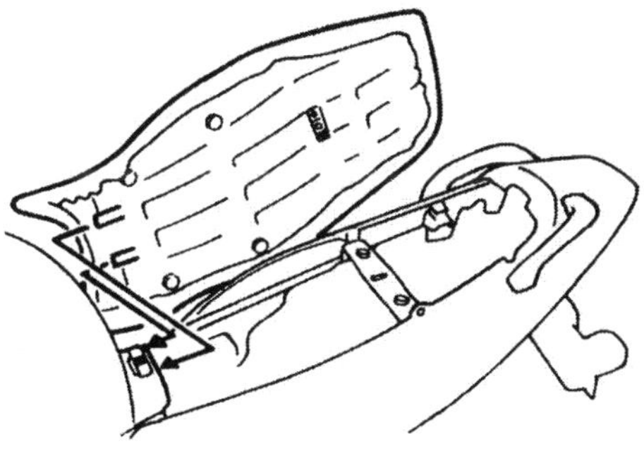

◄ **Bild 29**
Sitzbank zuerst mit Halte-laschen einführen

Bild 30
Hintere Tank-Befestigungs-schraube mit Halteblech

- **Bild 29:** Sitzbank zuerst mit Haltelaschen am Tank einführen, dann hinten herunterdrücken.
- <u>*Benzintank*</u> bei abgenommener Sitzbank ausbauen:
- **Bild 30** und **Bild 31:** Befestigungsschrauben ausdrehen und Kraftstofftank vorsichtig anheben.
- Kraftstoffhahn auf OFF drehen.
- **Bild 32:** Nach Lösen der Federschlauchschellen, Benzinpumpenstecker ①, Überlaufschlauch ② und Benzinschlauch ③ abnehmen.
- Tank abnehmen und in umgekehrter Reihenfolge montieren.

Aufgepasst! Auf sauberen Sitz der Federschlauchschellen achten. Bei laufendem Motor Schlauchverbindungen auf Dichtheit kontrollieren. Siehe auch *Kapitel 3.3*.

FZS 600

- **Bild 33:** Rückblickspiegel abnehmen.
- Innenverkleidung ② nach Ausdrehen der Befestigungsschrauben abnehmen.
- Scheinwerfer- und Blinkerstecker abziehen.
- Verkleidungshalterung lösen.
- Frontverkleidung abnehmen.
- Gegebenenfalls Scheinwerfer abnehmen.
- Einbau erfolgt in umgekehrter Ausbau-Reihenfolge.
- Sitzbank mit Zündschlüssel entriegeln, vorn anheben und abnehmen.
- **Bild 34:** Zwei Befestigungsschrauben ausdrehen und Kraftstofftank vorsichtig anheben.
- **Bild 35:** Kraftstoffhahn auf ON drehen.
- **Bild 36:** Nach Lösen der Federschlauchschellen Überlauf-, Belüftungs- und Benzinschlauch abnehmen.

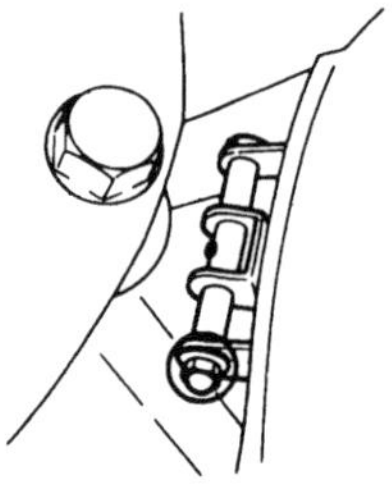

Bild 31
Vordere Befestigungsmutter und -schraube

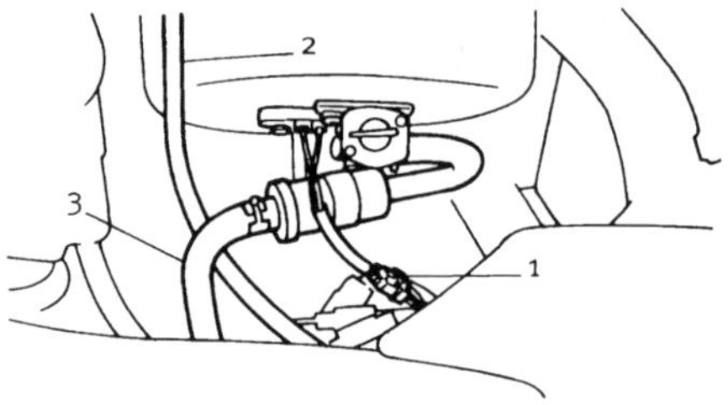

Bild 32 ➤
Tank-Unterseite
1 Benzinpumpenstecker
2 Überlaufschlauch
3 Benzinschlauch

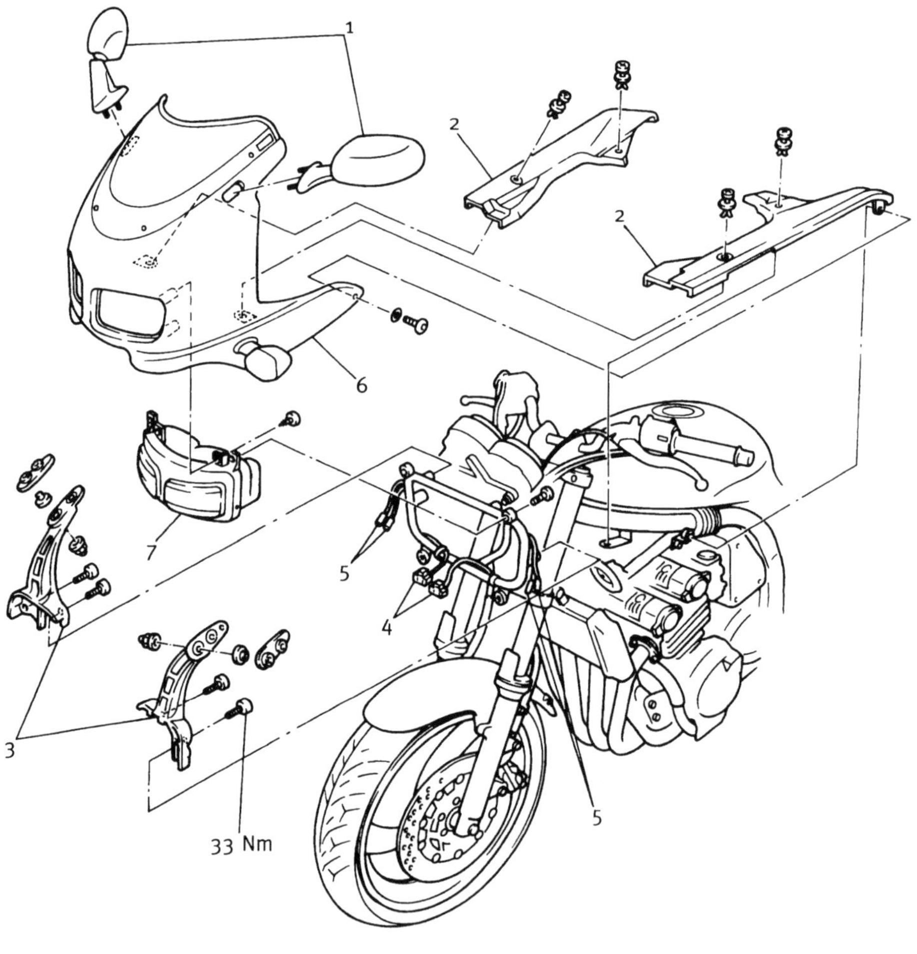

Bild 33
FZS-Frontverkleidung
Anzugsmoment
1 Rückblickspiegel
2 Innenverkleidung
3 Verkleidungshalterung
4 Scheinwerferstecker
5 Blinkerstecker
6 Frontverkleidung
7 Scheinwerfer

- Stecker des Benzinstandgebers trennen und Tank abnehmen.
- **Bild 37:** Tank in umgekehrter Reihenfolge montieren.

Auf sauberen Sitz der Federschlauchschellen achten.

Bei laufendem Motor Schlauchverbindungen auf Dichtheit kontrollieren. Siehe auch *Kapitel 3.3.*

Bild 34
Tankbestigung vorn und hinten

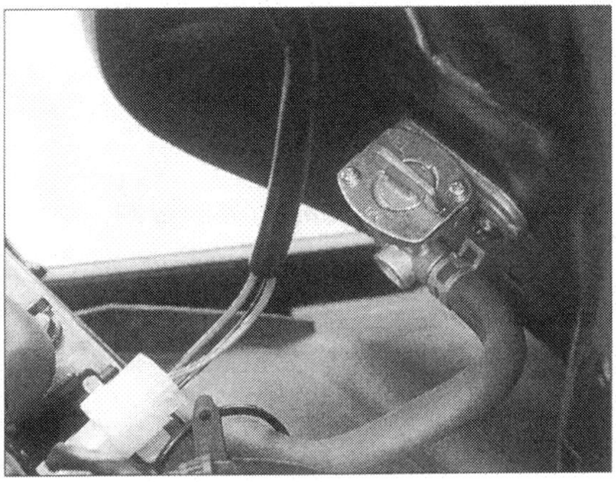

◄ Bild 35
Benzinhahn auf OFF drehen

Bild 36
Schläuche abnehmen und Stecker trennen

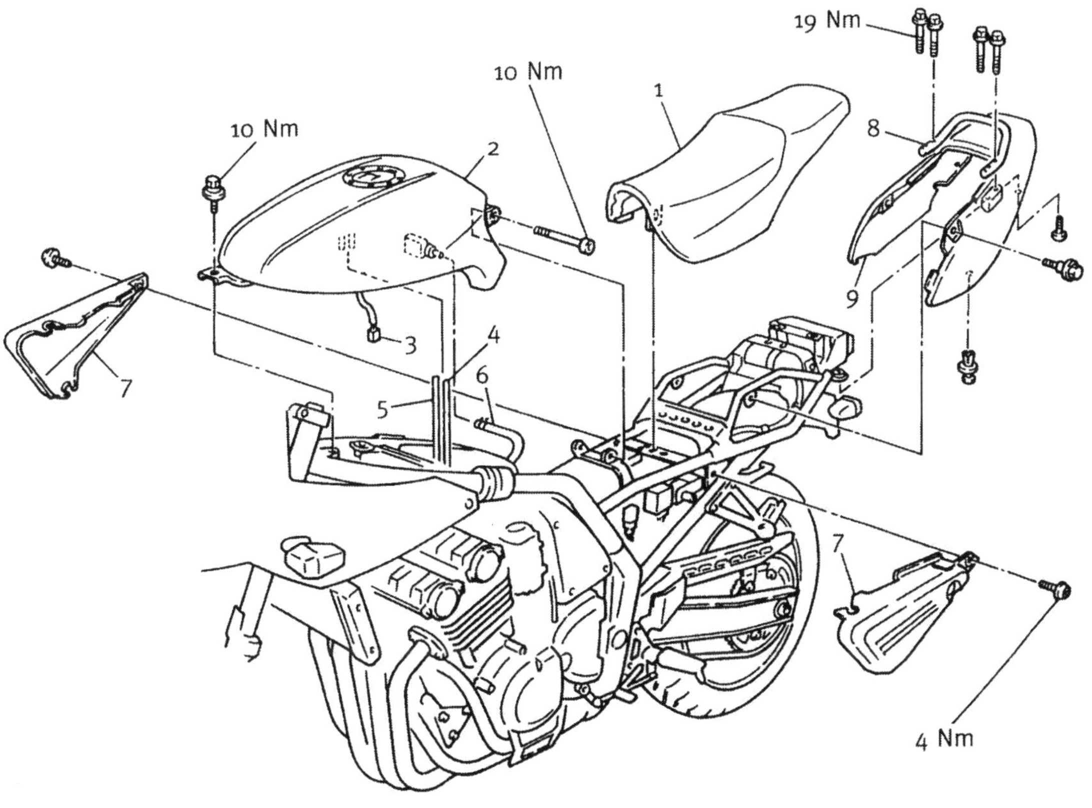

Bild 37
Tank, Seiten- und Heckverkleidung

1 Sitzbank
2 Tank
3 Tankgeber-Stecker
4 Überlaufschlauch
5 Belüftungsschlauch
6 Benzinschlauch
7 Seitenverkleidung
8 Griff
9 Heckverkleidung

3.3 Kraftstoff-Leitungen und -Filter

Kraftstoffschläuche haben die unangenehme Eigenschaft, im Laufe der Zeit zu verhärten (der Weichmacher im Kunststoff verdunstet) und dann einzureissen.

[Auge] Sämtliche Schläuche (auch Unterdruck- und Entlüftungsschlauch) lassen sich jedoch bei gelegentlicher Tankdemontage auf Beschädigung oder Undichtheit kontrollieren.

TIPP Im Zweifelsfall einen angefressenen Schlauch lieber auswechseln, denn das Gummiröhrchen platzt garantiert während der nächsten Nachtfahrt auf der Autobahn.

Kraftstoff-Filter

Wenn der brave Reihenvierer plötzlich unsauber am Gas hängt oder bei höheren Drehzahlen aussetzt, kann das am zugesetzten Kraftstoff-Filter liegen. Im Tankinneren abgeplatzte Lackpartikelchen oder Verunreinigungen im Sprit sammeln sich im feinen Geflecht.

- Tank abbauen (*Kapitel 3.2*).

⚠ **Bild 38:** Im Regelfall Filter etwa alle 30 000 km ersetzen; bei ungünstigen Kraftstoffverhältnissen alle 15 000 km.

⚠ Einschlägige Sicherheitsmassnahmen im Umgang mit Kraftstoff beachten. (Offenes Feuer/Funkenbildung vermeiden, geschlossene Räume gut belüften.)

- Bei starker Verschmutzung Tank mit Lösungsmittel ausschwenken.
- Schläuche anschliessen, Kraftstoffhahn öffnen und auf Dichtheit kontrollieren.

Bild 38
Benzinpumpe und -filter (bei YZF über Getriebe hinter Startermotor)

3.4 Luftfilter

Die Luftfilterreinigung steht laut Wartungsplan alle 6000 Kilometer an. Bei Beschädigung wird das Filterelement erneuert.

YZF 600 R

- Sitz und Tank abnehmen (*Kapitel 3.2*).
- **Bild 39:** Deckelschrauben ausdrehen und Deckel abnehmen.
- **Bild 40:** Filterelement herausnehmen.
- **Bild 41:** Filterelement in »Spüli-Wasser« o.Ä. gründlich auswaschen und vorsichtig ausdrücken. Filterschaumstoff trocknen lassen.
- Trockenen Filterschaumstoff mit Motoröl benetzen und überschüssiges Öl ausdrücken, d.h. Öl tropft nicht heraus.
- **Bild 42:** Filterelement in umgekehrter Reihenfolge montieren. Dabei Filtersieb in Nut ① einsetzen.

⚠ Auf sauberen Sitz im Gehäuse achten.

- Deckel mit Dichtung montieren.
- Beim Reinigen des Luftfilters auch die Ausdehnungsbehälter reinigen:
- Verkleidungskiel abnehmen (*Kapitel 3.2*).
- **Bild 43:** Schlauchschellen innen an Frontverkleidung lockern.
- **Bild 22:** Ausdehnungsbehälter links und rechts abnehmen.
- Behälter so oft mit Spüli-Wasser o.Ä. ausschwenken, bis sauberes Reinigungsmittel ausgespült wird und Behälter trocknen lassen.
- Behälter und Verkleidung wieder montieren.

[Auge] **Bild 44:** Kondensat-Absetzschlauch kontrollieren. Falls sich Wasser oder Öl im transparenten Schlauch angesammelt haben, Schlauch und Behälter entleeren. Dazu geeignetes Gefäss unterstellen und Stopfen entfernen.

- Schlauch austropfen lassen und Stopfen wieder anbringen.

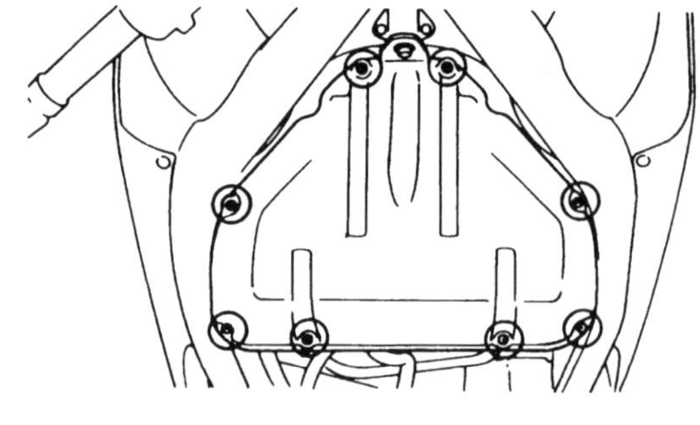

Bild 39 ➤
Luftfilter-Deckelschrauben

FZS 600

- Sitz und Tank abnehmen (*Kapitel 3.2*).
- **Bild 45:** Abdeckung abnehmen.
- **Bild 46:** Deckelschrauben ausdrehen und Deckel abnehmen. Filterelement herausnehmen.
- Groben Schmutz abklopfen; den feinen mit Druckluft an der Aussenseite des Filterelements abblasen.
- (Auge) Filterelement auf Beschädigung kontrollieren, ggf. auswechseln.
- Filter in umgekehrter Reihenfolge montieren.
- ⚠ Auf sauberen Sitz im Gehäuse achten.
- Deckel mit Dichtung montieren.

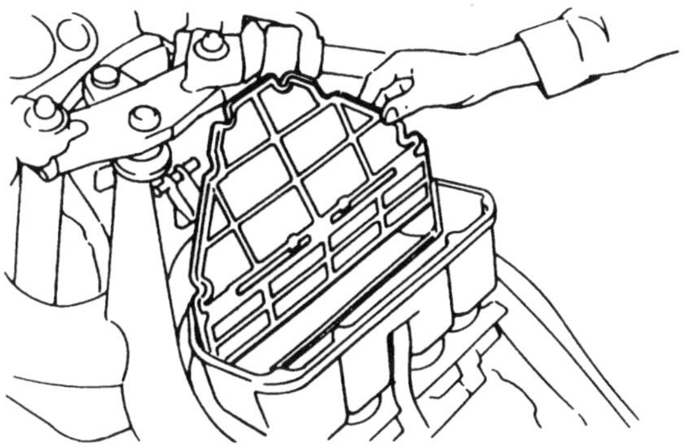

Bild 40
Filterelement entnehmen

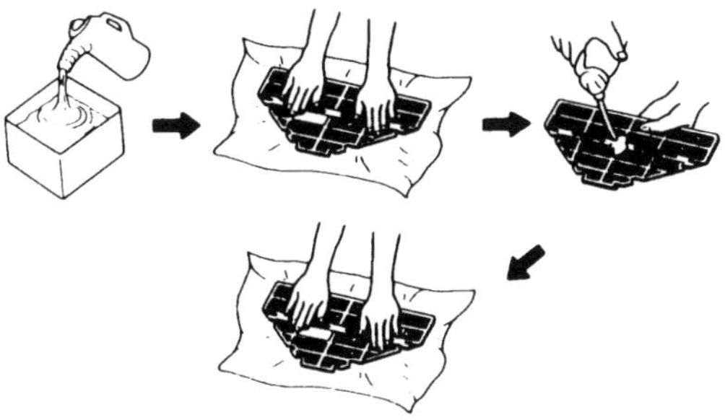

◄ Bild 41
Filterelement reinigen, trocknen, ölen und überschüssiges Öl ausdrücken

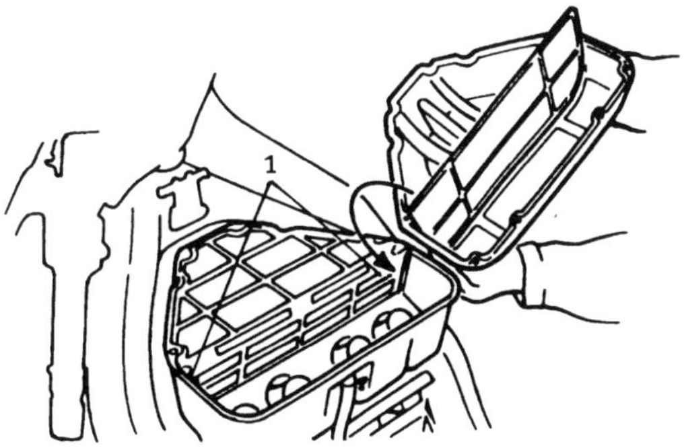

Bild 42
Filtersieb in Nut ① einsetzen

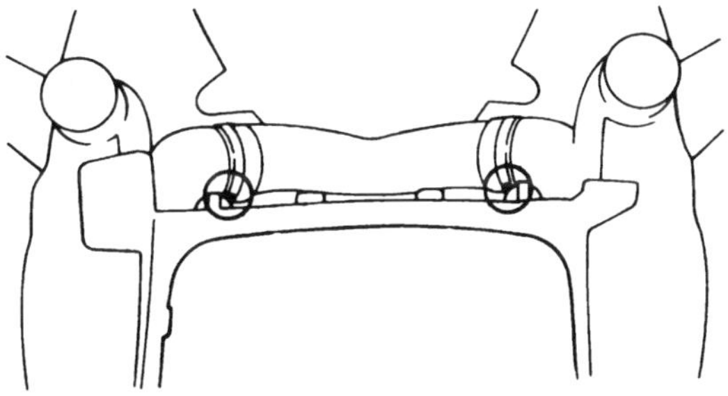

◄ Bild 43
Schlauchschellen

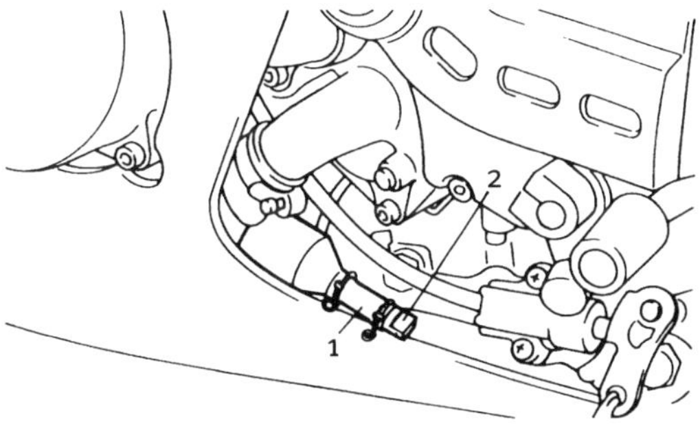

Bild 44
Kondensat-Absetzschlauch
1 Schlauch
2 Stopfen

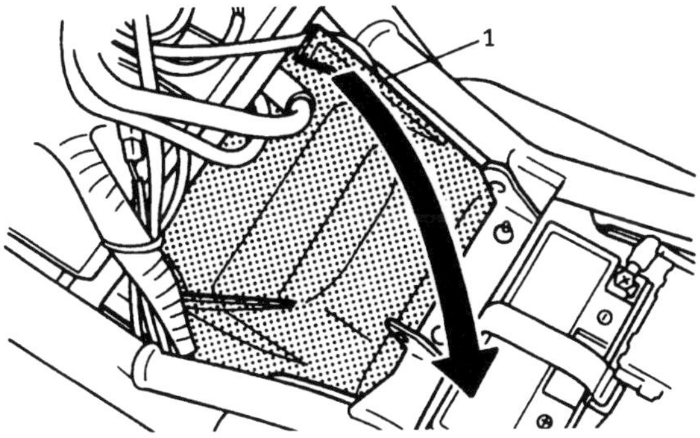

◄ Bild 45
Abdeckung ① abnehmen

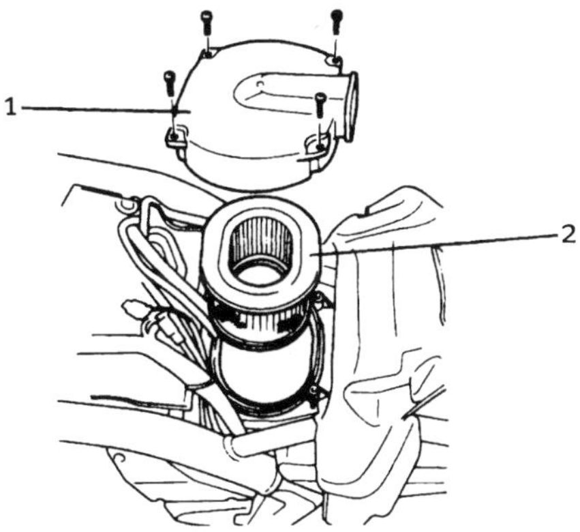

Bild 46
Deckel ① und Filterelement ②

3.5 Zündkerzen

Die zwei Funkenspender unterziehen sich alle 6000 km einer Inspektion und werden alle 12 000 km erneuert.
Um das Kerzenbild aussagefähig beurteilen zu können:

- ■ Motor 10 km im mittleren Drehzahlbereich warm fahren.
- ■ Motor schon beim Ausrollen des Motorrads abschalten.
- ⚠ Längeres Laufen des Motors im Standgas vor Abstellen des Motors macht eine richtige Kerzenbild-Beurteilung unmöglich (→ Zündkerze russt ein)!
- ⚠ Zündkerzentaschen vor Ausdrehen der Zündkerzen mit Druckluft ausblasen, damit kein Schmutz in Brennraum gelangen kann.
- ■ Tank abnehmen und Zündkerzen ausdrehen.
- ⚠ **Bild 47** bis **Bild 52:** Kerzenbild soll einen rehbraunen Farbton zeigen.
- → Bei weissem bis aschgrauem Bild ist Kraftstoffluftgemisch zu mager, der Motor läuft zu heiss.
- → Bei dunkelbraunem bis schwarzem Kerzenbild ist das Gemisch zu fett (was auch vom zugesetzten Luftfilter herrühren kann).
- → Schwarz verrusste, feucht glänzende Kerzen deuten auf verschlissene Ventilführungen oder abgenutzte Kolbenringe, durch die Öl in den Verbrennungsraum gelangen kann.
- ■ **Bild 53:** Bei entsprechenden Russablagerungen springt auch kein Funke mehr am Spalt über, und es entsteht eine Kurzschlussbrücke zwischen den Elektroden oder auf Keramikisolation. Durch trockene Russablagerungen auf der Kerze können ausserdem die Elektroden rot glühend werden, wodurch unkontrollierte Frühzündungen entstehen. Diese machen sich durch »Klopfen« (bei niedrigen Drehzahlen und hoher Motorbelastung gut zu hören) oder »Klingeln« (bei hoher Drehzahl und leider kaum zu hören) bemerkbar und führen dazu, dass schliesslich ein Loch in den Kolben gebrannt wird.
- ⚠ **Bild 54:** Bei der empfohlenen Standard-Zündkerze bleiben die Elektroden so heiss, dass Russablagerungen stets verbrennen, jedoch so kühl, dass Motor und Kerze selbst nicht beschädigt werden.

Bild 47
Weisse Ablagerungen und beschädigter Porzellan-Isolator deuten auf Überhitzung

Bild 48
Beim Biegen der Mittelelektrode abgebrochener Porzellan-Isolator

Bild 49
Abgebrannte Elektroden, entweder infolge falschen Wärmewerts oder wegen chronischer Frühzündung (Klingeln)

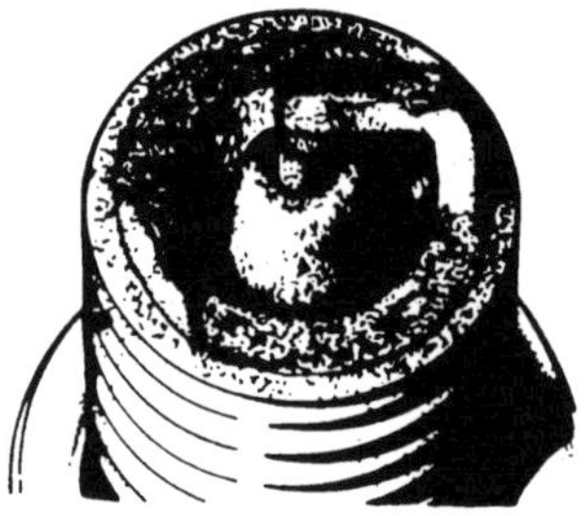

Bild 50
Dicke Russablagerungen durch überfettetes Gemisch oder falschen Wärmewert

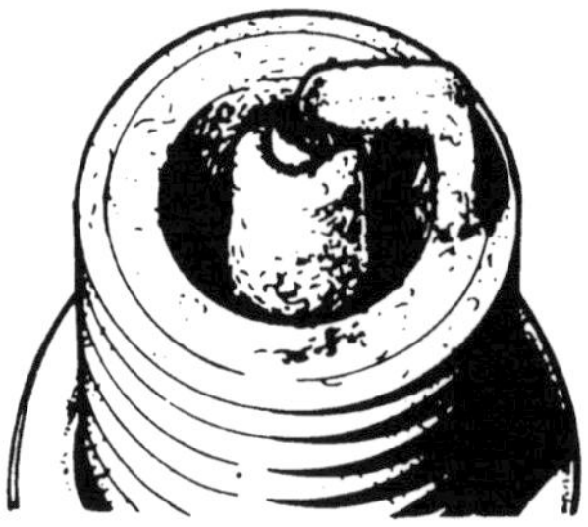

Bild 51
Geringe weisse Ablagerungen und abgebrannte Elektroden deuten auf zu mageres Gemisch

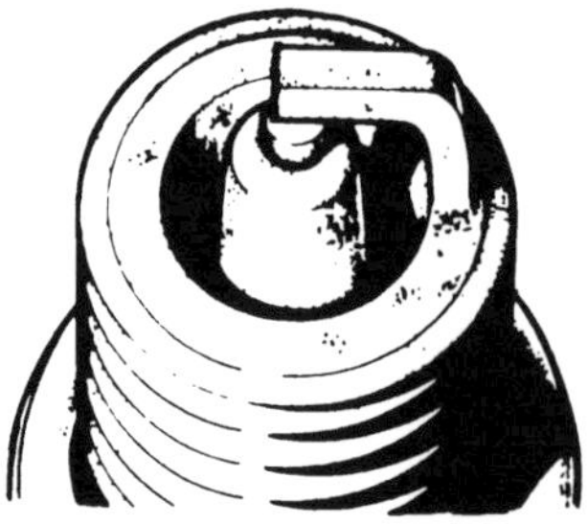

Bild 52
Normales Zündkerzenbild mit geringen grau- bis rehbraunen Ablagerungen

Diese Temperatur liegt im Bereich von 400 – 800°C. Sie kann nach Zustand und Farbe der Keramikisolation am Umfang der Mittelelektrode beurteilt werden. Wenn die Keramikisolation sauber ist und rehbraunen Farbton zeigt, ist Kerze mit richtigem Wärmewert im Einsatz.

■ Mit Messingdrahtbürste Kerze reinigen und Isolator auf Risse oder Absplitterungen untersuchen. Dichtring muss einwandfreie Planflächen aufweisen, bei Beschädigungen Dichtring erneuern.

■ **Bild 55:** Elektrodenabstand mit Fühlerlehre messen.
Sollwert 0,7 – 0,8 mm

⚠ Elektrode nicht nachbiegen, Bruchgefahr im Betrieb!

YZF 600 R-Standardzündkerzen

NGK	CR9E
NIPPON DENSO	U27ESR-N

FZS 600-Zündkerzen Typ 5DM4

NGK	CR8E, CR9E
NIPPON DENSO	U24ESR-N, U27ESR-N

FZS 600-Zündkerzen Typ 5DM5

NGK	CR7E, CR8E, CR9E
NIPPON DENSO	U22ESR-N, U24ESR-N, U27ESR-N

⚠ Zündkerze gefühlvoll von Hand einschrauben, und unbedingt darauf achten, dass schon der erste Gewindegang richtig greift. Eine schräg angesetzte Kerze ruiniert mit ihrem harten Stahlgewinde das weiche Gewinde im Aluminium-Zylinderkopf schon nach einer halben Umdrehung.

■ Erst bei richtigem Sitz Kerze mit Kerzenschlüssel anziehen (12,5 Nm). Alte Kerze (alter Dichtring) nach Aufsitzen 1/8 Umdrehung anziehen. Neue Kerze (neuer Dichtring) nach Aufsitzen 1/4 Umdrehung anziehen. Kerzenstecker wieder aufsetzen.

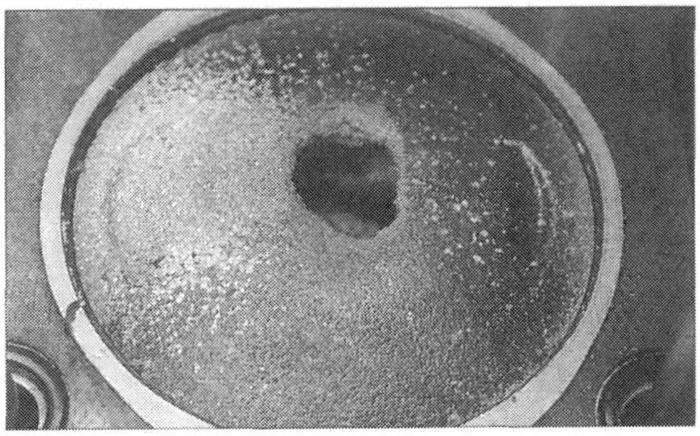

Bild 53
Loch im Kolben:
Neben falschem Zündkerzenwärmewert ist häufig Undichtheit im Ansaugtrakt (zwischen Vergaser und Zylinderkopf), durch die das Gemisch abmagert, Ursache für diesen tiefen Einblick

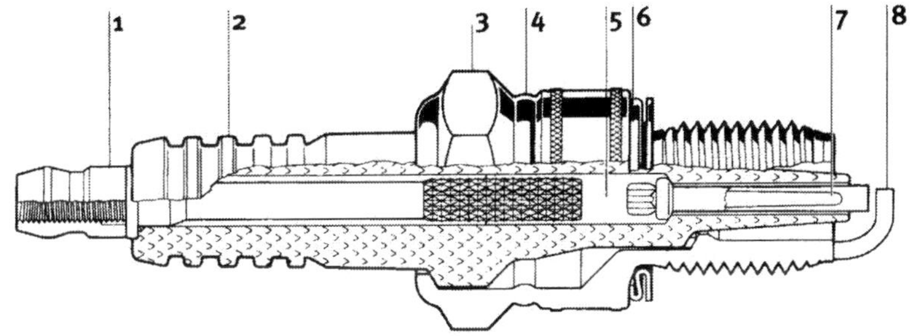

Bild 54
Zündkerze
1 Anschlussmutter (entfernen)
2 Isolierkörper (Al_2O_3-Keramik)
3 Gehäuse
4 Warmschrumpfzone
5 Leitendes Glas
6 Dichtring
7 Mittelelektrode
8 Masseelektrode

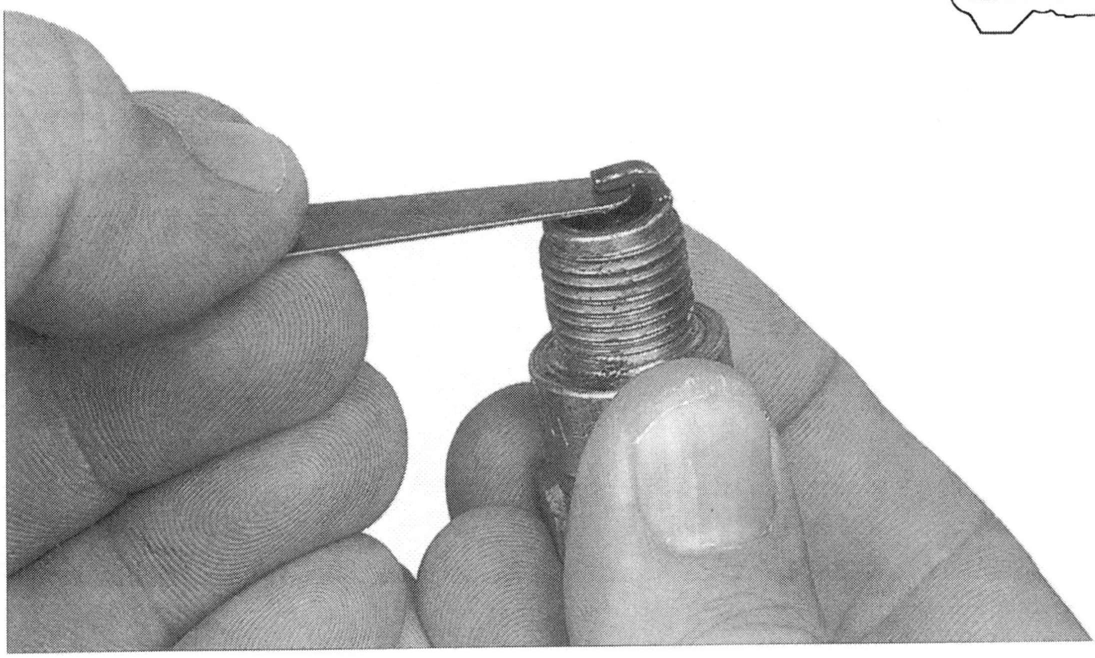

Bild 55
Elektrodenabstand mit Fühlerlehre messen

3.6
Ventilspiel und Kühlflüssigkeit

Ein gewisses Spiel zwischen Nocken, Tassenstössel und Ventil ist nötig, damit die Ventile den Brennraum bei allen Betriebstemperaturen dicht abschliessen. Das Ventilspiel wird mittels unterschiedlich dicker Einstellplättchen zwischen Tassenstössel und Ventilschaft eingestellt. Neben dem Ablassen der Kühlflüssigkeit ist auch der Abbau der Vergaser notwendig.

- ■ Ventilspiel alle 42 000 km kontrollieren und gegebenenfalls einstellen.
- ■ Das Kühlmittel wird im Rahmen der Ventilspielkontrolle abgelassen (nicht gewechselt, es kann wiederverwendet werden), da zur Ventilspielkontrolle auch der Kühler abgebaut wird.
- ■ Kühlflüssigkeit alle 24 000 km oder zwei Jahre wechseln.
- ■ Luftfiltergehäuse (YZF) und Vergaser ausbauen (*Kapitel 4*).
- ⚠ Falls nur Kühlflüssigkeit gewechselt werden soll (*ohne Ventilspielkontrolle*), Kühler natürlich nicht abbauen!
- ⚠ Ventilspiel bei kaltem Motor (unter 35°C/handwarm) kontrollieren und einstellen!
- ⚠ Kühlerdeckel nur bei kaltem Motor (unter 35°C/handwarm) öffnen.
- ⚠ Verbrühgefahr bei warmem Motor!
- ■ Sitzbank, Tank und Verkleidung (nur YZF) abbauen (*Kapitel 3.2*).
- ■ **Bild 56:** Auffanggefäss unter Kühlmittelpumpe stellen und Ablassschraube ausdrehen.

Bild 56
Kühlmittel-Ablass

Bild 57.1
Kühlerdeckel/FZS

Bild 57.2 ➤
Rechten Lufteinlasskanal abnehmen

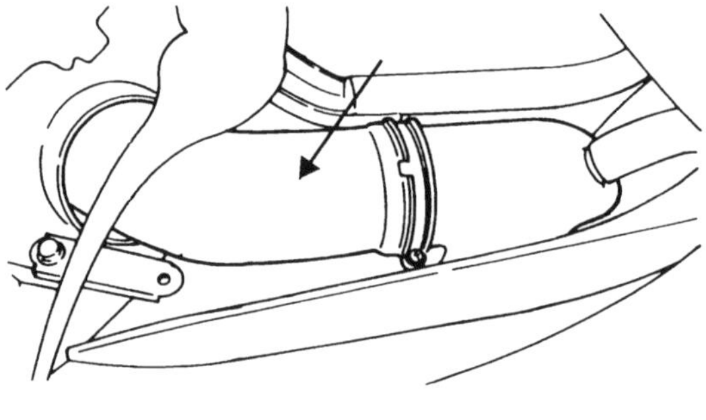

Bild 57.3
Kühlerdeckel/YZF

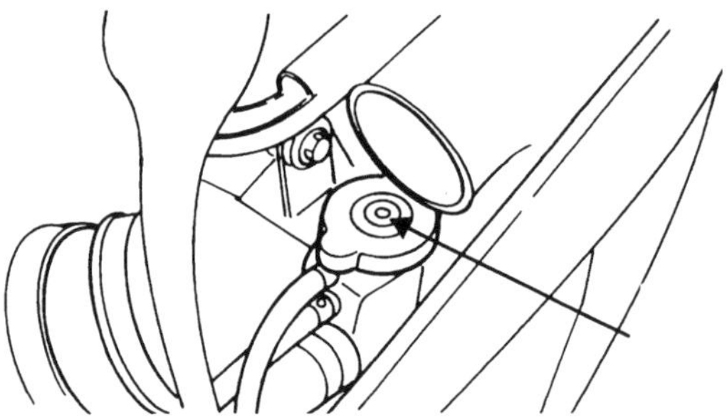

Bild 58 ➤
Kühler vom Rahmen abnehmen

- **Bild 57.1:** Kühlerdeckel vorsichtig in zwei Schritten öffnen (Deckel gegen Uhrzeigersinn bis zum Anschlag drehen, einige Sekunden warten, dann nach unten drücken und weiterdrehen) und so Abfluss der Kühlflüssigkeit regulieren.
- **Bild 57.2** und **Bild 57.3**/YZF: Kühlerverschlussdeckel nach Ausbau des rechten Lufteinlasskanals abnehmen.
- Zündkerzenstecker abnehmen ausdrehen.
- **Bild 58:** Kühlmittelschläuche vom Kühler abnehmen und Kühler vom Rahmen lösen.
- **Bild 59**/FZS: Falls Sturzbügel montiert, diese abnehmen.
- **Bild 60**/FZS: Endkappen abnehmen.
- Zündkerzenstecker abziehen.
- **Bild 61:** Zylinderkopfdeckelschrauben schrittweise über Kreuz ausdrehen. Deckel anheben und zur Seite abnehmen (d.h. herausfummeln!).
- **Bild 62:** Generatordeckel abnehmen (Schrauben schrittweise über Kreuz ausdrehen).
- **Bild 63:** Kurbelwelle am Rotor gegen Uhrzeigersinn drehen, bis Markierung auf Rotor mit Gehäusetrennlinie fluchtet (entspricht OT von Zylinder #1 und #4).

⚠ Kolben steht nur jede zweite Umdrehung im Kompressions-OT!

⚠ **Bild 64:** Kolben steht im Verbrennungs- oder Kompressions-OT, wenn an _allen_ Tassenstösseln des betreffenden Zylinders Spiel spürbar ist (Stössel ist frei drehbar; Ein- und Auslassnocken weisen nach vorn und hinten).

Bild 65: Mit Fühlerlehre Spiel zwischen Nocke und Tassenstössel »erfühlen« (Fühlerlehrenblatt muss satt passen).

Bild 59
Sturzbügel abnehmen

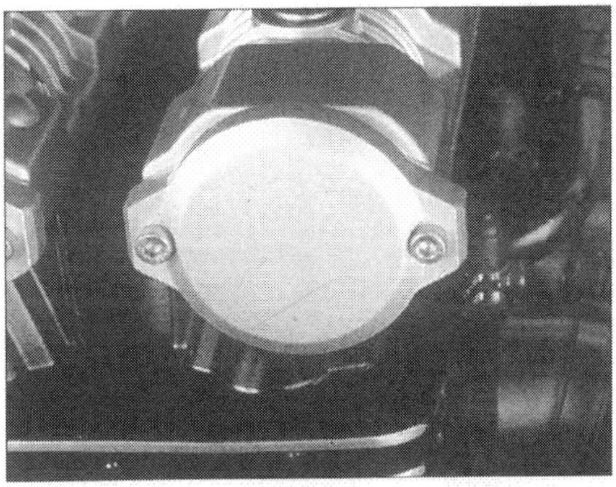

Bild 60
Endkappen (zwei Befestigungsschrauben)

◄ Bild 61
Zylinderkopf-Deckelschrauben (4 von 8)

Bild 62
Generatordeckel

Bild 63
Kurbelwelle auf OT drehen (T-Markierung fluchtet mit Gehäusetrennlinie)

Ventilspiel-Sollwerte

Einlass	*0,11 – 0,20 mm*
Auslass	*0,21 – 0,30 mm*

- Falls Ventilspiel nicht korrekt, d.h. es ist kein fester Schiebesitz spürbar, Messwerte aller Ventile notieren und übrige Ventile prüfen. Dazu Kurbelwelle zur Messung von Zylinder #4 bzw. #1 um 360° weiterdrehen. Zur Messung von Zylinder #2 und #3 Kurbelwelle um 180° (bzw. ein vielfaches davon) weiterdrehen, bis Nockenstellung des betreffenden Zylinders **Bild 64** entspricht.
- Zum Einstellen des Ventilspiels Nockenwellen ausbauen.

Bild 64
Nockenwellenstellung bei Arbeits- oder Zünd-OT

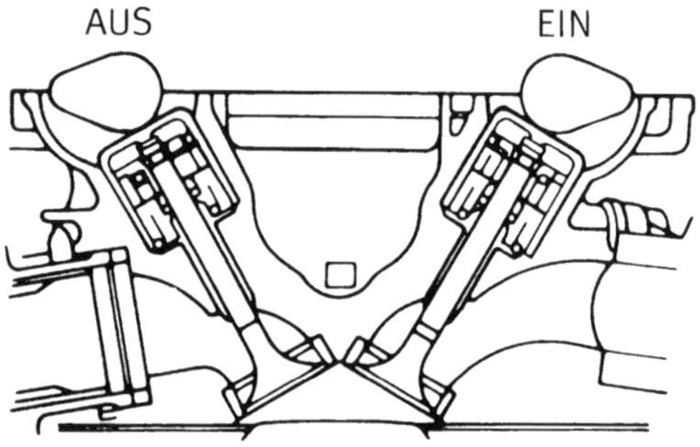

Nockenwellen ausbauen

- **Bild 63:** Kurbelwelle am Rotor gegen Uhrzeigersinn auf OT von Zylinder #1 oder #4 drehen (Nocken weisen nach vorn und hinten).
- **Bild 66:** Steuerkettenspanner-Schraube ausdrehen und Feder entnehmen. Gehäuse vom Zylinderblock abnehmen.
- **Bild 67** und **Bild 68:** Obere Kettenführungsschiene abnehmen und Führungsschiene auf Auslassseite entnehmen.

Bild 65
Ventilspiel erfühlen
1 Bohrung
2 Nase

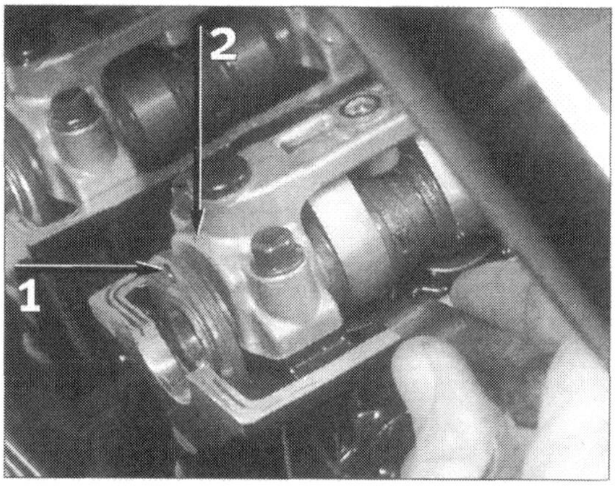

Bild 66 ➤
Steuerkettenspanner

Bild 67
Kettenführung ① und Nockenwellen-Lagerdeckel

Bild 68 ➤
Kettenführung an Auslassseite

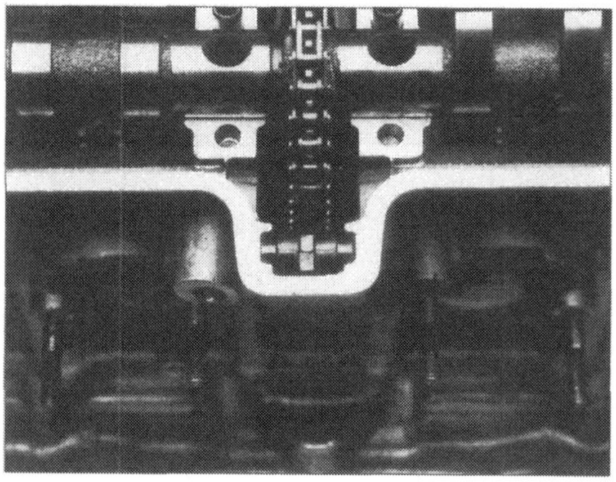

- Kettenräder von Nockenwellen abnehmen (nicht ins Gehäuse verlieren!), und Steuerkette mit Draht gegen Abtauchen sichern.
- **Bild 67:** Befestigungsschrauben der Lagerdeckel schrittweise über Kreuz von innen nach aussen ausdrehen, damit Lagerdeckel sich nicht verzieht oder gar bricht.
- Lagerdeckel abnehmen. (Passhülsen sollen im Lagerdeckel verbleiben – nicht entfernen.)
- Nockenwelle(n) abnehmen.
- **Bild 69:** Tassenstössel mit Magnetheber herausnehmen.
- Auf Verbleib des Einstellplättchens achten (bleibt meist innen im Stössel »kleben«)!

⚠ Teile so ablegen, dass sie in ursprünglicher Einbaulage wieder eingebaut werden können.

- **Bild 70:** Dicke der Einstellplättchen ist an deren Unterseite in Hundertstelmillimeter angegeben.
- Dicke der Einstellplättchen mit Mikrometer kontrollieren.
- Die in Hundertstelmillimeter angegebenen Plättchendicken der ab Werk eingebauten Plättchen mit 0,025-mm-Abstufung ggf. auf- bzw. abrunden, da auf dem Ersatzteilweg Einstellplättchen nur in 0,05-mm-Abstufung erhältlich sind (25 verschiedene Dicken).
- Dickstes Plättchen misst 1,20 mm, das dünnste 2,40 mm.
- *Auf- und Abrunden*
  Hundertstelstellen 0 oder 2 → 0
  Hundertstelstelle 5 → 5
  Hundertstelstelle 8 → 10
  Beispiel: Ursprüngliche Plättchen-Nr. 168 (1,68 mm) → gerundet 170.
- Plättchen-Dicke nach folgendem Beispiel ermitteln:
  Gemessenes Ventilspiel b: 0,25 mm
  Korrektes Ventilspiel (Einlass) c:
  0,11 ~ 0,20 mm (zu Rechenzwecken wird 0,15 angenommen)
  Dicke des »alten« Plättchens d: 1,85 mm
  Dicke a des erforderlichen Plättchens:
  $a = (b - d) + c$
  $a = (0{,}25 - 0{,}15) + 1{,}85$
  $a = 1{,}95$
- Gleitflächen von neuem Plättchen mit MoS_2-Fett oder ähnlichem Fettprodukt dünn balsamieren und in Ventilfederhalter auf Ventilschaft einsetzen. Dabei Plättchen so einsetzen, dass Grössenmarkierung nach oben weist.

Bild 69
Tassenstössel mit Magnetheber entnehmen

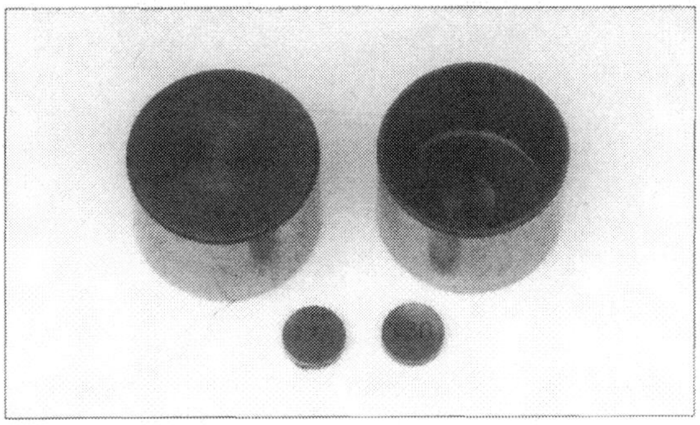

Bild 70
Tassenstössel mit Einstellplättchen

- Tassenstössel mit Druckluft ausblasen, damit Auflagefläche des Plättchens absolut sauber ist.
- Gleitflächen des Tassenstössels mit MoS_2-Öl dünn balsamieren und in Bohrung in Zylinderkopf einsetzen.
- Tassenstössel einsetzen und auf freie Drehbarkeit kontrollieren (Stössel muss von Hand leicht drehbar sein).

Nockenwellen einbauen – **Bild 71**

⚠ Passflächen der Nockenwellen-Lagerdeckel absolut fett- und ölfrei halten. Andernfalls werden die Lagerdeckel nicht richtig befestigt (trotz »richtigem« Anzugsmoment).

- **Bild 63:** Kurbelwelle am Rotor gegen Uhrzeigersinn auf OT von Zylinder #1 oder #4 drehen.
- **Bild 72:** Nockenwellen nicht verwechseln:
  Einlasswelle → »IN«-Kennzeichnung
  Auslasswelle → »EX«-Kennzeichnung
- Lagerstellen der Wellen und Lagerbohrungen vollständig dünn einfetten (MoS_2-Fett oder ähnliches Fettprodukt).
- **Bild 65** und **Bild 73:** Nockenwellen so einsetzen, dass Bohrungen nach oben weisen. Körnermarkierungen am Umfang der Nockenwellen-Endstücke fluchten mit Nase an Lagerdeckel.

⚠ Dabei Steuerkette straff halten und Auslass-Nockenwelle zuerst montieren.

Vorsicht! ⚠
Aufgepasst!

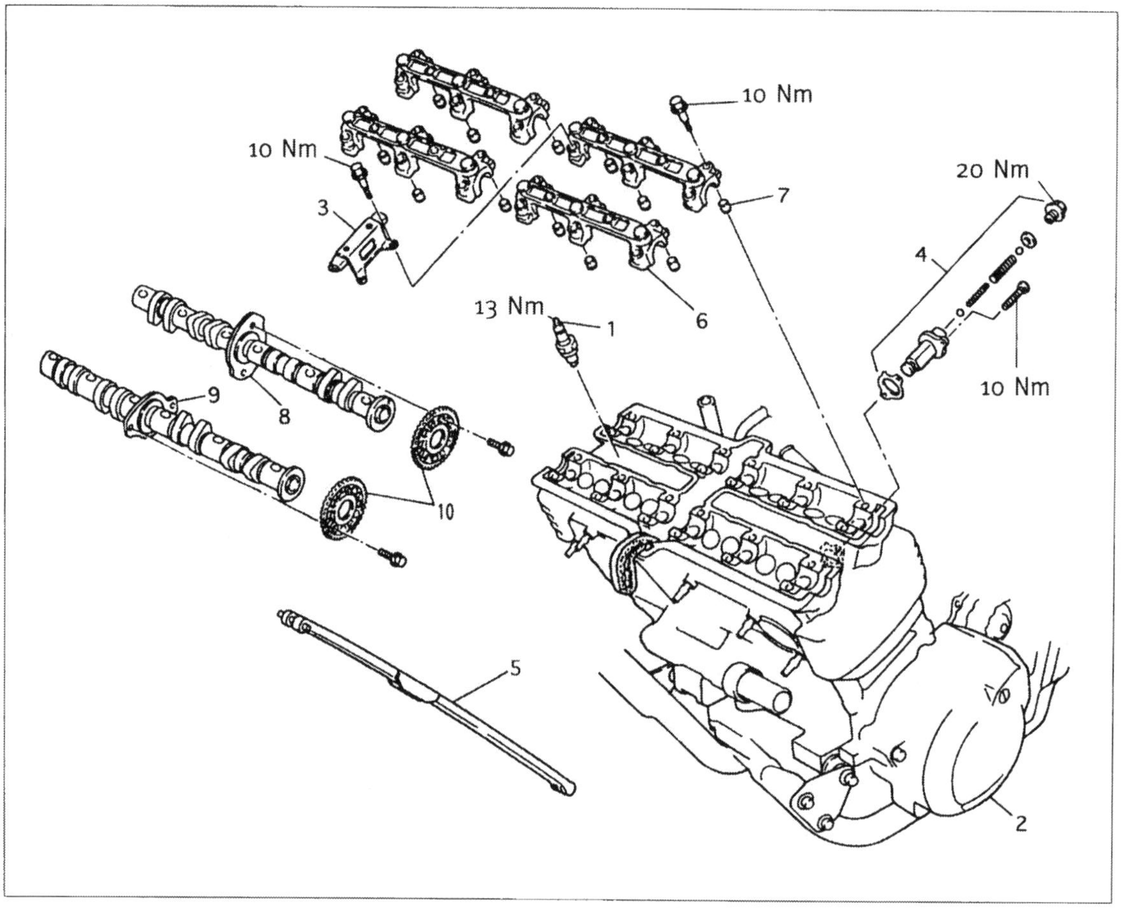

Bild 71
Nockenwellen montieren
Anzugsmomente

1 Zündkerze
2 Generatordeckel
3 Steuerkettenführung
4 Steuerkettenspanner
5 Steuerkettenschiene
6 Nockenwellen-Lagerdeckel
7 Passhülsen
8 Einlass-Nockenwelle
9 Auslass-Nockenwelle
10 Kettenrad

Bild 72
Einlasswelle →
»IN«-Kennzeichnung
Auslasswelle →
»EX«-Kennzeichnung

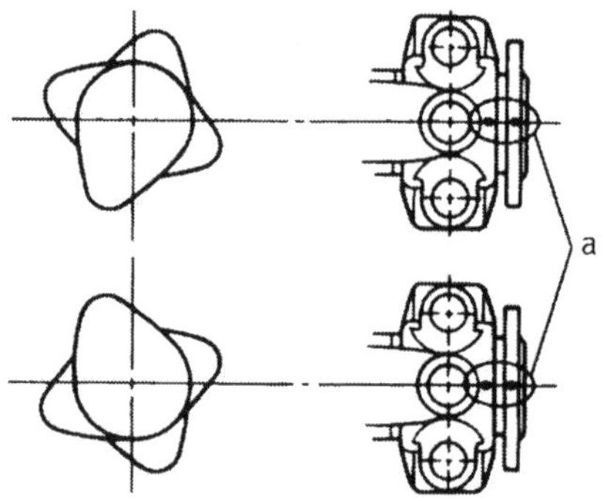

Bild 73
Körnermarkierung auf Lagerdeckelnase ausrichten

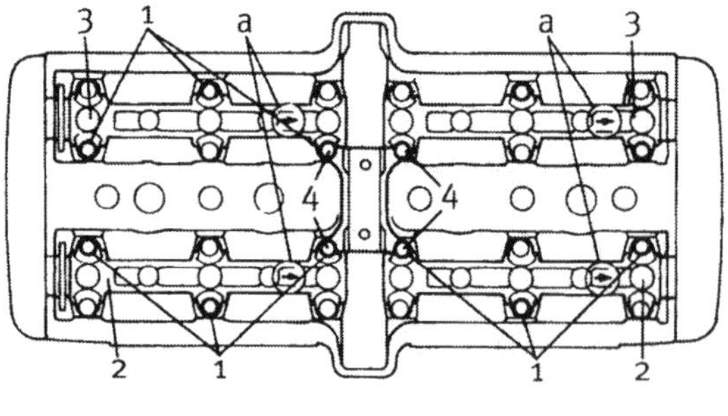

Bild 74
Lagerdeckel montieren

1 Passhülsen
2 Einlass-Lagerdeckel
3 Auslass-Lagerdeckel
a Pfeile

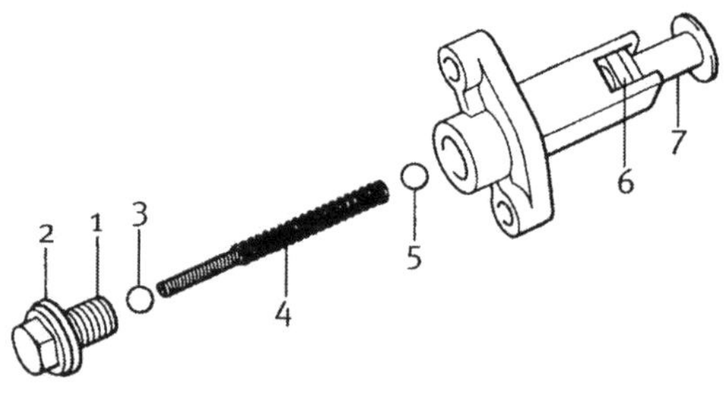

Bild 75 ➤
Steuerkettenspanner

1 Verschlussschraube
2 Dichtscheibe
3 Kugel
4 Feder (2 Stck.)
5 Kugel
6 Spannnocken
7 Druckstange

- **Bild 74:** Lagerdeckel so aufsetzen, dass Pfeile a nach rechts weisen.
- Schrauben schrittweise zuerst locker eindrehen, dann von innen nach aussen schrittweise über Kreuz locker anziehen, bis Lagerdeckel Dichtfläche gerade berühren. Dann Schrauben schrittweise über Kreuz von aussen nach innen eindrehen, damit sich Lagerdeckel nicht verziehen oder gar brechen (10 Nm).
- **Bild 67** und **Bild 68:** Obere Kettenführungsschiene (vier Schrauben) und Führungsschiene auf Auslassseite einbauen.
- **Bild 75:** Spannnocken des Kettenspanners eindrücken. Druckstange des Kettenspanners ganz in Gehäuse einschieben.
- Spannergehäuse mit neuer Dichtung am Zylinderblock anbringen.
- Kugel, Feder und Kugel einsetzen und Verschlussschraube mit so gut wie neuer Dichtscheibe eindrehen.
- Kurbelwelle zweimal um 360° drehen.
- Flucht der Kurbel- und Nockenwellen-Markierungen prüfen. Gegebenenfalls Montage wiederholen.
- Ventilspiel nochmals prüfen. Gegebenenfalls Einstellung wiederholen.
- Dichtung des Zylinderkopfdeckels vor Einbau auf Beschädigung überprüfen, gegebenenfalls auswechseln.
- Dichtung in Nut des Zylinderkopfdeckels wieder anbringen.
- Flüssige Dichtmasse (3 Bond-Silikondichtmasse o.Ä.) im Bereich der Nockenwellen-Aussparungen an den Stirnseiten dünn auftragen. Deckel aufsetzen.
- ⚠ **Bild 61:** Bei den acht Deckelschrauben so gut wie neue Dichtscheiben (leicht geölt) verwenden.
- Deckelschrauben schrittweise von innen nach aussen anziehen (10 Nm).
- Zündkerzen wieder eindrehen (falls ausgebaut) und Zündkerzenstecker aufsetzen.
- Luftfiltergehäuse in umgekehrter Ausbau-Reihenfolge wieder anbringen (YZF).
- Vergaser wieder montieren (*Kapitel 4*).

Kühlsystem befüllen und entlüften

- **Bild 56:** Kühlmittel-Ablassschraube wieder eindrehen (10 Nm).
- Kühler und Schlauchverbindungen wieder montieren.
- Kühlmittel am Einfüllstutzen bis zur Unterkante des Einfüllstutzens einfüllen.
- Kühlkreislauf entlüften: Motor starten und Kühlmittel auffüllen, bis Pegel im Kühler nicht mehr sinkt und bis zur Unterkante des Einfüllstutzens reicht.
- **Bild 76** und **Bild 77:** Kühlmittelstand im Ausgleichsbehälter ausser bei Neubefüllung routinemässig alle 6000 km prüfen. Dabei muss Maschine genau senkrecht stehen.
  Kühlmittelstand muss bei kalter Maschine mindestens bis Minimum-Markierung reichen.
- Gegebenenfalls mit Mischung aus weichem (entionisiertes/destilliertes) Wasser und handelsüblichem Frostschutzmittel für Leichtmetallmotoren und -kühler auffüllen. (Rechte Heckverkleidung abnehmen.)
- ⚠ Falls unterwegs »Notbefüllung« mit Leitungswasser (Trinkwasser) vorgenommen werden muss, so bald wie möglich komplettes System mit geeignetem Kühlwasser durchspülen und neu befüllen. (Leitungswasser verursacht Ablagerungen und Aufblühen der Leichtmetall-Kühlkanäle.)
- Komplettes System bei betriebswarmer Maschine im Leerlauf auf Dichtheit sichtprüfen.
- **Bild 195:** Pumpengehäuse hat eine Ablaufbohrung für den Fall, dass Dichtung der Kühlmittelpumpe nicht mehr dichtet und sonst Kühlmittel ins Kurbelgehäuse gelangen würde.
- Falls sich an der Ablaufbohrung unten am Motorgehäuse Kühlmittel sammelt, Wasserpumpe ersetzen (*Kapitel 7*).
- Tank, Verkleidung und Sitzbank wieder anbringen (*Kapitel 3.2*).

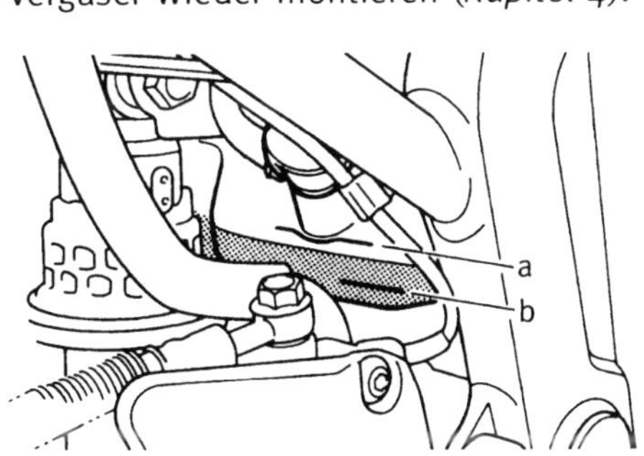

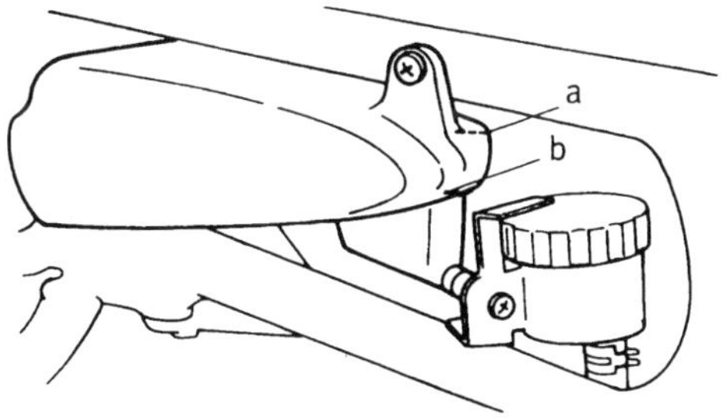

Bild 76
YZF: Kühlmittelstand im Ausgleichsbehälter
a Minimum
b Maximum

◄ **Bild 77**
FZS: Kühlmittelstand im Ausgleichsbehälter
a Minimum
b Maximum

Vorsicht! ⚠
Aufgepasst! 👁

3.7 Kompression

Der Kompressionsdruck lässt Rückschlüsse auf das Innenleben des Zylinders zu. Ob eine Motorrevision droht, kann häufig anhand einer Kompressionsdruckprüfung festgestellt werden.

⚠ Kompression bei korrektem Ventilspiel und normaler Betriebstemperatur messen.

- Zündkerzentaschen mit Druckluft sauberblasen und Zündkerzen herausschrauben.
- Kompressionsmessgerät anschliessen.
- Gasgriff voll öffnen und Motor mit Starter durchdrehen, bis Anzeige des Kompressionsmessers nicht mehr weiter steigt (normalerweise nach ca. 10 Sekunden).

Kompressionsdruck

Maximum 16,5 kg/cm²
Normal 15,5 kg/cm²
Minimum 13,0 kg/cm²

Der Druckunterschied zwischen den Zylindern darf maximal 1 kg/cm² betragen.

→ Zu geringer Druck deutet auf undichte Ventile, zu enges Ventilspiel, undichte Zylinderkopfdichtung, verschlissenen Kolben, Kolbenringe oder Zylinder.

→ Zu hohe Kompression wird meist von Ölkohleablagerungen im Brennraum verursacht.

TIPP Um bei zu niedriger Kompression die Fehlerquelle einzukreisen:

- Öl durch Kerzenloch des betreffenden Zylinders möglichst gleichmässig auf Zylinderwand spritzen.
- Kompri-Test wiederholen.

→ Erhöhter Wert lässt auf verschlissene Kolben, -ringe oder Zylinderlaufbahn schliessen.

→ Gleichbleibender Wert lässt auf verschlissenen Zylinderkopf (Ventil, -sitz und -führungen) schliessen. Werkstatterfahrung lässt es wahrscheinlicher erscheinen, dass letzterer Fall zuerst eintritt. Und zwar in der Regel (wenn man dafür überhaupt eine Regel aufstellen kann) nach einer Laufleistung von weit über 50000 km, wobei sie dann natürlich nicht schlagartig ihren Dienst einstellen, sondern lediglich die Verschleissgrenzen für Ventilsitzbreite und Ventilführungsspiel erreichen, aber auch mit deutlichen Rauchzeichen auf ihren Zustand aufmerksam machen (...und natürlich auch mit weniger »Druck«!).

3.8 Vergaser

- Maschine so aufstellen, dass sicheres Arbeiten gewährleistet ist.
- Getriebe auf <u>*Neutral*</u> schalten.

3.8.1 Seilzüge und Drehgriff

Dem Gasdrehgriff und den Seilzügen kommt die wichtige Rolle des Mittlers zwischen Fahrer und Motor zu. Unregelmässigkeiten bei der Feindosierung der Motordrehzahl haben wesentlichen Einfluss auf die Fahrsicherheit und müssen unbedingt sofort behoben werden.

👁 Gasdrehgriff muss sich bei allen Lenkerstellungen leicht öffnen lassen und selbsttätig in seine Ausgangsposition zurückkehren (trotz extra Schliesserzug).

- Ist dies auch bei gut geschmierten Gaszügen nicht der Fall, Züge auf Beschädigung (Knicke, Abrieb o.Ä.) untersuchen und im Zweifelsfall *immer* auswechseln.
- **Bild 79** bis **Bild 82:** Dazu Gegenmuttern der Spieleinsteller am Drehgriff und am Vergaser lockern und Einsteller auf grösstmögliches Spiel eindrehen.
- Am Gasdrehgriffgehäuse zwei Kreuzschlitzschrauben ausdrehen, Gehäusehälften trennen und vom Lenker abnehmen. Nippel aus Aufnahmen ausfädeln.
- Neue Seilzüge in möglichst grossen Radien verlegen, um Knicke zu vermeiden und Nippel in Aufnahmen einfädeln (*siehe Kapitel Kabel und Züge* ab Seite 129).
- Drehgriffgehäuse leicht gefettet wieder schliessen. Dabei muss Zapfen der vorderen Gehäusehälfte in Lenkerbohrung eingreifen.

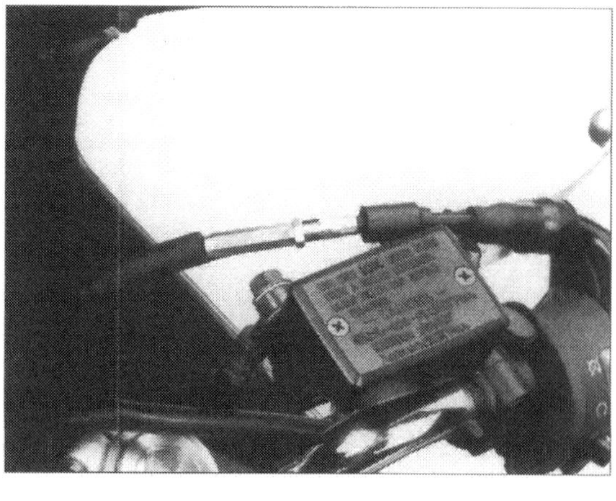

Bild 79 ➤
Oberer Gaszug-Einsteller FZS

- Seilzugspiel am oberen Einsteller nach Lösen der Gegenmutter so einstellen, dass sich am Drehgriffumfang ein Leerweg von 3 – 5 mm ergibt.
- Grössere Einstellungen an unterer Seilzugaufnahme vornehmen. Zuvor Einsteller am Gasdrehgriff ganz eindrehen. Gegenmutter lösen und Einsteller ein- oder ausdrehen, bis Spiel im Sollwertbereich liegt.
- Als letzte Kontrolle Lenker bei im Leerlauf tuckerndem Motor von Anschlag zu Anschlag schwenken → Leerlaufdrehzahl darf sich nicht verändern.

Chokeseilzugspiel

- Chokehebel auf einwandfreie Gangbarkeit prüfen. Bei ungleichmässiger Betätigung Seilzug schmieren.

3.8.2 Leerlaufdrehzahl

⚠ Leerlauf-Einstellung erfolgt bei betriebswarmem Motor.

⚠ In geschlossenen Räumen für ausreichende Belüftung sorgen! Abgase enthalten giftiges geruchloses Kohlenmonoxid, das Bewusstlosigkeit verursachen und zum Tod führen kann.

- **Bild 83** und **Bild 84:** Leerlaufdrehzahl durch Ein- oder Ausdrehen der Anschlagschraube einstellen.
  Sollwert *1200 – 1300/min*

Bild 80
Untere Gaszug-Einsteller FZS

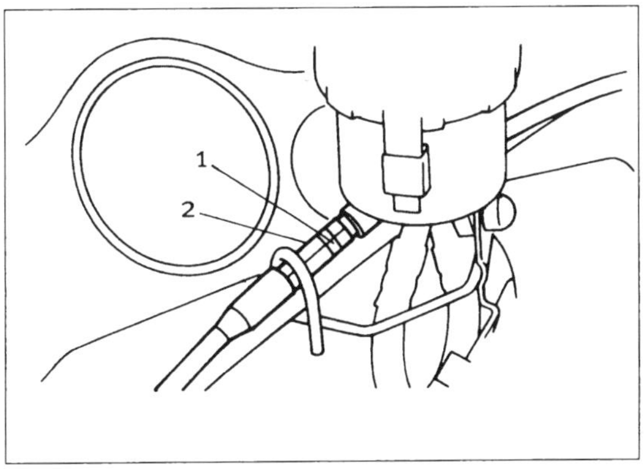

◄ Bild 81
Oberer Gaszug-Einsteller YZF
1 Gegenmutter
2 Einsteller

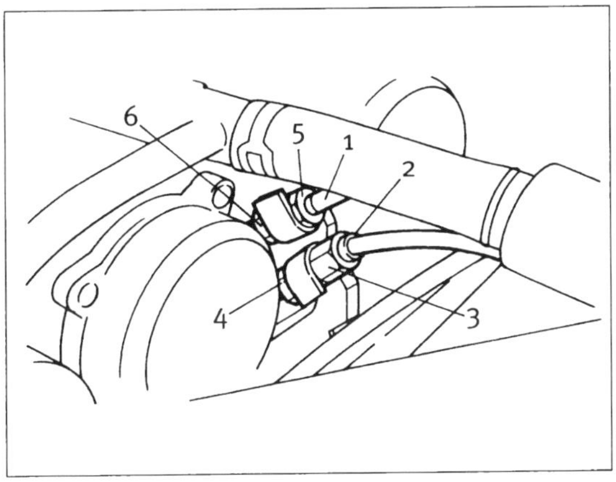

◄ Bild 82
Untere Gaszug-Einsteller YZF
1 Öffnerzug
2 Schliesserzug
3 Gegenmutter
4 Einsteller
5 Gegenmutter
6 Einsteller

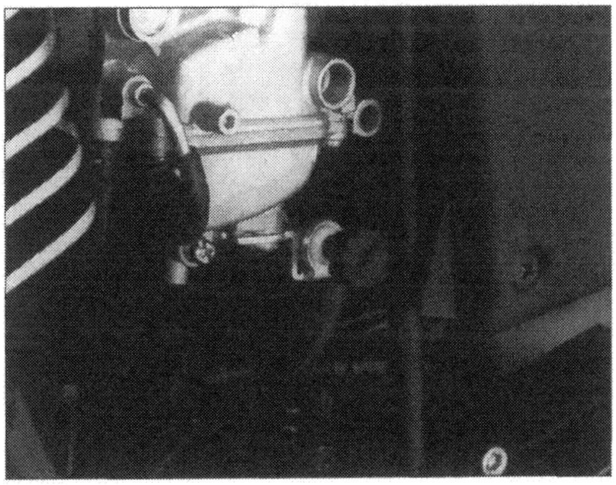

Bild 83
Leerlaufeinsteller FZS

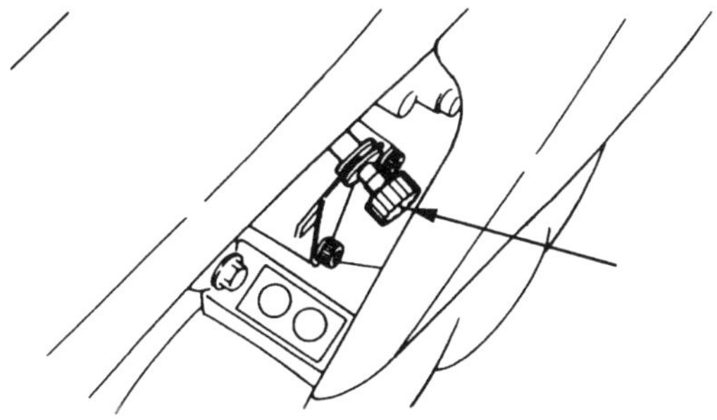

◄ Bild 84
Leerlaufeinsteller YZF

3.8.3 Vergaserabgleich

Für optimale Leistungsfähigkeit der Maschine ist es unerlässlich, dass die Zylinder absolut synchron arbeiten. Schon geringste Unterschiede bewirken, dass der besser gefütterte Zylinder den benachteiligten »mitschleppen« muss.

⚠ Abgleich-Einstellung erfolgt bei betriebswarmem Motor und korrektem Ventilspiel.
- Tank abbauen. (Normalerweise reicht der in den Schwimmerkammern verbleibende Kraftstoff aus, um Abgleich durchzuführen – andernfalls muss die Spritversorgung mit verlängertem Schlauch improvisiert werden.)
- **Bild 85:** Stopfen am Unterdruckschlauch bzw. am Vergaser (FZS) abziehen und Unterdruck-Messuhren (gegebenenfalls mit passendem Adapter) anschliessen.
- Motor starten und mit Leerlaufdrehzahl tuckern lassen.
- Gleichlauf bei Leerlaufdrehzahl an Unterdruck-Messuhren kontrollieren.
- **Bild 86** und **Bild 87:** Durch Drehen der Abgleichschraube ① nach rechts oder links (ausprobieren) Gleichlauf zwischen Zylinder #1 und #2 einstellen.
- Zwischendurch immer mal wieder am Gasdrehgriff zupfen und zurückschnalzen lassen. Dabei Unterdruckwerte im Auge behalten.
- Anschliessend Abgleich zwischen Vergaser #3 und #4 vornehmen (Schraube ②), dann Vergaser #2 mit #3 abgleichen.
- Leerlaufdrehzahl nochmals kontrollieren.
- Tank wieder montieren.

3.9 Motoröl, Ölfilter und Öldruck

Das Öl ist sozusagen der Lebenssaft für jedes Triebwerk. Klar, dass da der Pegelstand regelmässig (täglich bis wöchentlich) kontrolliert wird:

- Fahrzeug unbelastet senkrecht auf ebenen Untergrund stellen.
- Ölstand bei kaltem Motor:

👁 Ölstand muss mindestens über untere Markierung am Ölstand-Schauglas reichen.
- Ölstand bei betriebswarmem Motor:
- Motor abstellen und einige Minuten warten.

👁 **Bild 88:** Der Ölstand muss zwischen oberer und unterer Marke am Ölstand-Schauglas stehen.
- **Bild 89:** Gegebenenfalls Öl (SAE 10W40, 10W50, 20W40 oder 20W50; API-Klassifikation SE oder SF) an Einfüllöffnung bis zur oberen Marke auffüllen.
- Motor starten und einige Minuten laufen lassen ... und nochmals kontrollieren.
- Ein Ölverbrauch von bis zu 0,10 l/1000 km ist bei dieser Kolbengrösse der Regelfall. (Wir sprechen von einem neuwertigen eingefahrenen Motor. Falls Ihr Exemplar mehr verbraucht, hat es vermutlich schon ein paar zigtausend Kilometer heruntergespult. Ob sich bei erhöhtem Ölverbrauch eine Motorüberholung lohnt, entscheiden Sie.)

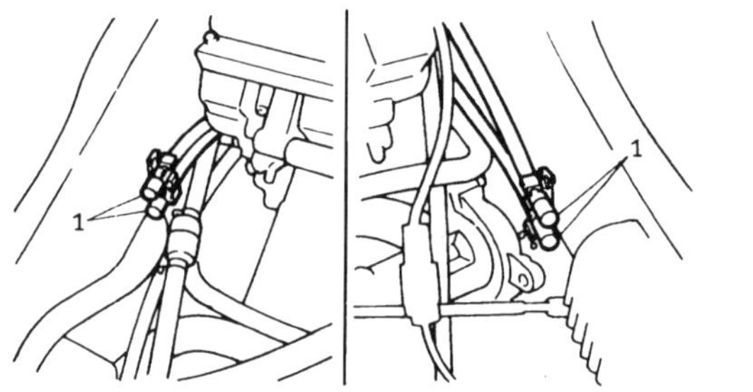

Bild 85 ➤
Unterdruckanschlüsse YZF
1 Stopfen

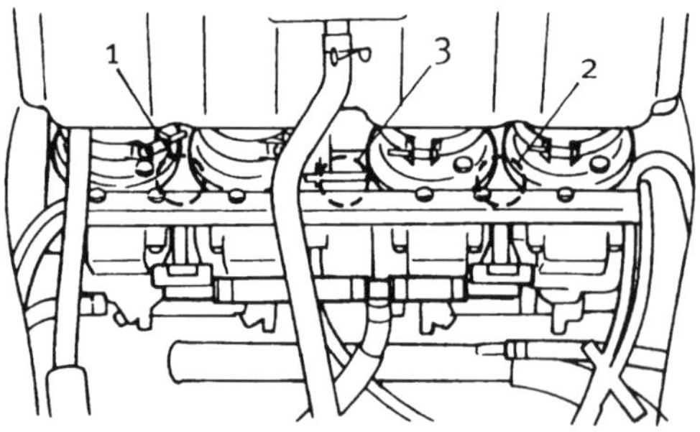

Bild 86
Abgleichschrauben YZF
Abgleich-Reihenfolge

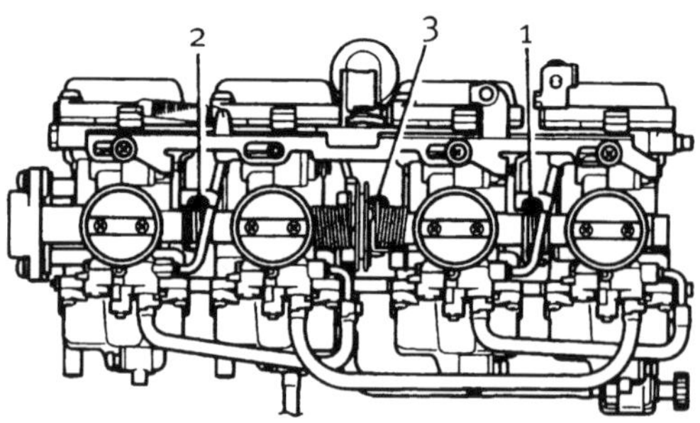

Bild 87 ➤
Abgleichschrauben FZS
Abgleich-Reihenfolge

Ölwechsel

■ Alle 10 000 km bedarf das Öl einer Erneuerung, mindestens aber einmal im Jahr; bei ausschliesslichem Kurzstreckenbetrieb oder bei Temperaturen unter 0°C alle 5000 km oder sechs Monate.

⚠ Motoröl bei betriebswarmer Maschine ablassen, damit sich die Metallabriebsteilchen noch in der Schwebe befinden und sich noch nicht abgesetzt haben.

■ YZF: Bauchverkleidung abnehmen.

■ Motorrad waagrecht stellen und geeignetes Auffanggefäss (mindestens vier Liter Fassungsvermögen) unterschieben.

■ **Bild 90:** Ölablassschraube ausdrehen.

⚠ Finger nicht am heissen Öl verbrühen! Öl läuft erst im Schuss, nach einiger Zeit nur noch tröpfchenweise. Geduldig warten, bis der letzte Tropfen den Weg ins Auffanggefäss gefunden hat.

Ölfilterwechsel

Der Ölfilter hat die Aufgabe, kleinste Partikelchen aus dem Motoröl auszufiltern. Sobald der Motor läuft, befindet sich das Öl in dauerndem Kreislauf: Die Ölpumpe saugt aus dem Sumpf das Öl an und drückt es durch den Filter zu den Schmierstellen des Motors. Dort tropft es in den Ölsumpf ab, um wieder angesaugt zu werden.

⚠ Ölfilter deshalb bei jedem Ölwechsel erneuern (alle 10 000 km).

■ Auffangwanne unter Ölfilter stellen.

■ **Bild 91:** Ölfilter mit Ölfilterschlüssel ausdrehen und Filterelement entnehmen.

TIPP Der alte Filter kann natürlich auch mit entsprechender Rohrzange ausgebaut werden (beim Einbau neuen Filter von Hand festziehen).

■ **Bild 92:** Neuen Ölfilter mit leicht geölter Dichtung einsetzen und anziehen (17 Nm/handfest).

⚠ Ablassschrauben sind mit einem Alu- oder Kupferdichtring versehen, der bei mindestens jedem zweiten Ölwechsel erneuert wird.

■ Motoröl-Ablassschraube (29 Nm) eindrehen.

⚠ Motorölbefüllung in zwei Schritten durchführen:

■ Zuerst nur 2,8 Liter Motoröl einfüllen, dann Motor starten, 5 – 6 mal kurz (!) hochdrehen und abstellen.

■ Anschliessend Rest der vorgeschriebenen Menge nachfüllen:

Ölwechsel ohne Filterwechsel	*2,6 l*
Ölwechsel mit Filterwechsel	*2,9 l*
Gesamtölmenge	*3,5 l*

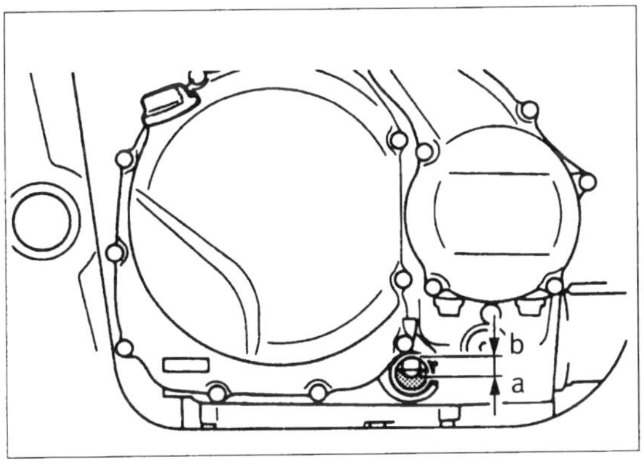

◄ Bild 88
Ölstand am Schauglas
a Minimum
b Maximum

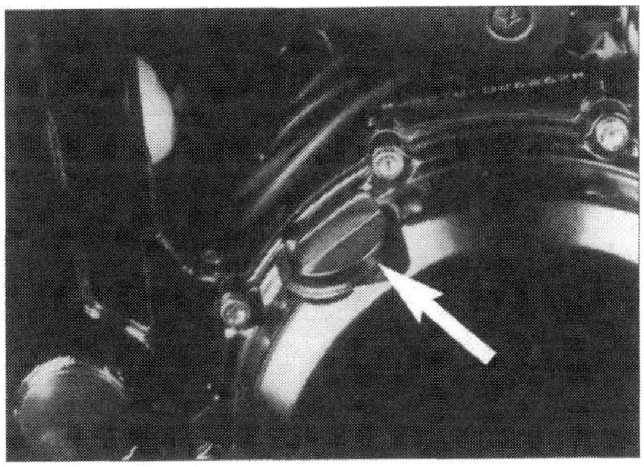

Bild 89
Öleinfüllstopfen

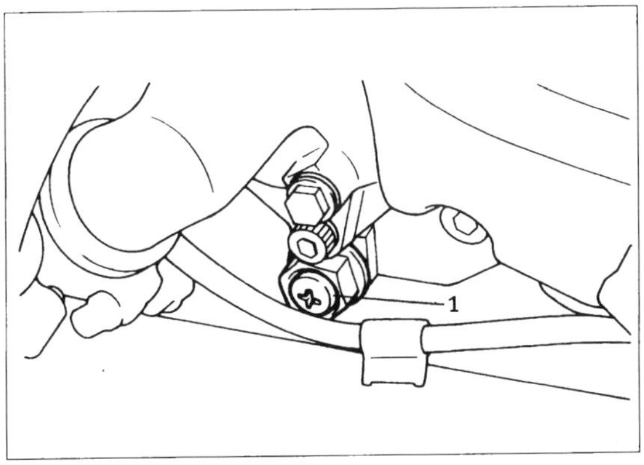

◄ Bild 90
Ölablassschraube ①

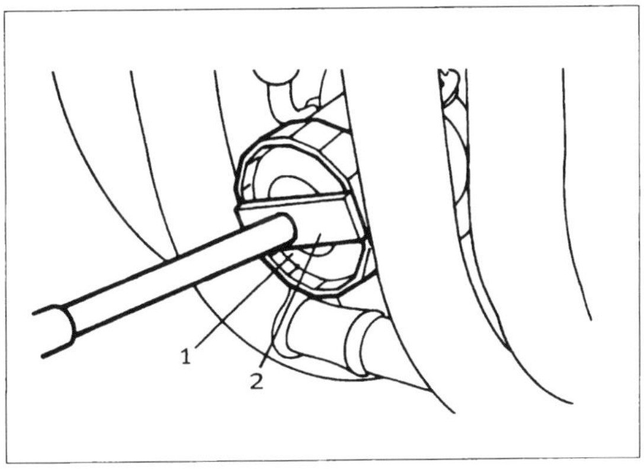

Bild 91
Ölfilter ausdrehen
1 Filterpatrone
2 Filterschlüssel

Vorsicht! ⚠
Aufgepasst!

Nach etwa fünf Minuten Ölstand am Schauglas kontrollieren. Öl soll an oberer Pegelmarke stehen.

⚠ Motoröl nie über MAX auffüllen!

⚠ Altöl nicht »weggiessen« (!), sondern an einer Sammelstelle (in jeder grösseren Stadt zu finden) oder Tankstelle abliefern!

⚠ Jeder Ölverkäufer ist zur Zurücknahme von Altöl verpflichtet!

Öldruck prüfen

- Öldruck bei betriebswarmem Motor messen.
- **Bild 93:** Ölkanal-Verschlussschraube ausdrehen.
- Öldruckmesser mit passendem Adapter montieren.
- Motor starten und Drehzahl auf 4000/min erhöhen.

YZF: Öldruck muss bei 100°C und 10 000/min 3,5 – 4,5 kg/cm² betragen.

FZS: Öldruck muss bei 115°C und 10 000/min 4,5 kg/cm² betragen.

- Falls Öldruck wesentlich unter Richtwert liegt, müssen Ölpumpe und Überdruckventil kontrolliert werden.
- Verschlussschraube des Ölkanals wieder eindrehen (8 Nm).

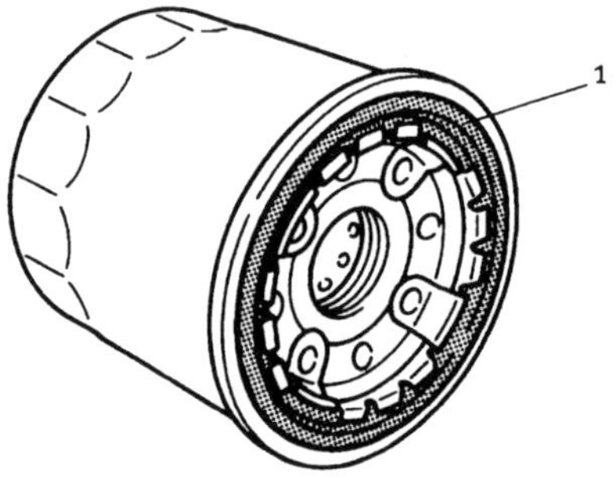

Bild 92
Ölfilterpatrone mit geöltem O-Ring ①

3.10 Bremslicht, Brems- und Schaltpedal

In Notsituationen ist es äusserst wichtig, dass die Bremswirkung sofort ohne Verzögerung eintritt. Deshalb geniesst die vor allem bei Notbremsungen wichtige Fussbremse unsere besondere Aufmerksamkeit.

Bremspedal-Oberkante soll 42 mm (YZF) bzw. 36,6 mm (FZS) unter Fussrastenoberkante liegen.

- **Bild 94** und **Bild 95:** Pedalhöhe nach Lockern der Gegenmutter und Drehen der Einstellspindel einstellen.
- Gegenmutter wieder anziehen.

Bild 95: Darauf achten, dass Ende der Einstellspindel in Kontrollbohrung sichtbar ist (Spindel nicht zu weit ausdrehen).

- Bremslicht so einstellen, dass Licht aufleuchtet bevor Bremswirkung einsetzt.
- **Bild 96** und **Bild 97.1:** Zur Einstellung Schaltergehäuse festhalten und Rändelmutter ein- oder ausdrehen.

Bremslicht soll unmittelbar vor Einsetzen der Bremswirkung aufleuchten.

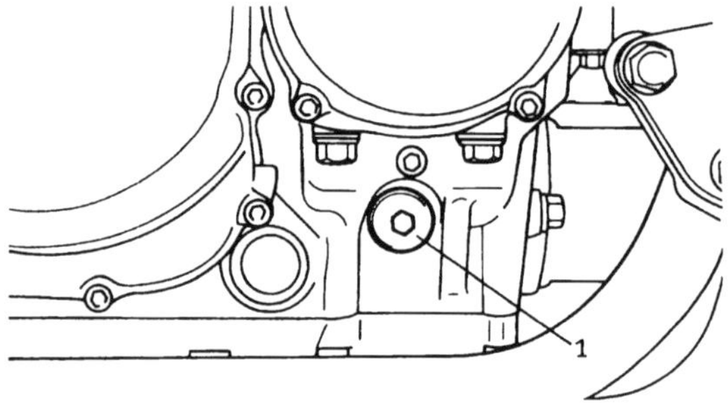

Bild 93 ➤
Öldruck-Messanschluss

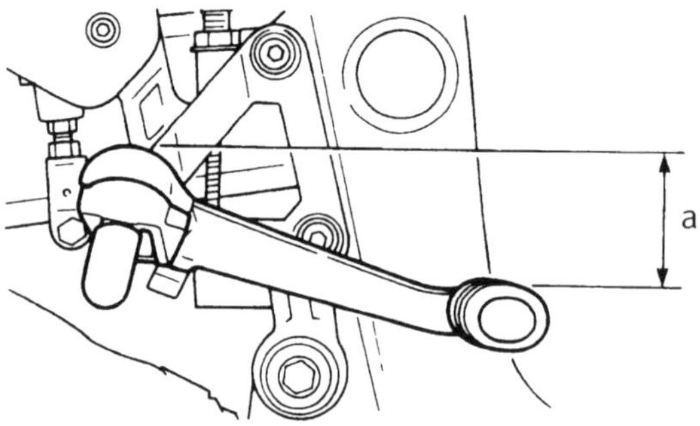

Bild 94 ➤
Pedalhöhe »a« einstellen
YZF 42 mm
FZS 36,6 mm

- Bremslichtschalter der Vorderradbremse lässt sich nicht einstellen (also nur Funktion prüfen). Zum Auswechseln Befestigungsschraube ausdrehen und Schalter abnehmen. Neuen Schalter montieren und Befestigungsschraube mit 1,3 Nm eindrehen.
- **Bild 97.2:** Handbremshebel mit Einsteller der Fingerlänge anpassen (Einstellung auf Einstellrad muss mit Markierungspfeil fluchten – keine Zwischenstellungen benutzen!).

Schaltpedal

- **Bild 98:** Schaltpedalhöhe kann durch Drehen der Einstellspindel auf gewünschte Lage eingestellt werden (Gegenmuttern zuerst lösen und nach Einstellung wieder fest anziehen).

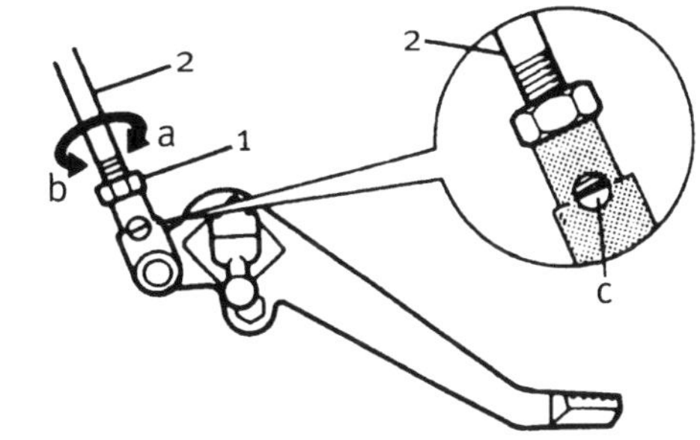

Bild 95
Pedalhöhe einstellen
1 Gegenmutter
2 Einstellspindel
a ausdrehen
b eindrehen
c Kontrollbohrung

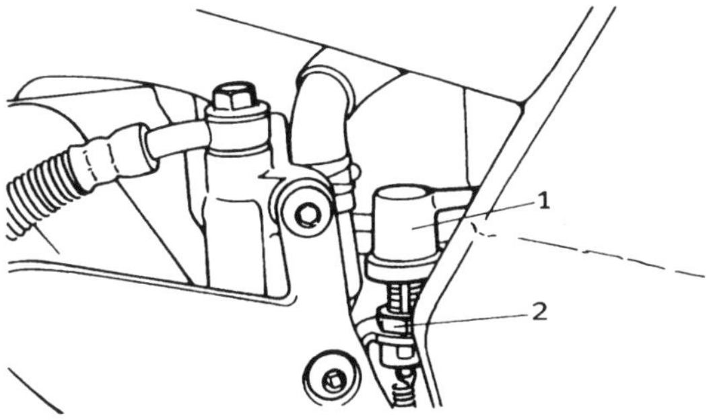

Bild 96
Bremslichtschalter YZF
1 Schaltergehäuse
2 Einstellmutter

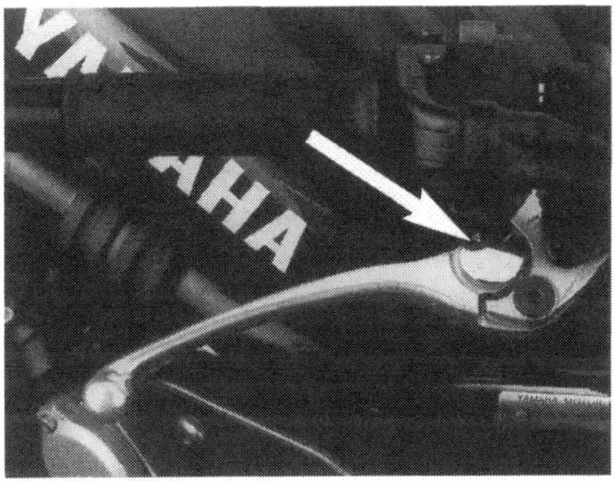

◄ **Bild 97.1**
Bremslichtschalter FZS

Bild 97.2
Handbremshebel mit Einsteller

◄ **Bild 98**
Schaltpedal einstellen

3.11 Bremsflüssigkeit

Mag man einem Motorrad kurzzeitig einen defekten Auspuff oder auch mal ein durchgebranntes Blinkerbirnchen zubilligen – beim Thema Bremsen gibt es keine Kompromisse. Hier muss bei jedem Fahrmeter die hundertprozentige Leistungsfähigkeit sichergestellt sein.

Auf die Wirkung der Bremsanlage der Yamaha-Twins kann sich der Motorradfahrer verlassen. Damit das immer so ist, sollten Wartungsarbeiten an der Bremshydraulik nur bei fundierten Vorkenntnissen vorgenommen werden. Beim geringsten Zweifel am eigenen Können ist die Fachwerkstatt die bessere Wahl.

◉ **Bild 99** bis **Bild 102:** Am Bremsflüssigkeitsbehälter Pegelstand kontrollieren. Behälter müssen dabei waagerecht stehen.

⚠ Falls sich Pegel »LOWER«-Marke nähert oder Luftbläschen sichtbar werden (vorderer Behälter FZS), zuerst Belagstärke der Bremsklötze kontrollieren! Bremsbelagverschleiss wird mit nachfliessender Bremsflüssigkeit ausgeglichen!

◉ Sämtliche Bremsleitungen auf Beschädigung und richtige Lage prüfen.

■ Alle Schraubverbindungen der Bremsleitungen abwischen.

◉ Bremse mit Kraft betätigen und kurz unter Druck halten. Bremsleitungen danach auf undichte Stellen absuchen.

Hydraulikflüssigkeit ergänzen

⚠ Da sich Hydraulikflüssigkeit hygroskopisch verhält, d.h. Wasser anzieht (→ Siedepunkt sinkt), muss Behälter immer gut verschlossen sein.

⚠ Keinesfalls dürfen Schmutz, Verunreinigungen oder Wasser in Behälter gelangen.

⚠ Beim Öffnen des Deckels muss Behälter waagerecht stehen, damit keine Bremsflüssigkeit überschwappt, die sich aggressiv verhält und Lack angreift.

⚠ Vertrielte Bremsflüssigkeit sofort abwischen!

■ Deckel samt Membran abnehmen.

■ Pegelstand bis zur »UPPER«-Markierung (vorn: Gussrippe an Innenseite) auffüllen.

⚠ Nur Bremsflüssigkeit der Qualität DOT 4 verwenden!

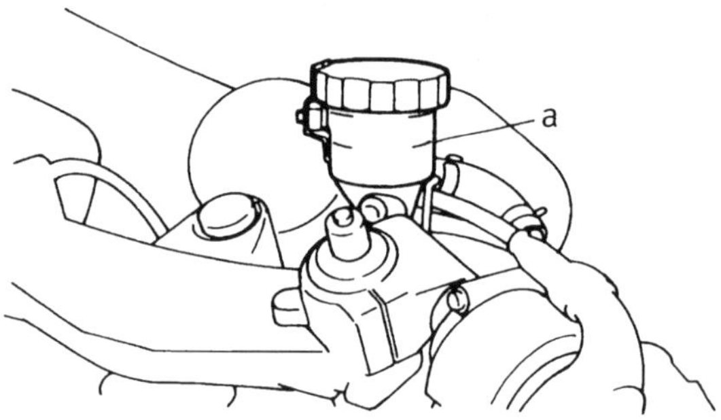

Bild 99 ➤
Bremsflüssigkeitsbehälter/vorn YZF
a MINIMUM

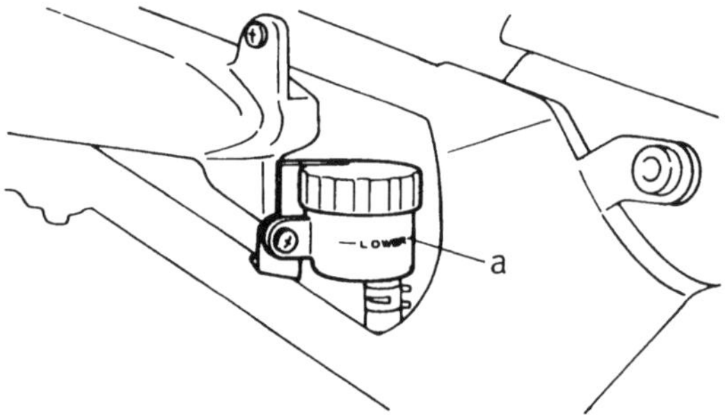

Bild 100
Bremsflüssigkeitsbehälter/hinten YZF
a MINIMUM

Bild 101 ➤
Bremsflüssigkeitsbehälter/vorn FZS

Bild 102 ➤
Bremsflüssigkeitsbehälter/hinten FZS

Bremsflüssigkeit erneuern

⚠ Bremsflüssigkeit alle 2 Jahre wechseln.

■ **Bild 103:** Deckel des Bremsflüssigkeitsbehälters samt Membran entfernen und passenden, durchsichtigen Schlauch, der in Auffanggefäss endet, über Entlüftungsventil am Bremssattel stülpen.

TIPP Damit nicht die komplette alte Bremsflüssigkeit durch Hydraulikleitungen gepumpt werden muss, mit Einwegspritze aus Apotheke alte Flüssigkeit absaugen und frische Flüssigkeit auffüllen.

⚠ Nachlaufbohrung am Boden des Ausgleichsbehälters muss immer mit Flüssigkeit bedeckt sein, damit keine Luft ins System gelangt!

■ **Bild 104:** Hebel bzw. Pedal anziehen und Entlüftungsventil um 1/2 bis 1/4 Umdrehung öffnen und sofort wieder schliessen. Hebel bzw. Pedal wieder freigeben.

■ Pumpbewegungen am Bremshebel fördern Flüssigkeit zum Auffanggefäss.

TIPP Schön langsam pumpen und Hebel zwischendurch immer einige Sekunden in Ruhestellung belassen, um zu gewährleisten, dass sich System luftfrei füllt.

⚠ Währenddessen in Behälter am Lenker zügig Bremsflüssigkeit nachgiessen, damit keine Luftbläschen ins System gelangen können (Nachlaufbohrung muss immer mit Bremsflüssigkeit bedeckt sein).

⚠ Sinkt Pegel unter Nachlaufbohrung, kann Luft ins System gepumpt werden.

■ So wird mit neuer Bremsflüssigkeit die alte weggespült.

■ Tritt am Entlüftungsschlauch keine Luft bzw. klare, neue Bremsflüssigkeit aus, Bremshebel noch einmal langsam anziehen und gleichzeitig Entlüftungsventil schliessen.

⚠ Beim Befüllen einer leeren oder »trockenen« Hydraulikanlage gemäss Befüllschema im Bremsen-Kapitel vorgehen.

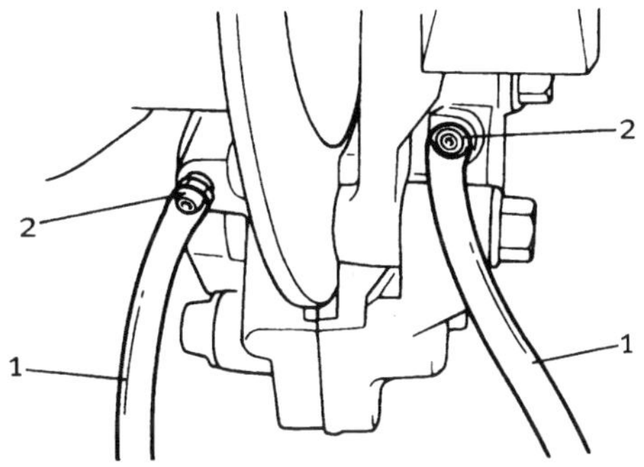

Bild 103
Bremse entlüften (hier am hinteren Bremssattel mit zwei Entlüftungsventilen – beide Sattelhälften entlüften!)
1 Schlauch
2 Entlüfterventil

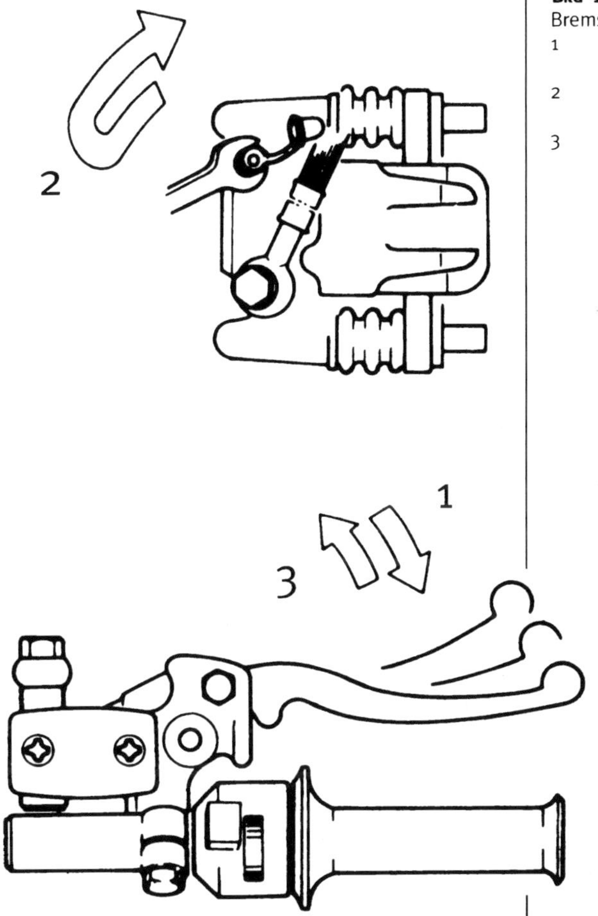

Bild 104
Bremssystem entlüften
1 Hebel/Pedal anziehen
2 Ventil öffnen (1/2–1/4 Umdrehung)
3 Hebel/Pedal herauslassen

3.12 Bremsbeläge

Auch die beste Bremse funktioniert nur mit ordentlichen Belägen. Deshalb ist die regelmässige Kontrolle der Belagstärken so wichtig.

⚠ Bremsbeläge nur im Satz wechseln, auch wenn nur ein Belag die Verschleissgrenze erreicht hat.

Belagkontrolle

- Bremspedal betätigen, damit Beläge anliegen.

👁 **Bild 105** und **Bild 106**/YZF: Von hinten in Bremssattel einpeilen und Belagstärke mit Verschleissanzeiger abgleichen.
Verschleissanzeiger dürfen Bremsscheibe nicht berühren!

👁 **Bild 107** und **Bild 108**/FZS: Von unten bzw. hinten in Bremssattel einpeilen und Belagstärke mit Verschleissanzeigenut abgleichen.
Verschleissanzeigenut darf Bremsscheibe nicht berühren!

⚠ Im Zweifelsfall Beläge lieber zu früh wechseln als zu spät mit zerschrappter Bremsscheibe!

Belagwechsel vorn

- **Bild 109:** Sicherungsfeder des Belags und Belagstift herausziehen (je nach Ausführung ein oder zwei Stifte).
- Belagfeder und Beläge nach oben entnehmen.
- Zur leichteren Montage der neuen Beläge Bremssattel von Tauchrohr abnehmen und Bremskolben von Hand in Sattel eindrücken, um Platz zu machen für neue dicke Beläge.
- **Bild 110:** Neue Beläge von oben einsetzen und Belagfeder aufsetzen (lange Lasche weist nach vorn).
- **Bild 111:** Belagstift(e) einschieben und mit Sicherungsfeder sichern.

⚠ Durch Pumpen am Bremshebel Druck im System aufbauen. Erst wenn Druckpunkt deutlich fühlbar ist, ist Bremse betriebsbereit!

⚠ Bremsflüssigkeitspegel kontrollieren.

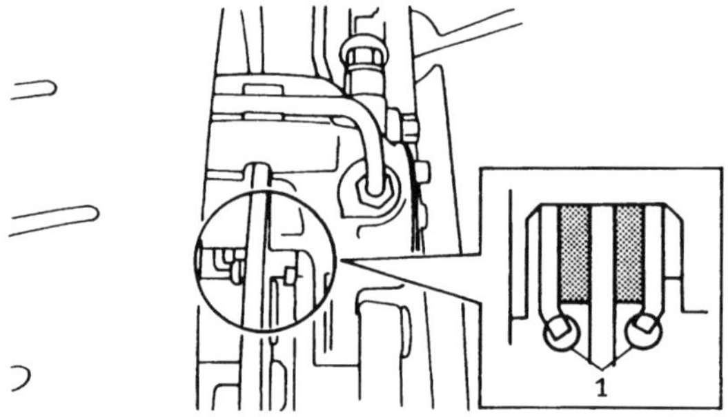

Bild 105
Belagkontrolle vorn YZF
1 Verschleissanzeiger

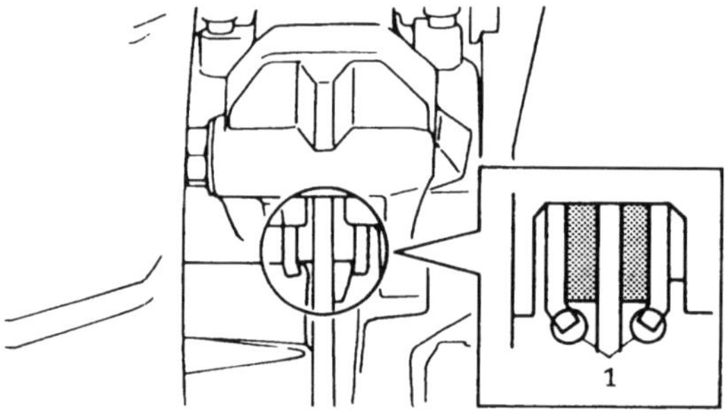

Bild 106 ➤
Belagkontrolle hinten YZF
1 Verschleissanzeiger

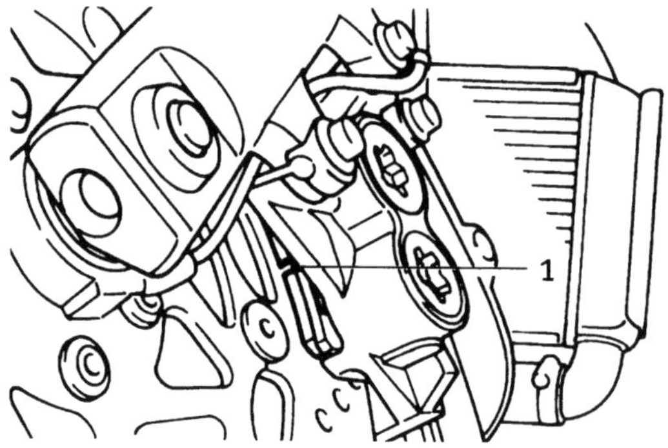

Bild 107
Belagkontrolle vorn FZS
1 Verschleissanzeiger

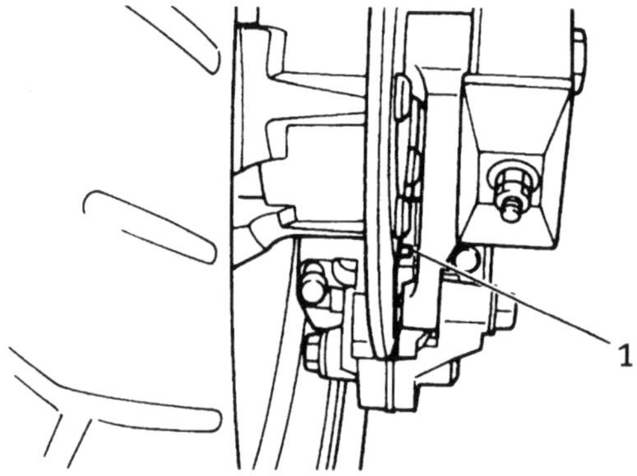

Bild 108 ➤
Belagkontrolle hinten FZS
1 Verschleissanzeiger

TIPP Fingerzeig
Exakt messen

Belagwechsel hinten

- **Bild 112:** Belagstifte lösen und Bremssattel vom Halter abnehmen (zwei Befestigungsschrauben).
- Belagstifte ganz ausdrehen und Beläge aus Schacht entnehmen.
- Mit stumpfem Werkzeug (Hartholz o.Ä.) Bremskolben vorsichtig in Sattelzylinder zurückdrücken, um Platz zu machen für neue dicke Beläge.
- ⚠ Auf keinen Fall mit scharfkantigem Schraubendreher im Bremsbelagschacht herumstochern und Kolbengleitfläche verkratzen!
- Beläge mit Belagfeder in Sattel einsetzen.
- ⚠ Auf richtige Einbaulage der Belagfeder achten: eingestanzter Pfeil weist in Drehrichtung der Scheibe.
- Belagstifte einsetzen und Bremssattel auf Scheibe aufsetzen.
- Sattelschrauben (40 Nm) und Belagstifte eindrehen (10 Nm).
- ⚠ Durch Pumpen am Bremshebel Druck im System aufbauen. Erst wenn Druckpunkt deutlich fühlbar ist, ist Bremse betriebsbereit!
- ⚠ Bremsflüssigkeitspegel kontrollieren.

Bild 109
Sicherungsfeder des Belags und Belagstift ① herausziehen

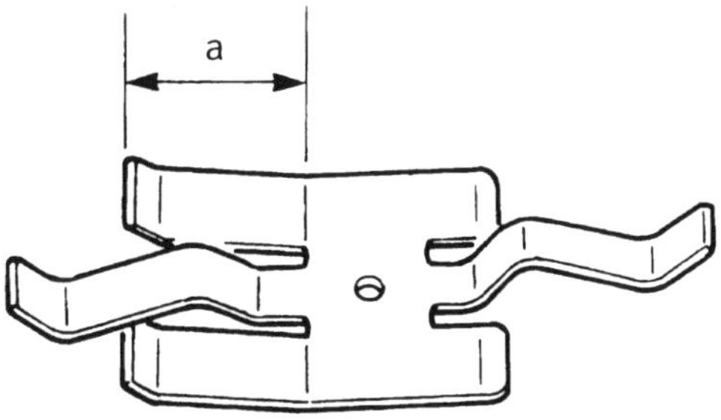

Bild 110
Belagfeder
a Lange Federlasche

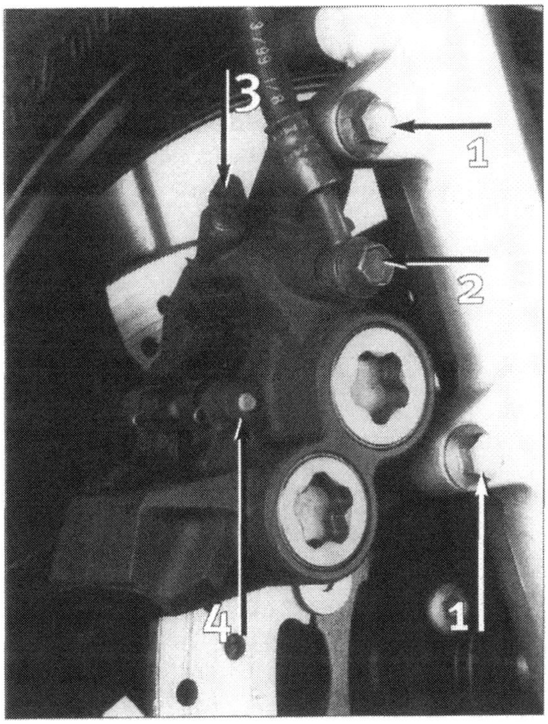

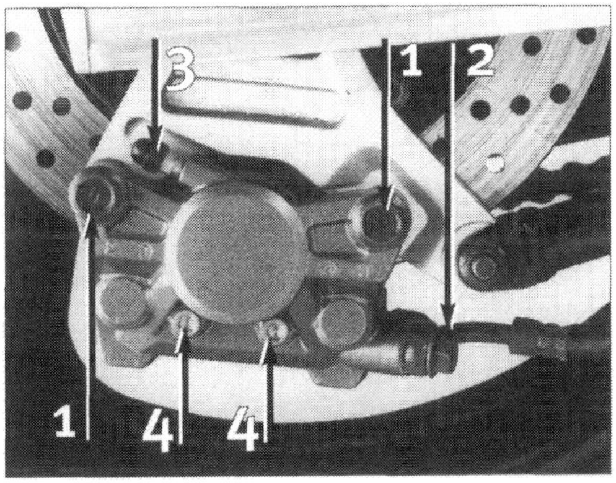

◄ **Bild 111**
Bremssattel/vorn
1 Befestigungsschrauben
2 Schlauchanschluss
3 Entlüftungsventil
4 Belagstift(e)

Bild 112
Bremssattel/hinten
1 Befestigungsschrauben
2 Schlauchanschluss
3 Entlüftungsventil (1 von 2)
4 Belagstifte

Vorsicht! ⚠
Aufgepasst!

3.13 Antriebskette

Die Antriebskette ist eigentlich das Teil am Motorrad, dem man seinen Pflegezustand auf den ersten Blick ansieht.
Doch wird die als lästig empfundene Kettenpflege häufig sträflich vernachlässigt, obwohl sie doch erheblichen Einfluss auf die Fahrleistungen eines Motorrads hat.

⚠ Antriebskette niemals bei laufendem Motor prüfen oder einstellen.

■ Motorrad in *Neutral* schalten und so aufbocken, dass das Hinterrad frei drehbar ist.

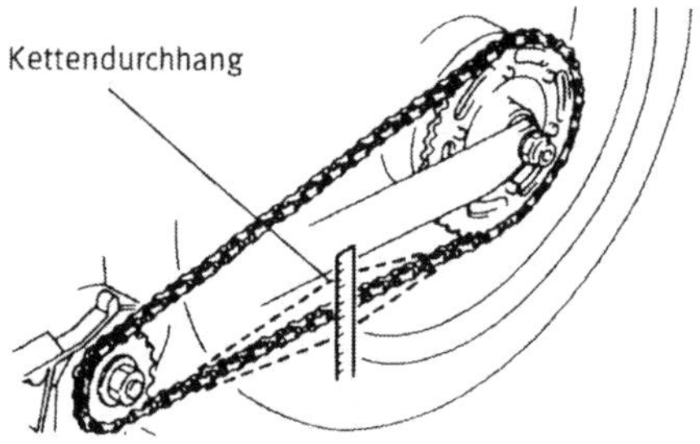

Bild 113
Kettendurchhang
YZF 20 – 30 mm
FZS 30 – 40 mm

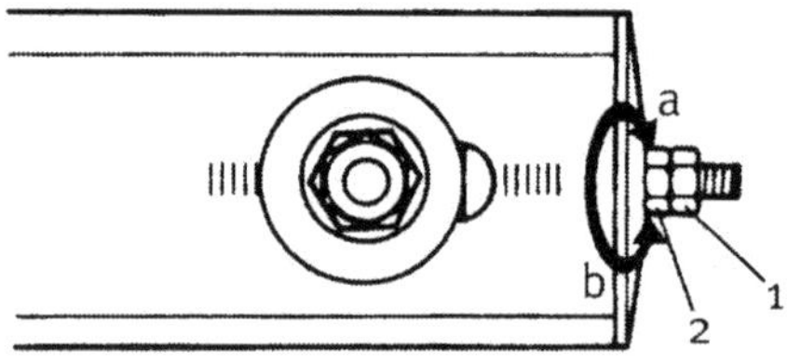

Bild 114
Kettendurchhang einstellen
1 Gegenmutter
2 Einstellmutter
a eindrehen (Durchhang geringer)
b ausdrehen (Durchhang grösser)

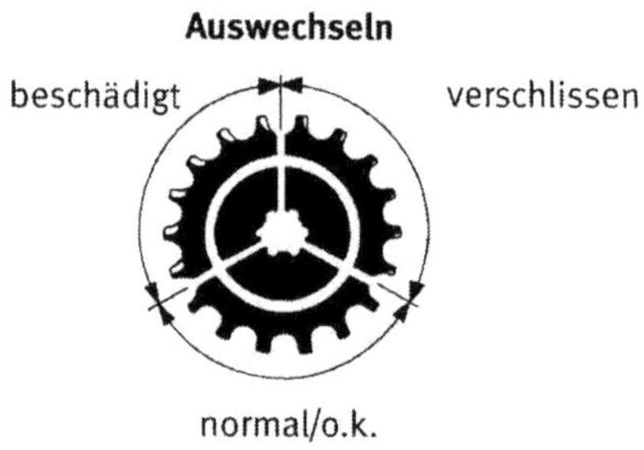

Bild 115
Ritzel- und Kettenrad-Verschleiss

Bild 116
Kette darf sich max. 4 mm weit abziehen lassen

Durchhang an mehreren Stellen prüfen, um Stelle mit straffster Kettenposition zu finden (Kette längt sich ungleichmässig).

■ **Bild 113:** Motorrad auf Seitenständer stellen, Getriebe in *Neutral* schalten, Kette in der Mitte zwischen Ritzel und Kettenblatt von Hand auf- und abbewegen und Durchhang messen.
Sollwert

YZF	20–30 mm
FZS	30–40 mm

■ **Bild 114:** Zum Korrigieren des Durchhangs links Sicherungssplint an Achsmutter entfernen. Achsmutter lockern.

■ Gegenmuttern auf beiden Seiten lockern und Einstellmuttern jeweils um gleiche Anzahl von Umdrehungen weiterstellen, bis Kette korrekten Durchhang erreicht.

■ Falls Kette gelockert werden muss, nach Ausdrehen der Einstellmuttern zuerst Hinterrad nach vorn drücken.

Ausrichtmarkierungen müssen auf beiden Seiten der Schwinge übereinstimmen.

⚠ Kettendurchhang darf keinesfalls weniger als 20 bzw. 30 mm betragen: Gefahr durch stossartige Drücke für Getriebe-Abtriebslager!

■ Hinterachsmutter (117 Nm) und Gegenmuttern der Einstellmuttern wieder anziehen.

■ Als letzte Kontrolle Motorrad vom Ständer nehmen und aufsitzen. Auch jetzt darf Kette keinesfalls voll gespannt sein.

■ Falls Einstellmuttern nicht mehr weitergedreht werden können, muss Kette erneuert werden.
O-Ring-Ketten besitzen kein lösbares Kettenschloss. Zum Wechsel muss entweder die Schwinge ausgebaut werden (relativ hoher Arbeitsaufwand), oder die Kette getrennt werden (her mit der Flex). Deshalb:

TIPP Alte Kette mit Winkelschleifer auftrennen und Kette mit EK-Enuma-Schraubschlössern (erhältlich im Fachhandel) vernieten.

Bild 115: Gleichzeitig Zähne von Ritzel und Kettenrad auf Abnutzung untersuchen.

■ Falls verschlissen, beide Kettenräder zusammen mit Kette im Satz wechseln (*Kapitel 9 und Kapitel 19*).

⚠ Niemals neue Kette mit alten Kettenrädern oder umgekehrt kombinieren, da sich Teile gegenseitig extrem schnell verschleissen.

Bild 116: Kettenzustand bei korrektem Durchhang wie folgt »erfühlen«: Kette darf sich in der Mitte des Kettenblatts maximal 4 mm weit abziehen lassen.

3.14 Kupplung

Um zu verhindern, dass die Kupplung bei Belastung ungewollt durchrutscht, wird am Handhebel ein Sicherheitsspiel (Leerweg) von 2 – 3 mm eingestellt.

- **Bild 117:** Korrekturen mit der Einstellschraube am Kupplungsseilzug nach Lösen der Gegenmutter vornehmen.
- **Bild 118:** Zur Einstellung des Druckstangenspiels Gummistopfen aushebeln.
- **Bild 119.1:** Gegenmutter lösen, Einsteller zwei Umdrehungen ausdrehen und wieder eindrehen, bis er locker aufsitzt. Dann ¹/₄ Umdrehung wieder ausdrehen und Gegenmutter anziehen.

◄ Bild 117
Oberer Kupplungsseilzug-Einsteller mit Gegenmutter

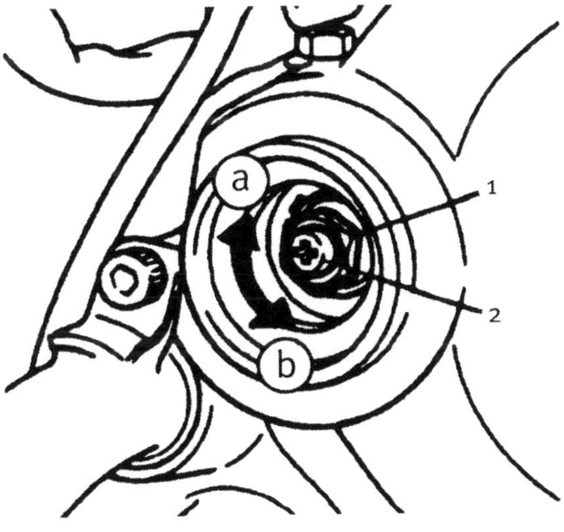

◄ Bild 119.1
Druckstangenspiel einstellen
1 Gegenmutter
2 Einsteller
a Spiel grösser
b Spiel kleiner

3.15 Teleskopgabel

Die 600er-Reihenvierer von YAMAHA verfügen über eine Vorderradfederung mit funktionierender Allround-Abstimmung.
Die Ölfüllung der Telegabel ist als Dauerfüllung disponiert und wird nur alle 30 000 km bzw. alle drei Jahre gewechselt (Gabel muss nicht ausgebaut werden; *Kapitel 18.2 Frontpartie*).

- **Bild 119.2:** Wirkung der Telegabel durch mehrmaliges Einfedern prüfen, wobei sich zeigt, ob Tauchrohre etwa durch verspannten Einbau an freier Beweglichkeit gehindert sind.
  Federung bei angezogener Bremse eindrücken und ausfedern lassen.
  Einfedern geht schneller als Ausfedern.
  Fahrzeug darf nicht nachschwingen.
  Wellendichtringe und Staubkappen der Telegabel dürfen keine Undichtheiten (Ölnebel) zeigen. Sonst defekte Teile erneuern, wie in Kapitel 18 beschrieben.

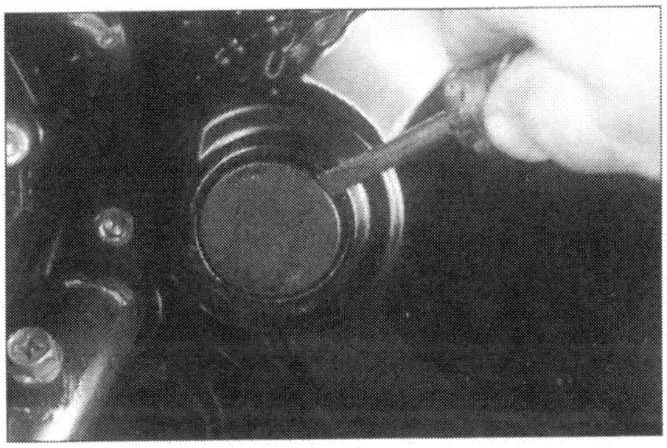

Bild 118
Gummistopfen an Ritzeldeckel aushebeln

Bild 119.1
Gabel bei angezogener Bremse zusammenstauchen

Vorsicht! ⚠
Aufgepasst!

Bild 120
YZF-Gabel
1 Zugstufen-Einsteller
2 Federvorspannungseinsteller

Bild 121
YZF-Gabel mit Druckstufen-Dämpfungseinsteller ①

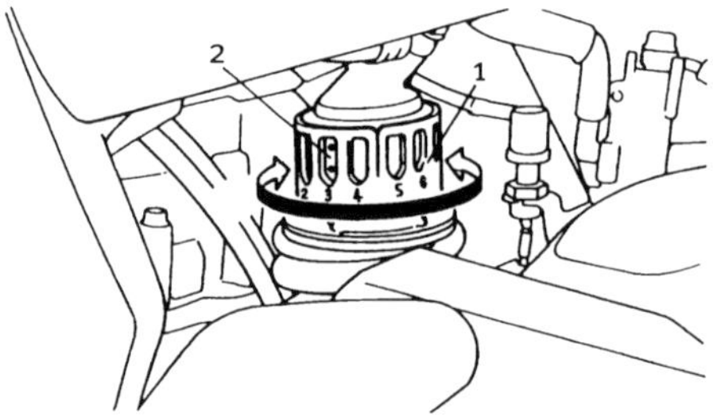

Bild 122
YZF-Federbein
Federvorspannung

Stellung 1	weich
Stellung 3	normal
Stellung 9	hart

1 Einsteller
a Markierung

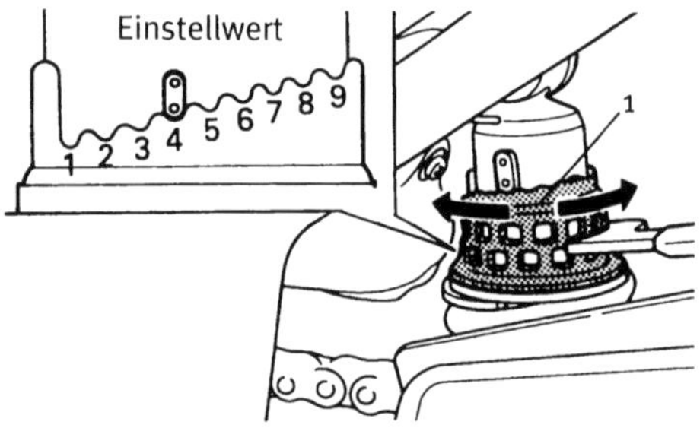

Bild 123
FZS-Federbein
Federvorspannung

Stellung 1	weich
Stellung 4	normal
Stellung 7	hart

1 Einsteller

Bild 124 ➤
YZF-Federbein
Zugstufendämpfung

20 Klicks	weich
10 Klicks	normal
0 Klick	hart

1 Einsteller
2 Markierung

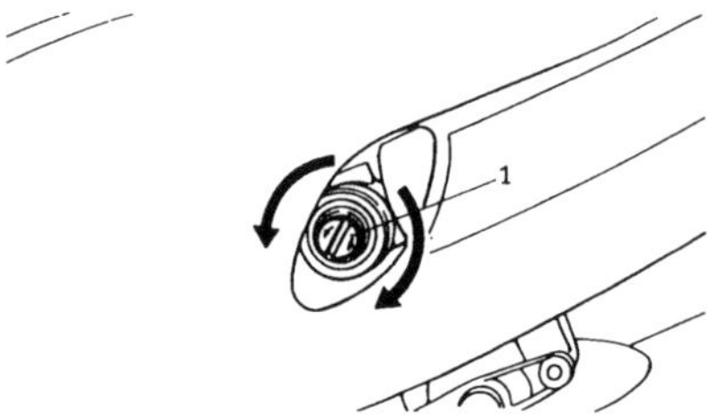

Bild 125
YZF-Federbein
Druckstufendämpfung

20 Klicks	weich
10 Klicks	normal
0 Klick	hart

1 Einsteller

YZF-Teleskopgabel

⚠ Beide Gabelbeine stets identisch einstellen.

- **Bild 120:** Die Gabel der YZF kann mittels Federvorspannung der Beladung oder den Fahrervorlieben gemäss eingestellt werden.
  Grundstellung der Federvorspannung sind 5 sichtbare Striche am Einsteller (maximal hart 1 Strich, minimal 8 Striche).
- **Bild 120:** Entsprechend der Federvorspannung kann Zugstufendämpfung eingestellt werden.
  Einsteller bis zum leichten Aufsitzen ganz eindrehen und wieder herausdrehen. Dabei die »Klicks« des Einstellers mitzählen.

Zugstufendämpfung

Grundstellung	7 Klicks
maximal (hart)	1 Klick
minimal (weich)	12 Klicks

- **Bild 121:** Entsprechend der Zugstufendämpfung kann Druckstufendämpfung eingestellt werden.
  Einsteller bis zum leichten Aufsitzen ganz eindrehen und wieder herausdrehen. Dabei die »Klicks« des Einstellers mitzählen.

Druckstufendämpfung

Grundstellung	7 Klicks
maximal (hart)	1 Klick
minimal (weich)	12 Klicks

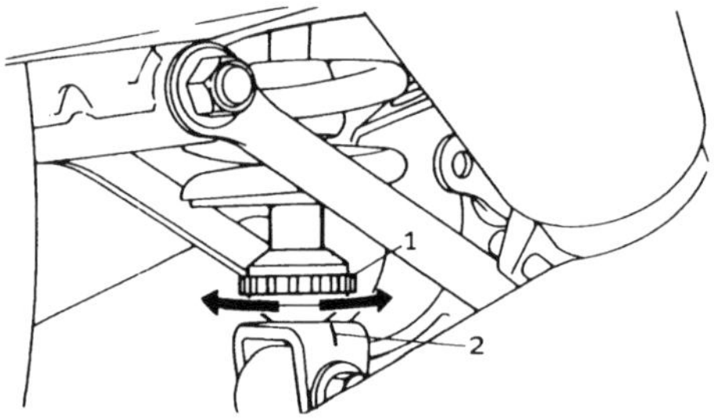

3.16 Federbein

Wirkung des Federbeins durch mehrmaliges Einfedern prüfen. Dabei zeigt sich, ob die Schwinge an freier Beweglichkeit gehindert ist.

Dämpferstange der Federbeins darf keine Undichtheit zeigen. Sonst defektes Federbein erneuern, wie in *Kapitel 19 Seite 122* beschrieben.

■ Fahrzeugheck eindrücken und ausfedern lassen.

Fahrzeugheck darf nicht nachschwingen.

Einfedern geht bei korrekter Dämpferwirkung schneller als Ausfedern!

Alle Befestigungen auf Festsitz prüfen. Darauf achten, dass sie weder beschädigt noch verzogen sind.

■ **Bild 122** und **Bild 123:** Federvorspannung am Einsteller mit Hakenschlüssel nach Zuladung und Streckenbeschaffenheit einstellen (hohe Federvorspannung für hohe Zuladung – geringe Vorspannung für Solofahrten).

⚠ Nicht versuchen, Einsteller über höchste oder niedrigste Einstellung hinauszudrehen.

■ **Bild 124:** Entsprechend der Teleskopgabel kann auch am Federbein die Zugstufendämpfung eingestellt werden.
Einsteller bis zum leichten Aufsitzen ganz eindrehen und wieder herausdrehen. Dabei die »Klicks« des Einstellers mitzählen.
Grundstellung der Zugstufendämpfung sind 10 Klicks (maximal hart 0 Klick, minimal 20 Klicks).

■ **Bild 125:** Entsprechend der Zugstufendämpfung kann auch Druckstufendämpfung eingestellt werden.
Einsteller durch Heckverkleidung bis zum leichten Aufsitzen ganz eindrehen und wieder herausdrehen. Dabei die »Klicks« des Einstellers mitzählen.
Grundstellung der Druckstufendämpfung sind 7 Klicks (maximal hart 1 Klick, minimal 12 Klicks).

3.17 Lenkkopflager

Wenn das Motorrad in langgezogenen Kurven plötzlich nicht mehr den gewohnt sauberen Strich ziehen will, und wenn es beim kurzen Antippen der Vorderradbremse verdächtig im Lenker knackt, dann hat das Lenkkopflager zu viel Spiel.

TIPP Zu lose eingestelltes Lager verursacht Flattern bei höheren Geschwindigkeiten.

TIPP Zu stramm angezogenes Lager verursacht Fahrzeugpendeln bei niederen Geschwindigkeiten.

■ Zum Prüfen des Lagers Maschine so aufbocken, dass Vorderrad freikommt.

Bei freiem Vorderrad Tauchrohre vor- und zurückdrücken und mit Finger Spiel am Lenkkopflager erfühlen. (Bei entsprechend hohen Laufleistungen kann auch Spiel der Gabelbuchsen für »Knacken« sorgen.)

Falls sich Lenker ungleich bewegt, schleift oder Vertikalspiel aufweist, Lager nachstellen.

Darauf achten, dass Seilzüge oder Kabelstränge Lenkereinschlag nicht behindern.

⚠ Rastet Lenker in Mittelstellung ein → Lenkkopflager defekt, Lager ersetzen (*Kapitel Frontpartie*).

Lenkkopflager einstellen

■ Sitz, Verkleidung und Tank demontieren (*Kapitel 3.2*).

■ **Bild 127**/FZS: Zierstopfen und Klemmschrauben der Lenkerbefestigung entfernen.

■ Lenker von Aufnahme abheben.

Darauf achten, dass Kabel und Züge nicht geknickt werden!

TIPP Lenker mit Klebeband am Cockpit fixieren, sodass ungehindertes Arbeiten möglich ist. Dazu bei Bedarf Kabelbinder am Lenker lösen, um noch etwas mehr Bewegungsspielraum zu haben.

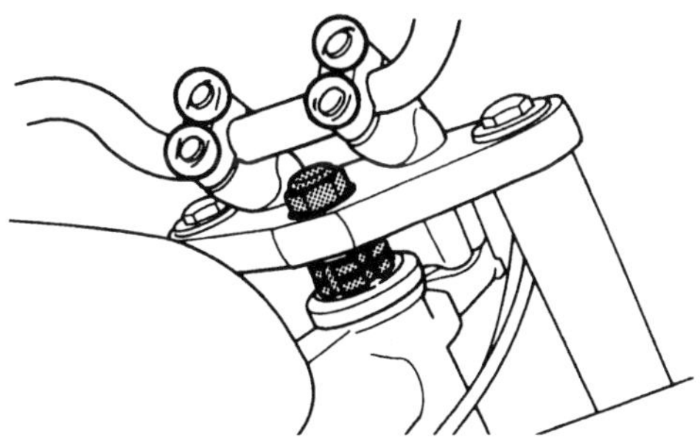

Bild 127
Lenkerklemmschrauben, Lenkkopfmutter und Einstellmutter mit Gegenmutter

Vorsicht! ⚠
Aufgepasst! [eye icon]

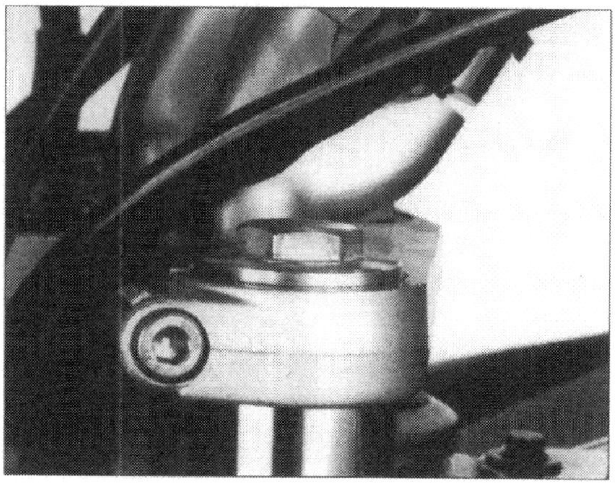

Bild 128
Gabelklemmschrauben der oberen Gabelbrücke

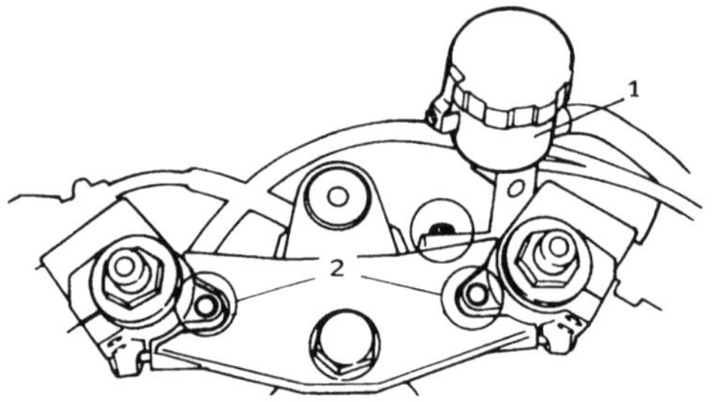

Bild 129
YZF-Lenkkopf
1 Bremsflüssigkeit-Ausgleichsbehälter
2 Stopfen

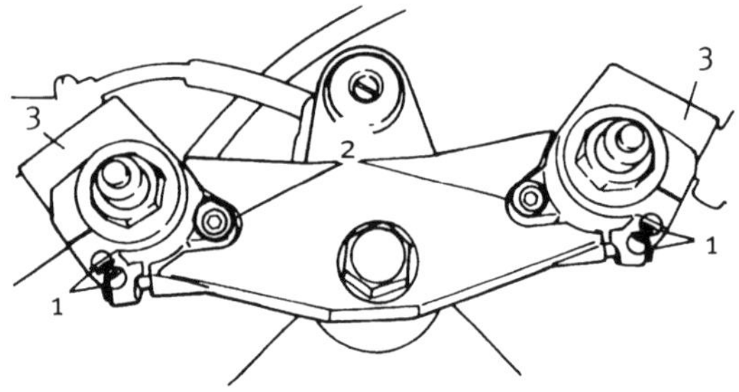

Bild 130
YZF-Lenkkopf
1 Klemmschrauben
2 Fixierschrauben
3 Lenkstummel

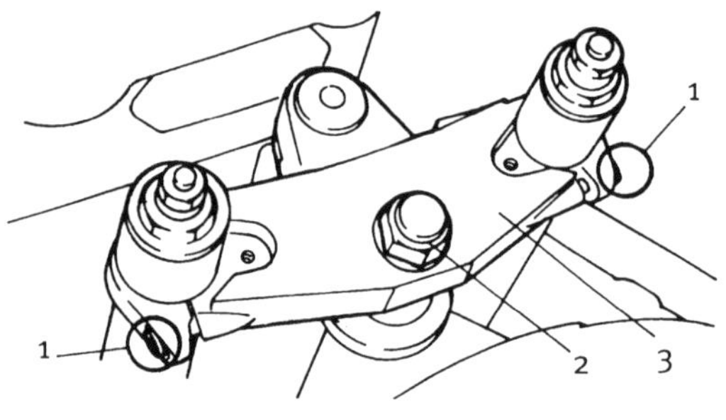

Bild 131
YZF-Lenkkopf
1 Klemmschrauben
2 Lenkkopfmutter
3 Obere Gabelbrücke

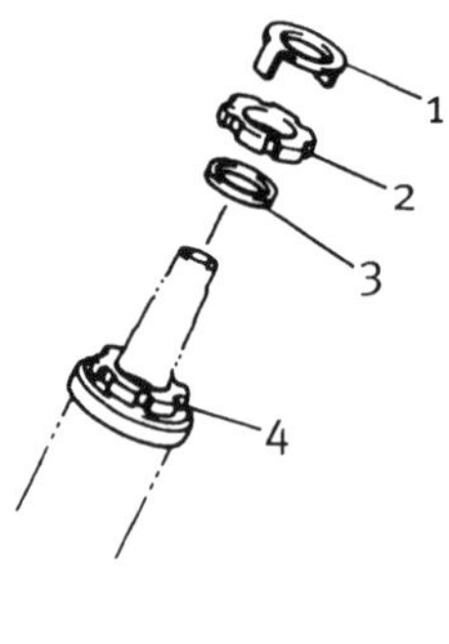

Bild 132
Lenkkopflager einstellen
1 Sicherungsscheibe
2 Gegenmutter
3 Gummischeibe
4 Einstellmutter

- **Bild 128**/FZS: Gabelklemmschrauben der oberen Gabelbrücke lockern und Lenkschaftmutter ausdrehen.
- Gabelbrücke mit leichten Gummihammerschlägen lockern und nach oben abheben.
- **Bild 127**/FZS: Lenkkopfmutter ausdrehen.
- **Bild 129**/YZF: Bremsflüssigkeit-Ausgleichsbehälter abnehmen. Zierstopfen der Fixierschrauben der Lenkstummel entfernen.
- **Bild 130**/YZF: Fixierschrauben der Lenkstummel ausdrehen und Klemmschrauben der Lenkstummel lockern.
- **Bild 131**/YZF: Lenkkopfmutter ausdrehen und Gabelklemmschrauben der oberen Gabelbrücke lockern.
- Gabelbrücke mit leichten Gummihammerschlägen lockern und nach oben abheben.
- **Bild 132:** Sicherungsblech ①, obere Ringmutter ② und Gummischeibe ③ abnehmen.
- **Bild 132:** Einstellmutter ④ mit Hakenschlüssel um den Bruchteil einer Umdrehung anziehen (gegebenenfalls lockern), bis kein Spiel mehr spürbar, aber Lenkung noch leichtgängig ist.
- **Bild 132:** Gummischeibe auflegen, obere Ringmutter ② handfest anziehen, bis Nuten beider Ringmuttern fluchten. Gegebenenfalls Einstellmutter ④ gegenhalten.
- **Bild 133:** Sicherungsblech »a« so auflegen, dass Blechlaschen in die Nuten »b« beider Muttern eingreifen.

Sicherungsblechlaschen auf einwandfreien Sitz in ihren Nuten kontrollieren.

- Obere Gabelbrücke wieder aufsetzen und Lenkschaftmutter anziehen (104 Nm).
- Klemmschrauben der Gabelbrücke anziehen (23 Nm).

Lenklagerspiel noch einmal kontrollieren, gegebenenfalls erneut nachstellen.

- Lenkerstummel in umgekehrter Ausbaureihenfolge montieren.
- FZS: Lenker in untere Klemmbockhälften legen und obere Hälften mit Pfeilmarkierungen in Fahrtrichtung aufsetzen.
- **Bild 134:** FZS: Lenkermarkierung auf Klemmspalt ausrichten und Befestigungsschrauben eindrehen. Zuerst vordere, dann hintere Schrauben eindrehen (23 Nm).

3.18
Batterie

E-Starter sind ein nicht mehr wegzudenkender Komfort. Deshalb muss die Batterie immer optimal in Schuss sein, um auch bei kaltem Wetter ausreichend Energie liefern zu können.

⚠ **Bild 136:** Die Batterie ist wartungsfrei, deshalb nicht versuchen die Verschlussstopfen zu entfernen. Demzufolge kann der Batteriesäurestand auch nicht geprüft werden und es muss auch kein destilliertes Wasser nachgefüllt werden.

■ Dadurch, dass das beim Ladevorgang entstehende Gas (nur Sauerstoffgas, kein Wasserstoffgas – im Gegensatz zum herkömmlichen Batterietyp, wo beide Gase entstehen) mit dem geladenen aktiven Material auf der Minusplatte reagiert, wird es in Wasser zurückverwandelt, sodass letztlich kein Flüssigkeitsverlust entsteht. Damit verbunden ist die bessere Ausnutzung des Raums, denn es wird kein »Sicherheitspolster« an Ausdehnungsvolumen benötigt.
Zur Sicherheit ist ein Ventil eingebaut, das bei Überdruck öffnet und bei Erreichen des Normaldrucks wieder schliesst.
Zusätzlich ist unter dem Deckel auf dem Sicherheitsventil ein Keramikfilter als Schutz gegen Entzündung oder Explosion durch Feuer von aussen angebracht.

■ Batterie laden, wenn Spannung unter 12,8 Volt liegt (mit Spannungsmesser prüfen).

■ Batterie zum Laden ausbauen.

⚠ Zündung ausschalten.

■ Sitzbank abnehmen (*Kapitel 3.2*).

⚠ **Bild 135:** Zuerst Masseleitung abklemmen und isolieren.

■ Plusleitung lösen und Batterie aus Schacht herausnehmen.

Batterie laden

⚠ Maximaler Ladestrom darf 10 % der Ladekapazität nicht überschreiten. Beispiel 14 Ah-Batterie: Ladestrom max. 1,4 Ampère; Ladezeit: 5 – 10 Stunden.

⚠ Beim Laden der Batterie entsteht explosive Gasmischung (auch bei wartungsfreier Batterie!), die durch Funken entzündet werden kann. Also Funken oder offenes Feuer fern halten und Raum gut belüften.

■ Anschlusspole der Batterie mit Polfett (säurefrei) balsamieren.

⚠ Beim Einbau zuerst Plusleitung anschliessen, dann Massekabel.

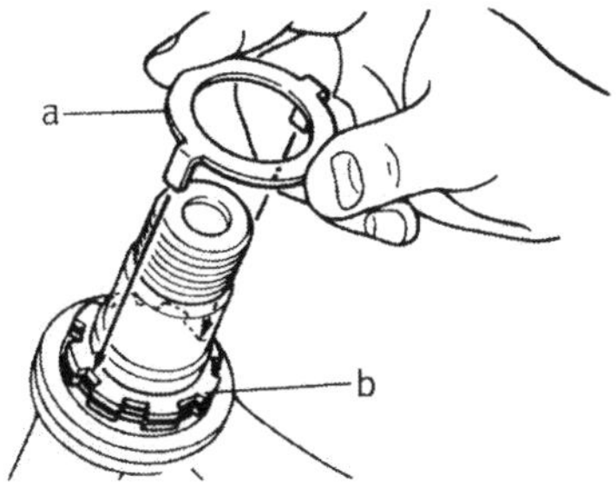

Bild 133
Sicherungsscheibe a auf Nuten b ausrichten

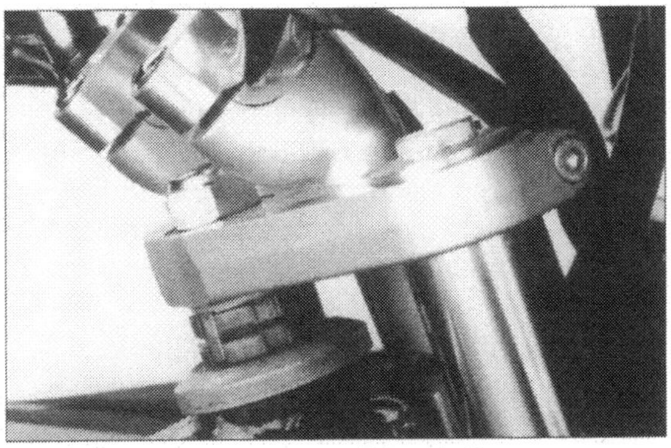

Bild 134
Klemmspalt an hinterer Befestigungsschraube

Bild 135
Einbaulage Batterie
1 Minuspol (Masse)
2 Pluspol

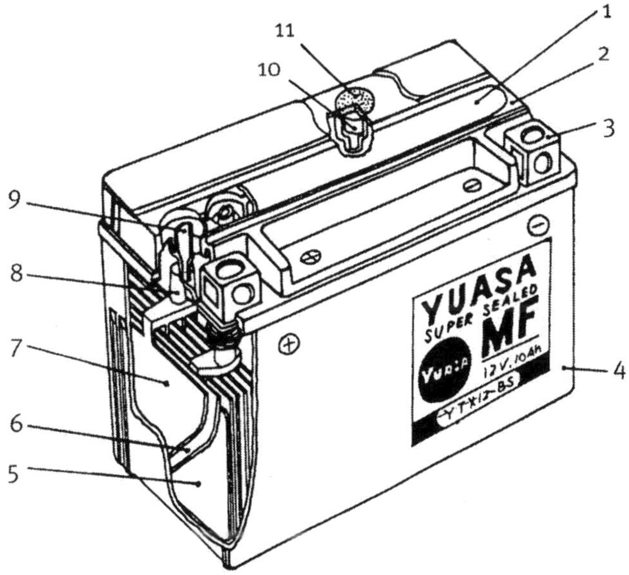

▼ Bild 136
Batterie
1 Abdichtung
2 Deckel
3 Anschluss
4 Gehäuse
5 Positive Platte
6 Separator
7 Negative Platte
8 Pol
9 Einfüllverschraubung
10 Sicherheitsventil
11 Filter

Vorsicht! ⚠
Aufgepasst! 👁

3.19 Scheinwerfer

Obwohl keine periodisch wiederkehrende Wartungsarbeit, gehört die Kontrolle der Beleuchtungs- und Signalanlage zu den unbedingt sicherheitsrelevanten Tätigkeiten am Motorrad. Ein Beleuchtungs- und Blinkercheck ist schnell gemacht – Aufwand und Nutzen stehen für den Fahrer in äusserst günstiger Relation, und bringt ein unverzichtbares Sicherheitspolster. Wesentlicher Sicherheitsfaktor bei Nachtfahrten ist ein korrekt eingestellter Scheinwerfer.

- ■ Motorrad mit korrektem Reifenluftdruck und Federbeineinstellung auf Solobetrieb auf Rädern stehend und mit Fahrer belastet in Abstand von 5 m (ab Vorderradmitte) vor heller Wand auf ebenen Boden aufstellen.
- ■ Abstand Boden/Scheinwerfermitte auf Wand übertragen und mit Kreuz markieren.
- ■ **Bild 137:** Fünf Zentimeter unter diesem Kreuz ein zweites Kreuz zeichnen.
- ■ Abblendlicht einschalten.
- 👁 Scheinwerfer mittels Stellmechanismus so einstellen, dass in der Mitte des unteren Kreuzes »Hell-Dunkel-Grenze« beginnt, bis zur Höhe des oberen Kreuzes nach rechts ansteigt und dann wieder abfällt.
- 👁 Lenker genau geradeaus richten und Einstellschraube ein- oder ausdrehen (ausprobieren), bis Scheinwerfer genau geradeaus zeigt.
- ■ **Bild 138** und **Bild 139:** *Seiteneinstellung und Höheneinstellung* des Scheinwerfers durch Ein- oder Ausdrehen der Einstellschrauben vornehmen.
- 👁 Einstellschraube ein- oder ausdrehen (ausprobieren), bis Scheinwerfer die in **Bild 137** gezeigte Höhe einhält.
- ■ **Bild 140** und **Bild 141:** Zum Wechseln der Scheinwerferlampe an Gehäuserückseite zuerst Steckkontakt, dann Lampenhalter lösen und Lampe entnehmen.
- ⚠ Lampenglas beim Einsetzen der neuen Lampe nicht mit blossen Fingern anfassen. Schweiss- und Fettspuren beeinträchtigen Lebensdauer und Leuchtkraft der Lampe. Gegebenenfalls Lampe mit Alkohol- oder Verdünner-getränktem Lappen reinigen.
- ⚠ Bei Montage der Lampe auf korrekten Sitz der Schutzkappe achten (muss sauber am Gehäuse anliegen).

Bild 137
Scheinwerfer einstellen

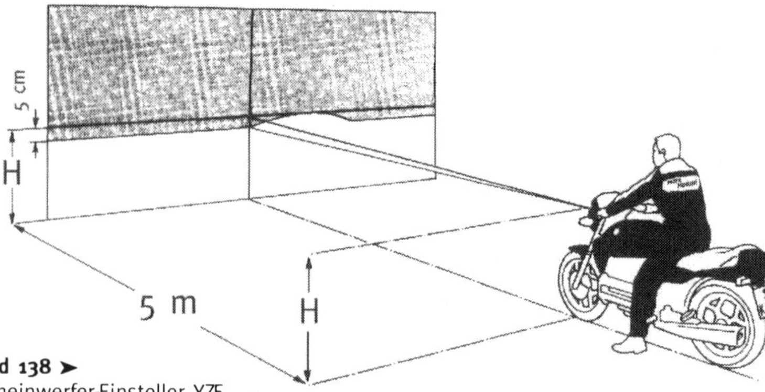

Bild 138 ➤
Scheinwerfer-Einsteller YZF
1 Höheneinsteller
2 Seiteneinsteller

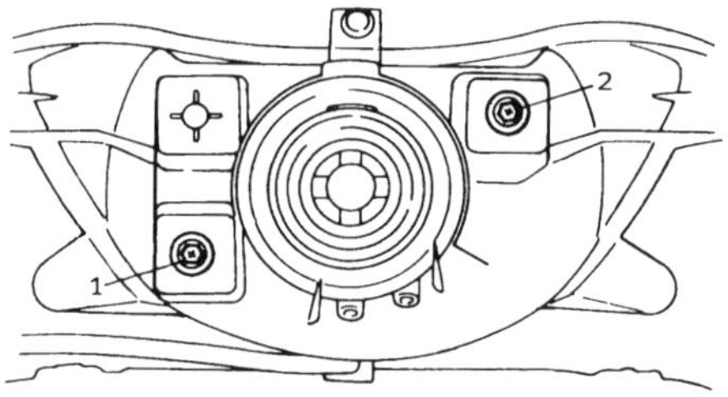

Bild 139
Scheinwerfer-Einsteller FZS
1 Höheneinsteller li.
2 Seiteneinsteller li.
3 Höheneinsteller re.
4 Seiteneinsteller re.

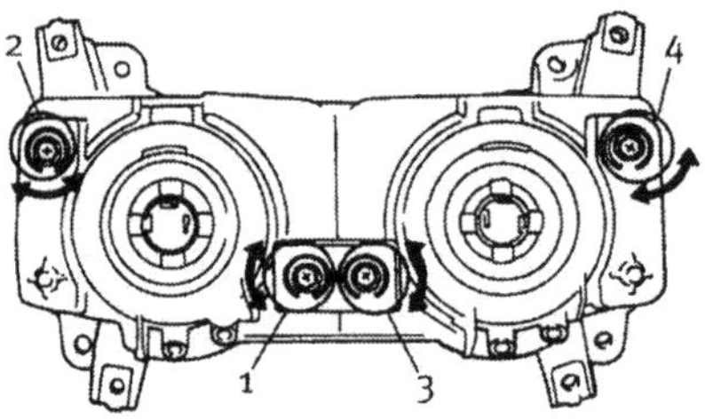

Bild 140 ➤
Scheinwerferstecker und Gummiabdeckung
(TOP zeigt nach oben)

Bild 141
Lampenwechsel
1 Haltefeder
2 Lampe

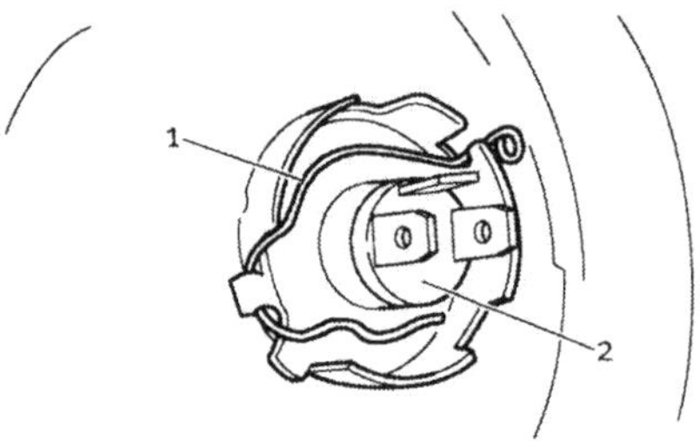

TIPP Fingerzeig
Exakt messen

3.20 Sicherungen

- **Bild 142:** Zum Auswechseln der Sicherungen Sitzbank und linke Heckverkleidung (YZF) abnehmen. Deckel des Sicherungskastens öffnen.
- Sicherung mit Spitzzange aus Klemme ziehen und Reserve-Sicherung mit identischem Ampère-Wert eindrücken.
- ⚠ Auf keinen Fall Sicherung mit höherem Ampère-Wert einsetzen!
- ⚠ Ampère-Werte siehe *Technische Daten*.
- Falls Sicherung wiederholt durchbrennt, Fehler in elektrischer Anlage suchen und beheben.
- **Bild 143:** Die Hauptsicherung (30 A) befindet sich neben der Batterie beim Starterrelais.
- Stecker abziehen und Sicherung mit Spitzzange herausziehen.

3.21 Seitenständer

- Federn auf Beschädigung und Ermüdung untersuchen. Seitenständer auf Leichtgängigkeit prüfen. Gelegentlich am Drehzapfen mit Motoröl abschmieren.
- Zapfen des Seitenständerschalters gelegentlich mit Sprayöl (z.B. Castrol 4in1) einnebeln, damit dieser nicht unaufgefordert seiner Arbeit nachgeht.
- Ständerfeder auf Beschädigung und Spannungsverlust untersuchen (Ständer muss zügig einklappen).
- TIPP Eventuell hilft auch Schmieren des Drehbolzens.
- Einfache Funktionsprüfung des *Seitenständerschalters* vom Fahrersitz (Ampelstart-Stellung, d.h. Seitenständer eingeklappt) aus durchführen:
- Getriebe auf *Neutral* schalten und Motor starten.
- Kupplung ziehen und einen Gang einlegen.
- Seitenständer ausklappen → Motor muss ausgehen.

3.22 Muttern, Schrauben und Befestigungsteile

Im Lauf der Zeit kann es vorkommen, dass sich Muttern oder Schrauben am Motorrad durch feine Vibrationen lösen.

- Deshalb nach jeweils 10 000 Kilometern im Rahmen einer Inspektion alle Fahrgestellmuttern und -schrauben auf vorgeschriebene Anzugsmomente kontrollieren.

Bild 142
Sicherungskasten unter Sitzbank

Bild 143
Hauptsicherung (30 A) und Reserve-Sicherung am Starterrelais

3.23 Räder und Reifen

Reifen dürfen keine Risse oder sonstige Beschädigungen aufweisen.

⚠ Reifenluftdruck bei kalten Reifen messen (Reifentemperatur gleich Umgebungstemperatur).

Räder auf Schlag prüfen (*Kapitel Front- und Heckpartie*).

Reifenluftdruck YZF

bis 90 kg Zuladung	
– vorn	*2,25 kg/cm²*
– hinten	*2,50 kg/cm²*
über 90 kg Zuladung und Hochgeschwindigkeitsfahrt	
– vorn	*2,50 kg/cm²*
– hinten	*2,90 kg/cm²*

Reifenluftdruck FZS

bis 90 kg Zuladung	
– vorn	*2,25 kg/cm²*
– hinten	*2,50 kg/cm²*
über 90 kg Zuladung und Hochgeschwindigkeitsfahrt	
– vorn	*2,25 kg/cm²*
– hinten	*2,80 kg/cm²*

3.24 Stromkreis-Eigendiagnose

- Die Zündboxen der beiden 600er verfügen über ein Diagnose-Programm, das einen Defekt im Stromkreis des Drosselklappensensors (TPS) anzeigt. Bei der YZF 600 R wird zusätzlich noch der Stromkreis der Reserveanzeige überwacht, bei der 600er Fazer der Stromkreis des Geschwindigkeit-Sensors.
- Zur Fehlerbehebung Kabelbaum auf Durchgang überprüfen und Drosselklappesensor-Einstellung bzw. Lampe der Reserveanzeige/Tankanzeigegeber und Tachosensor kontrollieren (d.h. erneuern).

Drosselklappensensor (TPS): Bei unterbrochenem oder kurzgeschlossenem Kabel wird nur das Volllast-Zündzeitpunktsignal an die Zündbox übertragen (Motorrad kann gefahren werden).
Der Drehzahlmesser zeigt als Fehlercode bei eingeschalteter Zündung (Motor an oder aus) 2,5 Sekunden lang 3000/min an, und dann 3 Sekunden lang die tatsächliche Drehzahl.

Reserveanzeige: Bei unterbrochenem Kabel zeigt der Drehzahlmesser als Fehlercode bei eingeschalteter Zündung (Motor an oder aus) 2,5 Sekunden lang 8000/min an, und dann 3 Sekunden lang die tatsächliche Drehzahl.

Tachosensor: Bei unterbrochenem Kabel (»unzulässiges Impulssignal«) zeigt der Drehzahlmesser als Fehlercode bei eingeschalteter Zündung (Motor an oder aus) 2,5 Sekunden lang 4000/min an, und dann 3 Sekunden lang die tatsächliche Drehzahl.

- Bei mehreren Fehlercodes werden diese der Grösse nach wiederholt angezeigt.

3.25
Fahrzeugwäsche

⚠ Wesentliche Ergänzung der Fahrzeugwäsche ist nach der Lackpolitur (bitte vorher mit dem bekannten »Rehleder« trockenledern) das anschliessende Abschmieren offener Seilzugnippel, des Gasdrehgriffs, und der Hebel- und Gelenk-Drehpunkte (Handhebel und Fussbremse).

⚠ Gegebenenfalls anschliessend auch Antriebskette warten.

⚠ Die üblichen neuralgischen Punkte vor dem Dampfstrahl verschonen:

→ Radnaben
→ Zündschloss
→ Vergaser
→ Bremspumpen (Geberzylinder)
→ Instrumente-Tafel
→ Lenkerschalter
→ Schalldämpferöffnung
→ Tankunterseite
→ Antriebskette
→ Sitzunterseite

Felgen auf Lackschäden untersuchen und mit Ausbesserungslack reparieren. (Leichtmetall korrodiert bei Kontakt mit allem von Sauerstoff über Streusalz bis Strassenschmutz.)

⚠ Erste Bremsung nach Waschung probeweise durchführen. Eventuell sind Bremsscheiben je nach verwendetem Reinigungsmittel noch etwas glitschig und müde beim ersten Zupacken.

TIPP Hitzeflecken auf *Edelstahlkrümmern* mit flüssigen Haushalts-Scheuermitteln auspolieren.

■ Flecken auf *Aluminiumdämpfern* mit feuchtem Scotch Brite Hand Pad #7447 (rotbraun) entfernen. Dabei in Richtung des Bürstmusters der Alu-Hülle polieren (mit dem Strich).

⚠ Alu-Dämpfer nicht mit Poliermittel, Stahlwolle oder Wachs behandeln (führt zu Verfärbung beim Erwärmen des Dämpfers).

⚠ Auspuff-Dämpfer abdecken, wenn Hinterrad mit Spezialreinigern geputzt wird. Die enthaltenen Chemikalien können die Oberfläche sehr hässlich angreifen.

Baugruppen

Ausbau

Wie in Kapitel 3 gesehen, lassen sich alle routinemässigen Wartungsarbeiten bei eingebautem Motor erledigen. Lediglich Arbeiten an Kurbelwelle, Pleuel und Getriebe machen einen Motorausbau erforderlich. Falls keine Motorhaltevorrichtung vorhanden ist und ein Totalausbau ansteht, empfiehlt es sich, vor Motorausbau die Baugruppen Starter, Generator, Zylinderkopf, Kolben und Zylinder sowie Kupplungsnabe zu demontieren. Das senkt das Gewicht des Rumpfmotors und macht einen Helfer beim Herausheben des Motors zwar nicht überflüssig, aber er ist nicht mehr unabdingbar. Ausserdem ist das Lösen von fest angezogenen Schrauben (Rotorschraube z.B.) bei eingebautem Motor einfacher, als wenn der Motor mangels Helfer oder Motorhalter auf der Werkbank 'rumrutscht.
Bei der Auflistung der Arbeitsgänge wird von einer Totalzerlegung ausgegangen. Deshalb etwa bei Kupplungstrouble getrost Arbeitsgang »Vergaserausbau« auslassen.

Prüfen und Vermessen

Die ganze Arbeit des Zerlegens nützt wenig, wenn die Teile nur nach augenscheinlicher Begutachtung wieder zusammengebaut werden. Leider aber stösst der Privatmann beim Vermessen schnell an seine Grenzen, denn mit dem Messschieber allein ist es nicht getan. Nicht viele haben ihre private Werkstatt mit Messuhr, Messdornen oder Mikrometern in verschiedenen Weiten ausgerüstet, und es muss jeder für sich entscheiden, ob sich die Anschaffung dieser teuren Geräte lohnt.
Mit richtigem Messen allein ist es auch nicht getan, wenn der Verschleiss noch in der Toleranz liegt, aber andere, nicht messbare Verschleisserscheinungen oder Beschädigungen vorliegen. Deshalb vertraut der Unerfahrene diese wichtige Arbeit der Werkstatt an.

Montage

Nun liegt der Twin also mit seinen Einzelteilen in Kisten, Kästen und Schubladen verpackt in der Werkstatt und wartet auf die Wiederauferstehung.
Liegt das passende Werkzeug bereit? Sind die benötigten Ersatz- und Verschleissteile vollzählig besorgt? Sind alle Teile korrekt vermessen und auf Verschleiss geprüft worden?
Solange das Motorrad noch zerlegt herumliegt, sollte man sich nochmal in's Gewissen reden, denn jetzt lassen sich die Teile am einfachsten auswechseln. Also alles noch kritischer als sonst begutachten!
Wenn zum Beispiel ein Getriebezahnrad leichte Pitting-Bildung an den Zahnflanken aufweist, würde es bestimmt nochmal 10 000 Kilometer schadlos seine Arbeit verrichten. Aber dann zerbröselt es garantiert während der Urlaubsfahrt in Sizilien. Ein neues Zahnrad kostet nicht die Welt, teuer wird erst der Einbau.
Wenn wirklich alles bereit liegt, kann die Schrauberei beginnen, damit Stunden später ein neuwertiges Motorrad aus der Werkstatt rollt.

Vergaser

4.1 Ausbau

⚠ Kontrolle des Schwimmerkammer-Kraftstoffpegels erfolgt bei montierten Vergasern (*Kapitel 4.2*).

- Tank und Verkleidung (YZF) abbauen (*Kapitel 3.2*).
- Kühlmittel ablassen (*Kapitel 3.6*).

TIPP Kühlmittel muss wegen der Vergaserheizung abgelassen werden. Dies kann vermieden werden, wenn die Schläuche mit kräftiger Klammer o.Ä. (z.B. aus Hospitalbereich) abgeklemmt werden. Die wenigen Tropfen, die dabei verloren gehen, sind verschmerzbar.

YZF – Keihin CVKD 36

- Schlauchschellen lockern, Kurbelgehäuse-Entlüftungsschlauch und Gehäuse-Kondensatablaufschlauch vom Luftfiltergehäuse abnehmen.
- Luftfiltergehäuse abnehmen.
- Kabelbinder lösen und Stecker des Drosselklappensensors trennen. Kabel freilegen.
- Benzin- und Belüftungsschläuche von Vergaserbatterie abnehmen.
- Leerlaufeinsteller aus Halterung nehmen.
- Gasseilzug-Einsteller (am Lenker und unten) auf grösstmögliches Spiel einstellen.

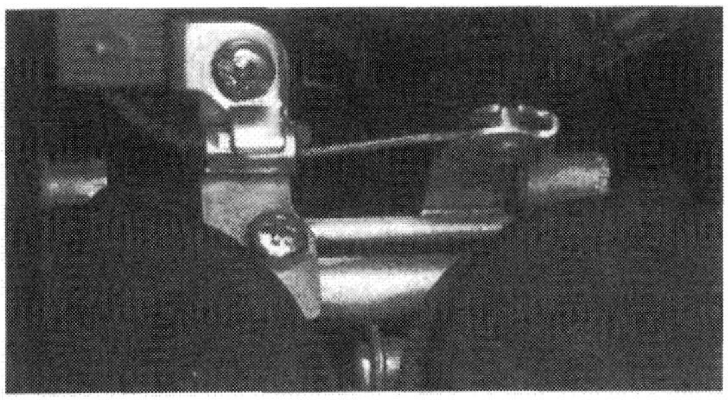

Bild 144
Chokeseilzug-Aufnahme

Bild 145
Kreise Deckelschrauben
1 Verbindungsstangenmutter
2 Chokeschieneschrauben
3 Befestigungsschraube des Vergaserheizungsschlauchs
4 Abgleichschraube
5 Schwimmerkammer-Ablassschraube

Bild 146
Schwimmerkammer
1 Leerlaufdüse
2 Hauptdüse
3 Befestigungsschraube der Schwimmerachse
4 Befestigungsschraube des Schwimmerventilsitzes
5 Leerlaufgemisch-Einstellschraube
6 Schwimmer
7 Schwimmerventil
8 Nadeldüse/Mischrohr mit Hauptdüse
9 Blechzunge

4 Vergaser

4.1 Ausbau

Vorsicht! ⚠
Aufgepasst!

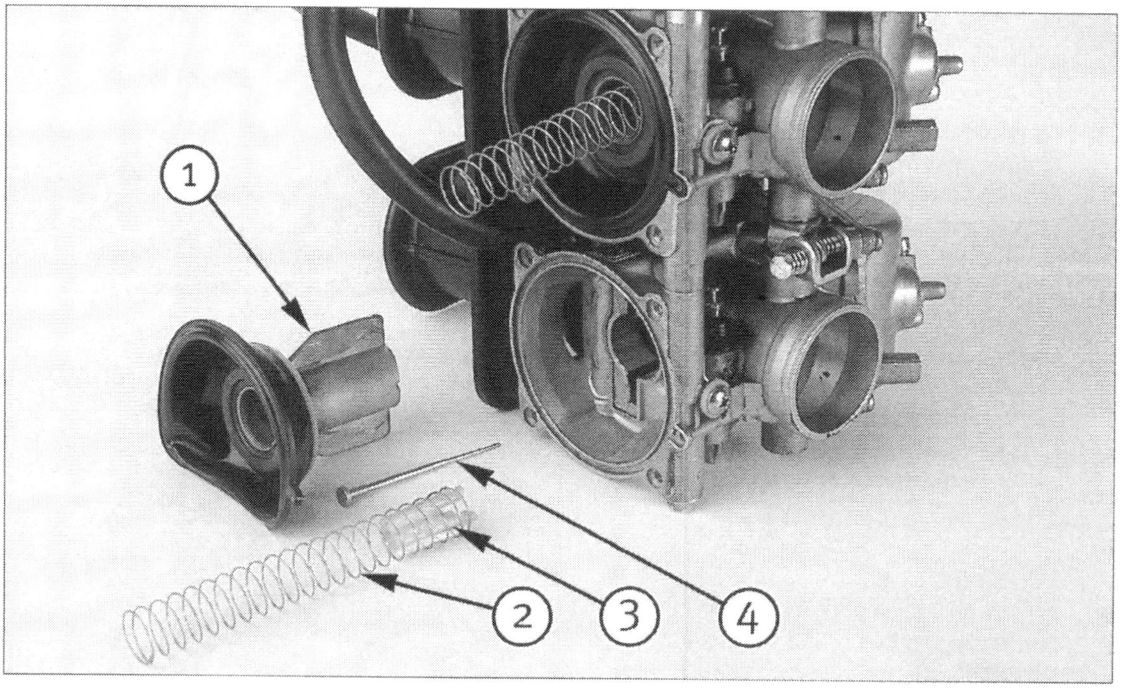

Bild 147
Unterdruckkammer
1 Membrankolben
2 Feder
3 Nadelhalter
4 Düsennadel

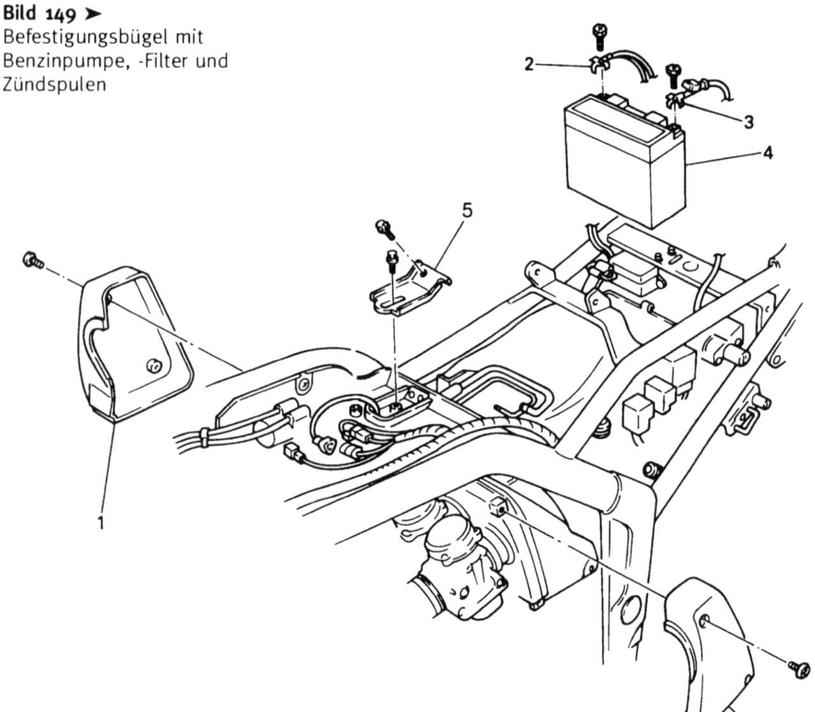

▼ Bild 148
Seitendeckel abnehmen und Batterie ausbauen
1 Abdeckung
2 Massekabel
3 Pluskabel
4 Batterie
5 Strebe

Bild 149 ➤
Befestigungsbügel mit Benzinpumpe, -Filter und Zündspulen

- Gasseilzüge an Vergasern aus Aufnahme »herausfummeln«.
- **Bild 144:** Chokeseilzug aus Widerlager lösen und Seilzugnippel ausklinken.
- Schlauchbänder zwischen Zylinderkopf und Vergasern lockern. Vergaser abnehmen.
- **Bild 145:** Geeignetes Auffanggefäss unter die Schwimmerkammer stellen und Kraftstoff aus Schwimmerkammer nach Aufdrehen der Ablassschrauben ablassen.

TIPP Vergaser können zerlegt werden, ohne sie zu trennen.

- **Bild 145:** Jeweils vier Schrauben von unten herausdrehen und Schwimmerkammerdeckel abnehmen.
- Schwimmer nach Herausziehen der Achse entnehmen.
- **Bild 146:** Leerlaufdüse und Hauptdüse ausdrehen. Es folgen Mischrohr und Nadeldüse.

⚠ Leerlaufgemisch-Einstellschraube ist ab Werk voreingestellt und soll nicht verstellt werden. Deshalb beim Ausbau wie folgt verfahren:

- Leerlaufgemisch-Einstellschraube vorsichtig bis zum leichten Aufsitzen eindrehen. Dabei Umdrehungen mitzählen und notieren (z.B. 2 ½ Umdrehungen).

⚠ Schraube nicht gegen Sitz anziehen (Beschädigungsgefahr).

- Schraube anschliessend herausdrehen.
- Je vier Kreuzschlitzschrauben aus oberen Deckeln ausdrehen.
- **Bild 147:** Feder und Membrankolben entnehmen.
- Düsennadel mit Halter aus Kolben herausschütteln.

FZS – Mikuni BSR 33

- **Bild 148:** Seitendeckel abnehmen und Batterie ausbauen.
- **Bild 149:** Befestigungsbügel mit Benzinpumpe, -Filter und Zündspulen abnehmen.
- Chokeseilzug aus Widerlager lösen und Seilzugnippel ausklinken (*Kapitel 3.6*).
- Gasseilzug-Einsteller (am Lenker und unten) auf grösstmögliches Spiel einstellen.
- Gasseilzüge an Vergasern aus Aufnahme »herausfummeln«.
- Stecker des Drosselklappensensors trennen. Kabel freilegen.
- Kraftstoffschlauch abnehmen.
- Schlauchbänder zwischen Zylinderkopf und Vergasern/Luftfiltergehäuse und den Vergasern lockern.
- **Bild 150:** Befestigungsschrauben des Luftfiltergehäuses lockern und Gehäuse nach hinten ziehen. Vergaser zur Seite herausziehen.
- **Bild 151:** Geeignetes Auffanggefäss unter die Schwimmerkammer stellen und Kraftstoff aus Schwimmerkammer nach Aufdrehen der Ablass-Schrauben ablassen.

TIPP Vergaser können zerlegt werden, ohne sie zu trennen.

- **Bild 151:** Jeweils vier Schrauben von unten herausdrehen und Schwimmerkammerdeckel abnehmen.
- Schwimmer nach Herausziehen der Achse entnehmen.
- **Bild 151:** Leerlaufdüse und Hauptdüse ausdrehen. Es folgen Mischrohr und Nadeldüse.

⚠ Leerlaufgemisch-Einstellschraube ist ab Werk voreingestellt und soll nicht verstellt werden.

⚠ Deshalb beim Ausbau wie folgt verfahren:

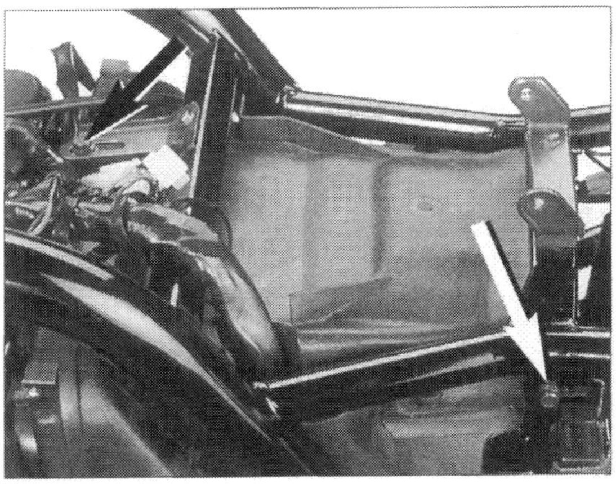

◄ **Bild 150**
Befestigungsschrauben des Luftfiltergehäuses

Bild 151
FZS-Vergaser von unten
1 Leerlaufdüse
2 Leerlaufgemisch-Einsteller
3 Hauptdüse
4 Ablassschraube

- ■ Leerlaufgemisch-Einstellschraube vorsichtig bis zum leichten Aufsitzen eindrehen. Dabei Umdrehungen mitzählen und notieren (z.B. 2 ½ Umdrehungen).
- ⚠ Schraube nicht gegen Sitz anziehen (Beschädigungsgefahr).
- ■ Schraube anschliessend herausdrehen.
- ■ **Bild 152:** Je zwei Kreuzschlitzschrauben aus oberen Deckeln ausdrehen.
- ■ Feder und Membrankolben entnehmen.
- ■ **Bild 153:** Düsennadelhalter mit Spitzzange aus Kolben herausziehen.
- ■ Düsennadel aus Kolben herausschütteln.

Bild 152
Oberer Deckel mit Feder und Membrankolben

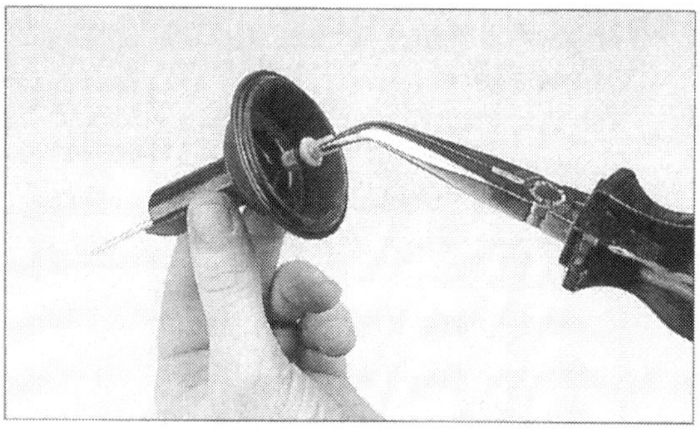

Bild 153
Düsennadelhalter mit Spitzzange aus Kolben herausziehen

Bild 154
Leerlaufgemisch-Einstellschraube
A Konus

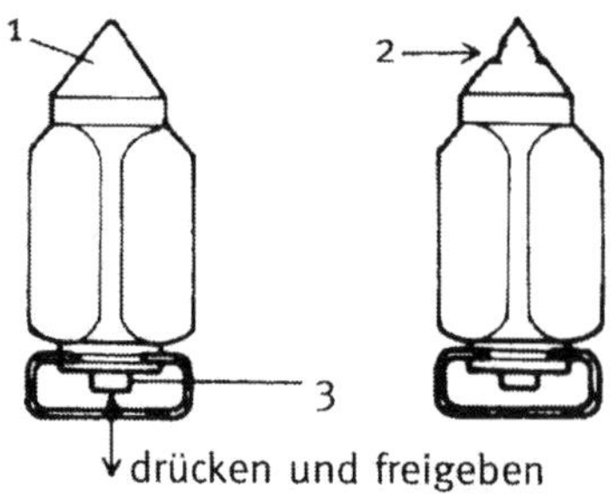

Bild 155
Schwimmerventil-Kegel auf Riefen oder Kerben kontrollieren
1 Ventilkegel
2 Grat
3 Druckstange

4.2 Prüfen und Vermessen

- ◉ Unterdruckkolben und Gleitbahn im Vergasergehäuse dürfen keine Riefen, Kratzer oder sonstige Beschädigungen aufweisen. Schieber muss im Vergasergehäuse ungehindert und satt auf- und abgleiten können – ohne übermässiges Spiel. Falls schwergängig: erneuern.
- ◉ Aufwerfungen vorsichtig mit feinem Schmirgelleinen (600er oder 800er Körnung) glattbügeln.
- ◉ Düsennadel auf Verschleiss untersuchen, sie darf keine Verbiegung, Anlaufstellen (Fingernagelprobe) oder sonstige Beschädigungen aufweisen.
- ◉ Entsprechend darf Nadeldüse keine Anlaufstellen aufweisen. Gegebenenfalls Düsennadel und Nadeldüse im Satz erneuern.
- ◉ Membran darf keine porösen Stellen oder Risse haben (gegen starke Lichtquelle halten). Falls defekt: austauschen.
- ■ Alle Düsen mit Druckluft durchblasen, keinesfalls mit Nadel oder Draht reinigen!
- ⚠ Filtersieb am Schwimmerventil nicht mit Druckluft ausblasen, sondern mit weichem Pinsel auswaschen.
- ◉ **Bild 154:** Leerlaufgemisch-Einstellschraube am Konus »A« auf Verschleiss oder Beschädigungen untersuchen.
- ◉ **Bild 155:** Schwimmerventil-Kegel darf keine Riefen oder Kerben haben. Stange muss sich federnd eindrücken lassen.
- ◉ Schwimmer auf Verformungen oder auf Kraftstoff im Inneren untersuchen.

Kraftstoffpegel messen

- ⚠ Kontrolle des Schwimmerkammer-Kraftstoffpegels erfolgt bei montierten Vergasern.
- ■ **Bild 156** und **Bild 157:** Transparenten Schlauch (5 mm Innendurchmesser) an Schwimmerkammerablass anschliessen wie im Bild gezeigt nach oben verlegen.
- ■ Motor starten und Ablassschraube öffnen.
- ☞ Kraftstoffpegel muss wie gezeigt liegen.
- ■ **Bild 158.1:** Falls Pegel nicht korrekt, Vergaser ausbauen und durch vorsichtiges Biegen der Schwimmerventil-Blechzunge am Schwimmer Pegel richtig stellen.

TIPP Fingerzeig
Exakt messen

Drosselklappensensor (TPS)

- Sensor eingebaut prüfen.
- Stecker abziehen und Widerstand am Sensor messen.

Bild 158.2: Widerstand zwischen blauem Kabel und schwarz/blauem muss 3,5 – 6,5 kΩ betragen.

- Gasdrehgriff drehen und Widerstand am Sensor messen.

Bild 158.2: Widerstand zwischen gelbem Kabel und schwarz/blauem muss 0 – 5 ± 1,5 kΩ betragen.

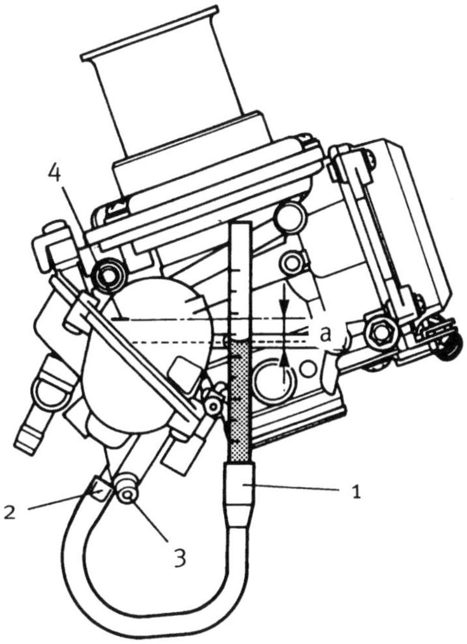

Bild 156
Schwimmerstand YZF
1 Messröhrchen
2 Ablassstutzen
3 Ablassschraube
4 Markierungslinie
a 11,5 – 12,5 mm

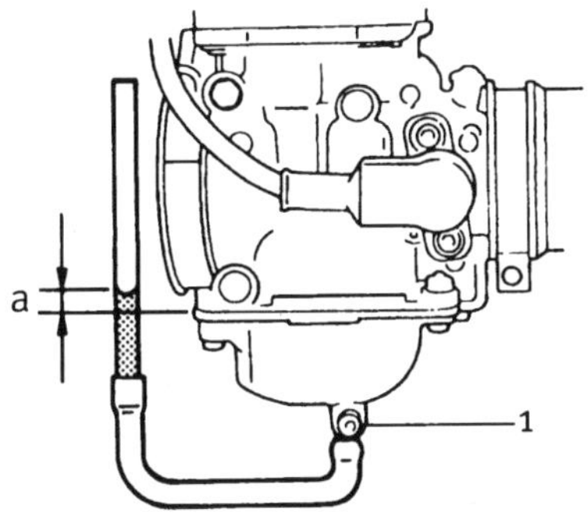

◄ **Bild 157**
Schwimmerstand FZS
1 Ablassstutzen
a 4,5 mm

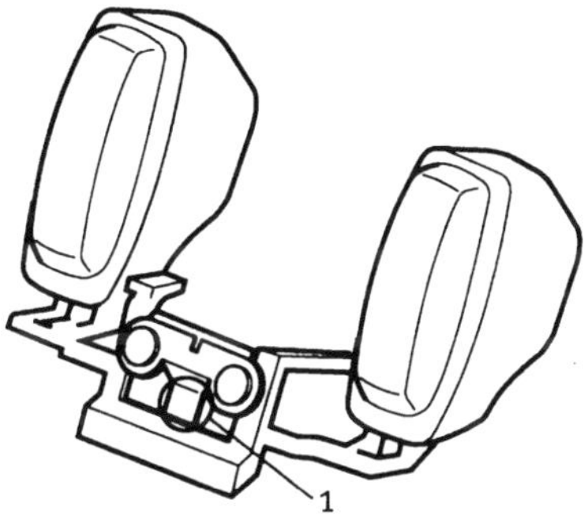

◄ **Bild 158.1**
Schwimmer
1 Zunge

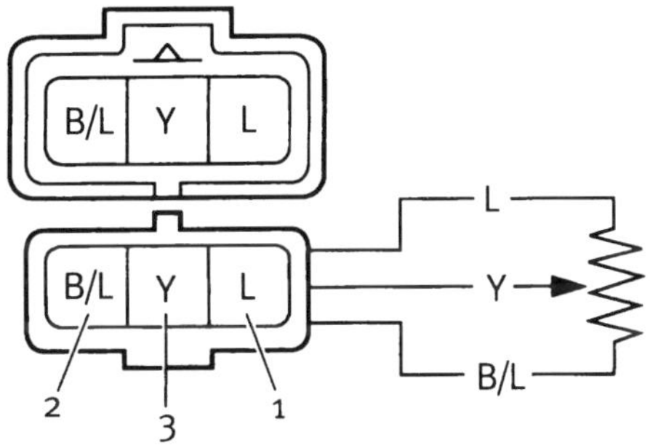

Bild 158.2
Drosselklappensensor-Stecker
1 blau
2 schwarz/blau
3 gelb

4.3 Montage – Bild 159 und Bild 160

- **Bild 161** und **Bild 146:** Vor Einbau der Düsen sämtliche Durchlässe, Düsen und Bohrungen mit Druckluft freiblasen.
- Chokekolben nicht zu fest in Gehäuse eindrehen.
- Hauptdüse und Leerlaufdüse eindrehen.
- **Bild 146** und **Bild 151:** Leerlaufgemisch-Einsteller gemäss beim Ausbau gemachter Notiz eindrehen. D.h. Schraube bis zum lockeren Aufsitzen eindrehen.

⚠ Schraube nicht gegen Sitz anziehen – Schraube wird beschädigt!

- Anschliessend Schraube um notierte

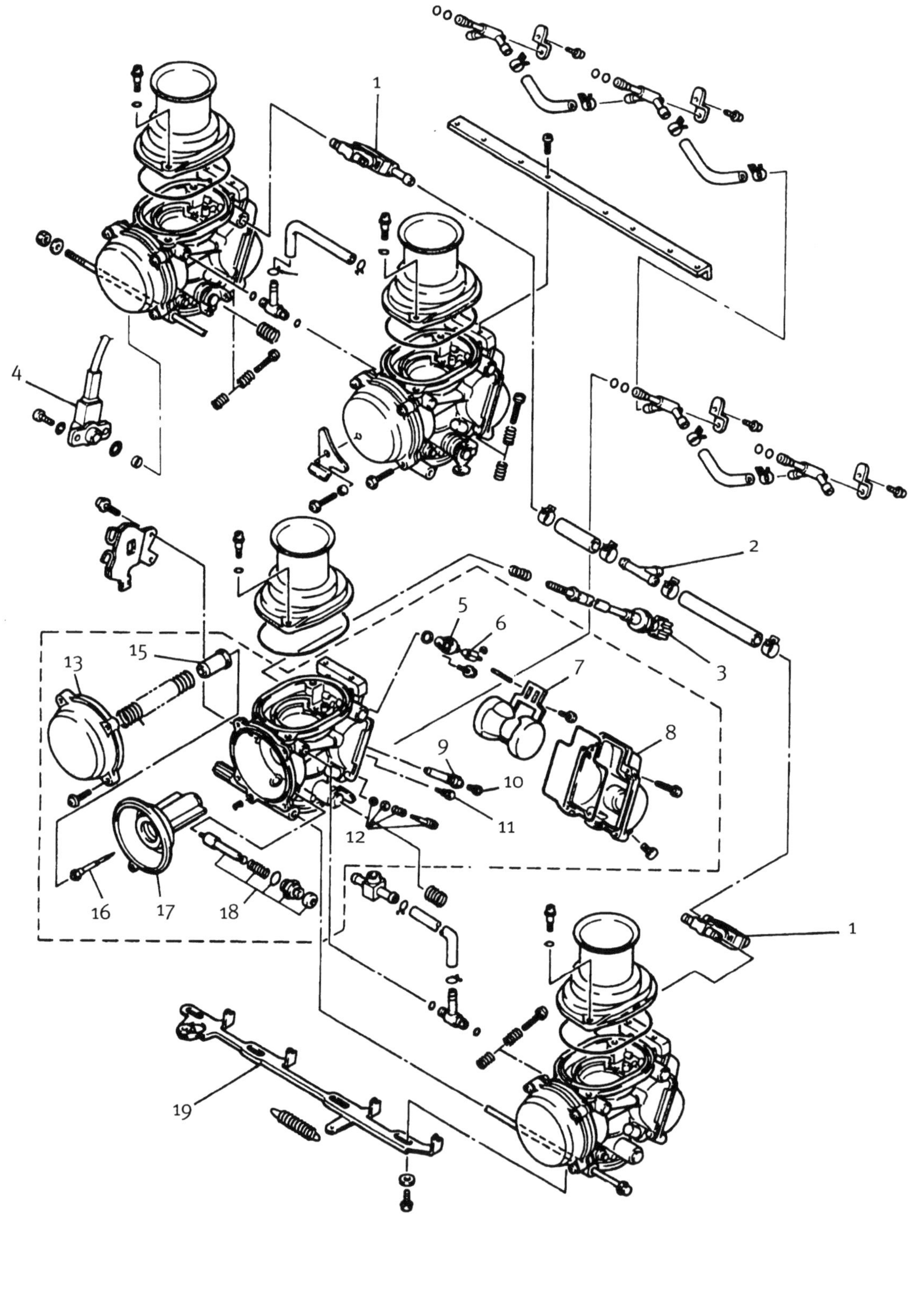

Bild 159
Vergasereinzelteile YZF
1 Verbindungsstück (Benzin)
2 Verbindungsstück (Benzin)
3 Leerlauf-Einsteller
4 Drosselklappen-sensor
5 Schwimmer-ventilsitz
6 Ventil
7 Schwimmer
8 Deckel
9 Mischrohr/ Nadeldüse
10 Hauptdüse
11 Leerlaufdüse
12 Leerlaufgemisch-Einstellschraube
13 Deckel
14 Feder
15 Düsennadelhalter
16 Düsennadel
17 Membrankolben
18 Choke
19 Chokestange

Anzahl von Umdrehungen herausdrehen.

- Schwimmergehäusedeckel mit neuem geöltem Dichtring, der sauber in Nut sitzt, versehen und von unten mit vier Schrauben befestigen.
- **Bild 162:** Falls demontiert, Sicherungsring in dritte Kerbe an Düsennadel einsetzen.
- **Bild 163:** Düsennadel in Membrankolben einsetzen. Es folgt Halter.
- Membrankolben so einsetzen, dass Membran sauber in Nut des Vergasergehäuses sitzt. Deckel mit Feder montieren.
- Falls Vergaser getrennt wurden, O-Ringe und Federn anbringen.
- Schrauben der Verbindungsleiste und -Stange locker anlegen und Vergaser auf ebener Werkplatte ausrichten, dann Schrauben fest anziehen.

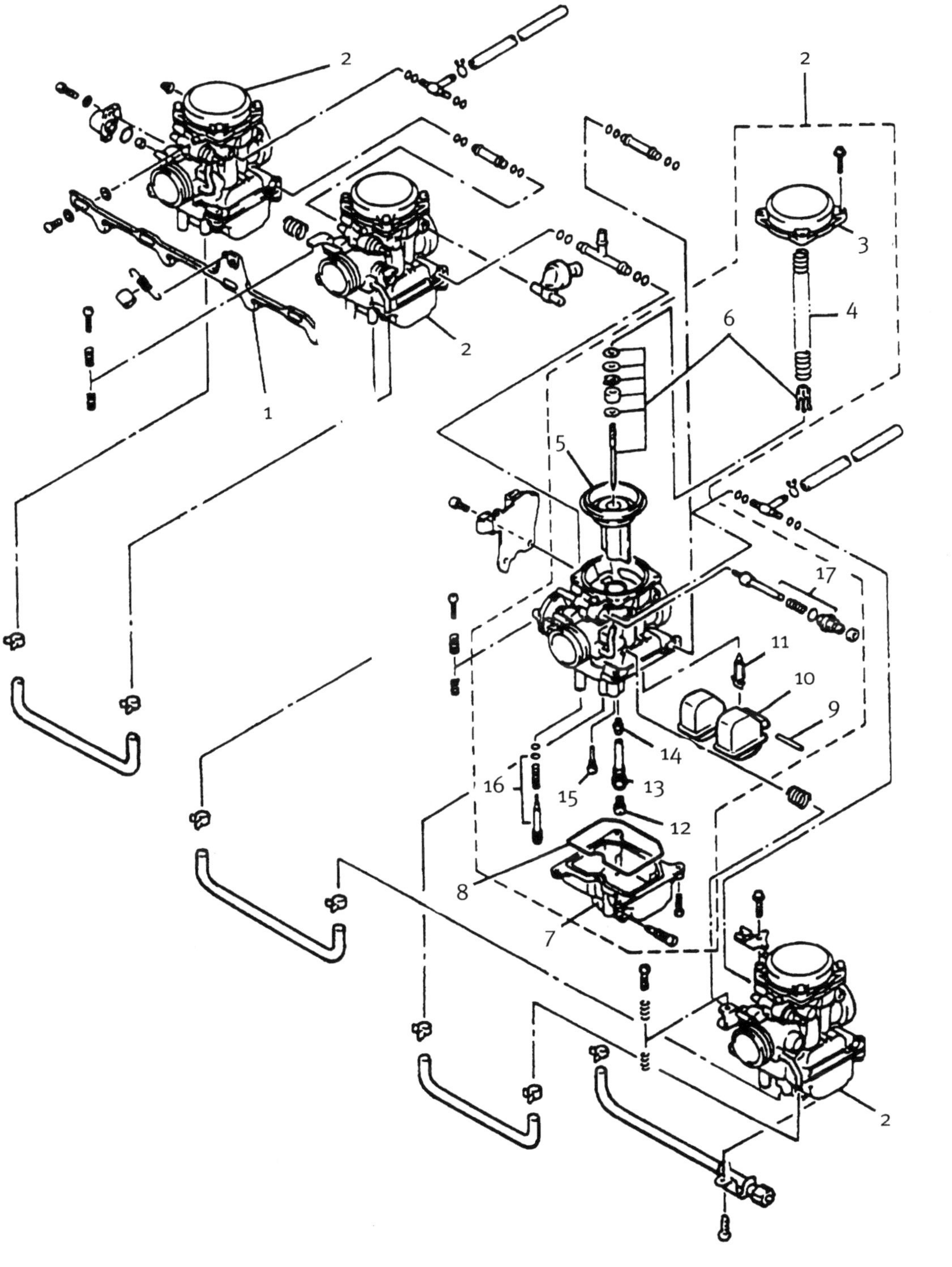

Bild 160
Vergasereinzelteile FZS

1 Chokestange
2 Vergaser
3 Deckel
4 Kolbenfeder
5 Membrankolben
6 Düsennadel/Düsennadelhalter
7 Schwimmerkammer
8 Schwimmerkammer-Dichtung
9 Schwimmerachse
10 Schwimmer
11 Schwimmerventil
12 Hauptdüse
13 Mischrohr
14 Nadeldüse
15 Leerlaufdüse
16 Leerlaufgemisch-Einstellschraube
17 Chokekolbensatz

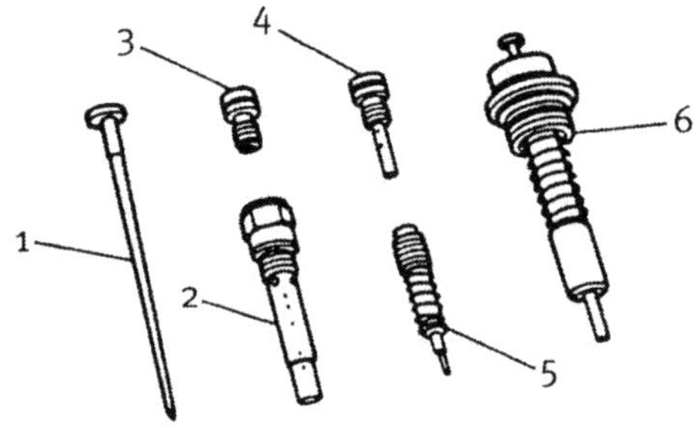

Bild 161
Vergaserteile
1 Nadeldüse
2 Mischrohr
3 Hauptdüse
4 Leerlaufdüse
5 Leerlaufgemisch-Einstellschraube mit O-Ring und Feder
6 Chokekolben

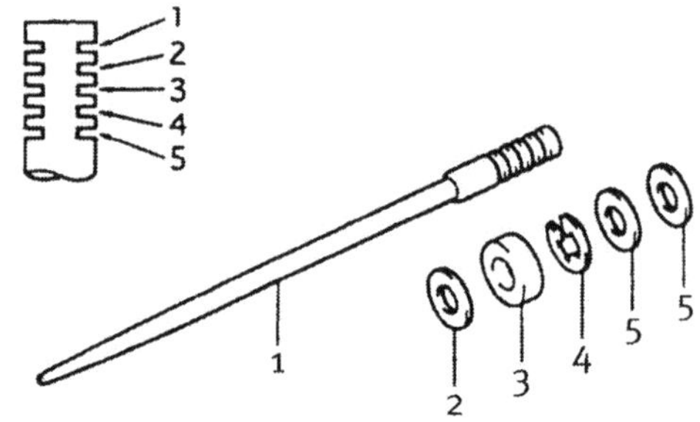

Bild 162
Düsennadel bestücken (FZS)
1 Düsennadel
2 Scheibe 0,5 mm
3 Ring
4 Sicherungsring
5 Scheibe 0,5 mm

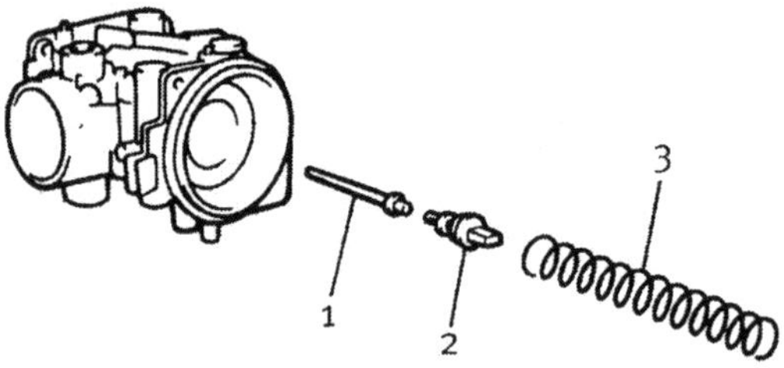

Bild 163
Membrankolben bestücken (FZS)
1 Düsennadel
2 Halter
3 Feder

- Gasseilzüge an Vergasern in Aufnahme einsetzen und Seilzugspiel grob einstellen (*Kapitel 3.6*).

TIPP Ansaugstutzen innen leicht mit Sprayöl einnebeln, damit Vergaser leichter auf Stutzen schlupfen.

- Vergaser seitlich »hereinwursteln« (FZS), bzw. von oben auf Stutzen aufdrücken (YZF).
- Chokeseilzug montieren.
- Vergaserbatterie und Luftfiltergehäuse wieder anbringen.
- Leerlauf-, Abgleich- und Seilzugeinstellung gemäss *Kapitel 3.8* vornehmen.
- Tank und Sitzbank montieren (*Kapitel 3.2*).

Drosselklappensensor einstellen

⚠ Sensor-Einstellung bei korrekt eingestellter Leerlaufdrehzahl vornehmen.

- **Bild 164:** Sensor provisorisch anbringen (Schrauben nur handfest eindrehen).
- Zündschloss auf ON drehen.
- Sensorstecker abziehen und anschliessend wieder aufstecken (dadurch schaltet der Rechner auf Einstellmodus).
- Sensor durch Drehen auf richtige Winkellage einstellen. Richtige Winkellage wird am Drehzahlmesser wie folgt signalisiert:

Richtige Winkellage	5000/min
Winkellage zu gross	10000/min
Winkellage zu klein	0/min

- Bei richtiger Winkellage Befestigungsschrauben festziehen.
- Der Rechner (Zündbox) schaltet durch Starten des Motors oder Ausschalten der Zündung auf Normalbetrieb um.

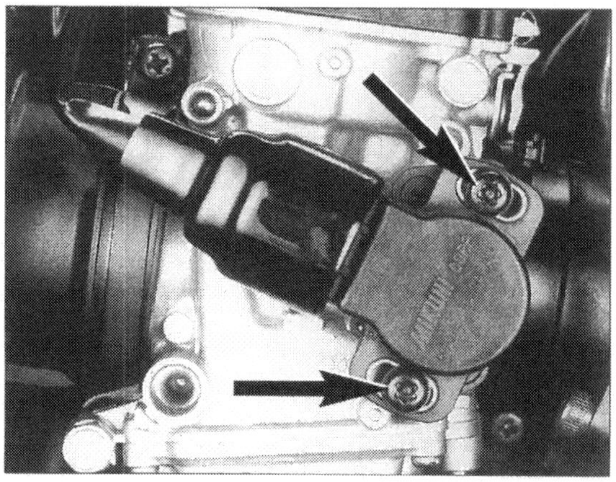

Bild 164 ➤
Drosselklappensensor (TPS – Throttle Position Sensor)
Pfeile Befestigungsschrauben

Starter

5.1 Ausbau

- ■ Der Starter kann bei eingebautem Motor ausgebaut werden.
- ⚠ Bei ausgeschalteter Zündung zuerst Massekabel der Batterie abklemmen, bevor Arbeiten am Starter vorgenommen werden.
- ■ YZF: Seitenverkleidung abnehmen (*Kapitel 3.2*).
- ■ **Bild 165:** Pluskabel vom Starter trennen, zwei Befestigungsschrauben herausdrehen und Starter unter Ruckeln nach links herausnehmen.
- ■ **Bild 166:** Zwei Gehäuseschrauben ausdrehen, Rück- und Frontdeckel abnehmen. Anker herausführen.
- ⚠ Anzahl und Einbaulage der Beilagscheiben notieren.
- ■ Der Ausbau der Starteruntersetzung und des Starterfreilaufs ist in *Kapitel 5.1* beschrieben.

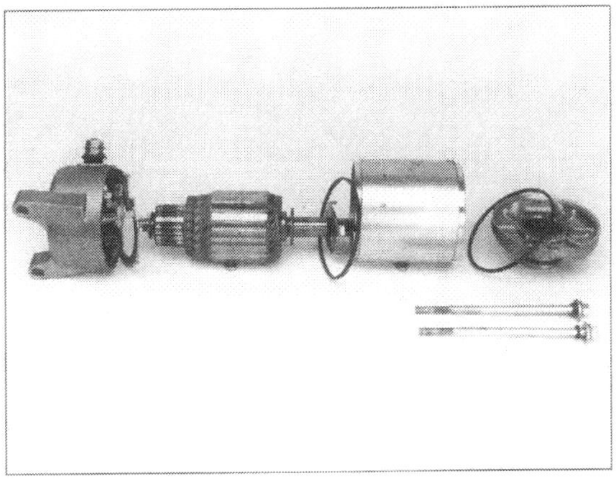

◄ **Bild 166**
Starter zerlegen

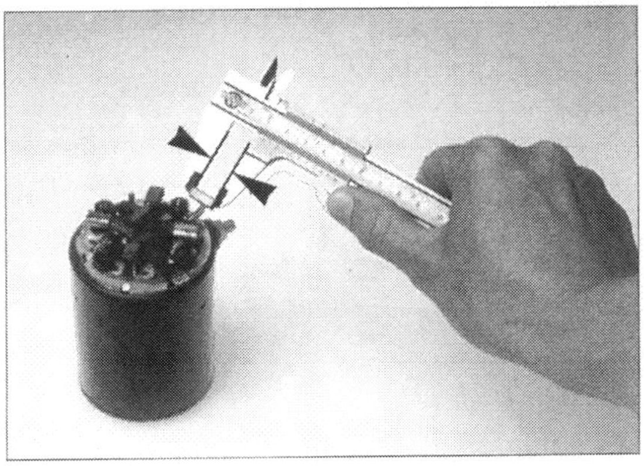

◄ **Bild 168**
Bürstenlänge messen
Verschleissgrenze 4 mm

5.2 Prüfen und Vermessen

- ■ Prinzipdarstellung des Startersystems *siehe* **Bild 167**.
- Profil- und O-Ringe auf Beschädigung überprüfen.
- **Bild 168:** Bürstenlänge messen.
  Verschleissgrenze 4,0 mm

Bild 165
Starter ausbauen

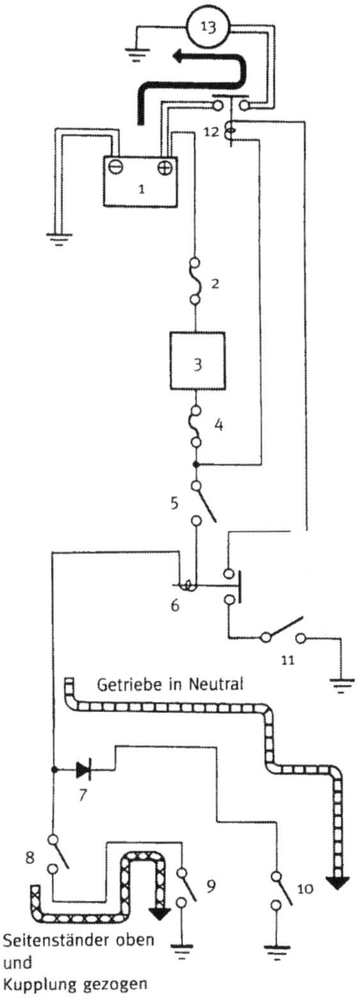

Bild 167
Starterstromkreislauf

1	Batterie
2	Hauptsicherung
3	Zündschloss
4	Zündungssicherung
5	Motorstoppschalter
6	Startersperrrelais
7	Diode
8	Kupplungsschalter
9	Seitenständer-schalter
10	Neutralanzeige-Schalter
11	Starterknopf
12	Starterrelais
13	Starter

Es darf kein Stromdurchgang zwischen Kabelanschluss und Gehäuse bestehen. Stromdurchgang vom Gehäuse zur Minusbürste ist normal.

Bild 169: Stromdurchgang zwischen einzelnen Kollektorlamellen ist normal, bei Stromdurchgang zwischen Kollektorlamelle und Ankerwelle Anker auswechseln.

Kollektorlamellen dürfen keine Verfärbungen aufweisen; paarweise verfärbt deuten sie auf geerdete Ankerwicklungen hin.

- Zur Reinigung Kollektor mit 600er Schmirgelleinen abziehen und Spalten zwischen Kollektorlamellen (Glimmerunterschneidung) freikratzen.

Bild 170: Durchmesser des Kollektors mit Messschieber prüfen.

Sollwert	*28 mm*
Verschleissgrenze	*27 mm*

Zur Prüfung des <u>*Startmagnetschalters*</u> (*Einbaulage* **Bild 143**) müssen, wie zu allen anderen aussagefähigen Messungen des Elektrik-Systems auch, die Stecker auf Wackelkontakte oder korrodierte Kontaktstifte untersucht werden.

Bild 171: Starterrelais wie dargestellt mit Strom versorgen und Widerstand zwischen den Starkstrom-Anschlüssen messen:
bei angeschlossener Batterie → 0 Ω,
bei abgeklemmter Batterie → ∞ Ω.

TIPP Starter mit Überbrückungskabel (grosser Querschnitt für hohe Ströme) direkt an Batterie anschliessen → Starter muss arbeiten.

5.3 Montage – Bild 172

- **Bild 173:** Bürstenhalterplatte an Gehäusedeckel anbringen.

TIPP Damit Anker ohne Beschädigung der Kohlebürsten montiert werden kann, Bürstenfedern und Bürsten beim Einführen des Ankers in Führungen eindrücken (geht am besten mit vier Händen).

- Anker in Gehäuse einführen.
- Beilagscheiben in der beim Ausbau gemachten Anzahl montieren.
- **Bild 174:** Gehäusedeckel so montieren, dass Markierungen fluchten.
- **Bild 175:** O-Ring geölt in Nut des Frontdeckels einsetzen, Starter von rechts einsetzen und Befestigungsschrauben eindrehen.

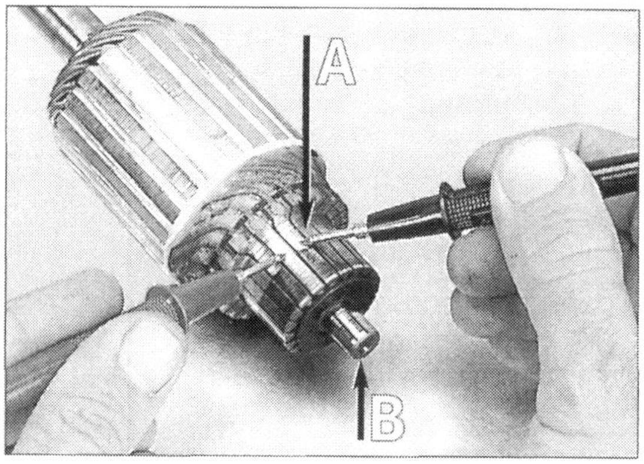

Bild 169 ➤
Kollektorprüfung
A Kollektor
B Ankerwelle

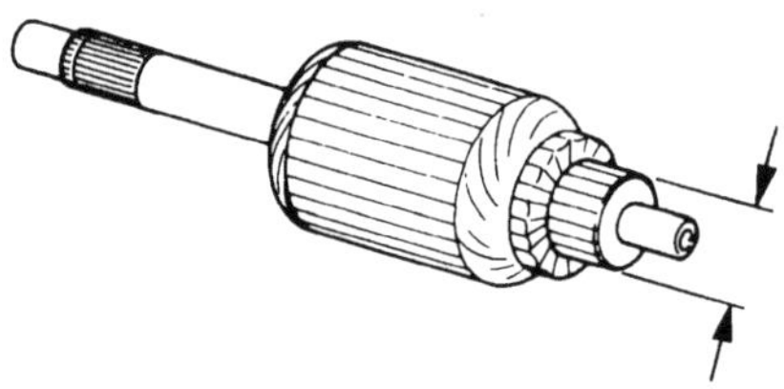

Bild 170
Kollektor-Durchmesser messen
Verschleissgrenze 27 mm

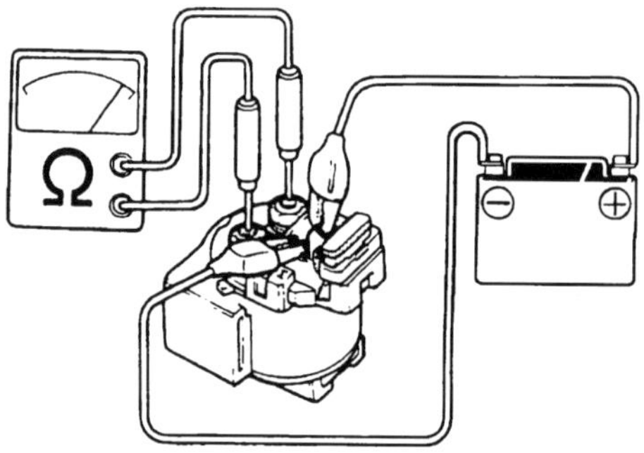

Bild 171 ➤
Magnetspule des Starterrelais prüfen

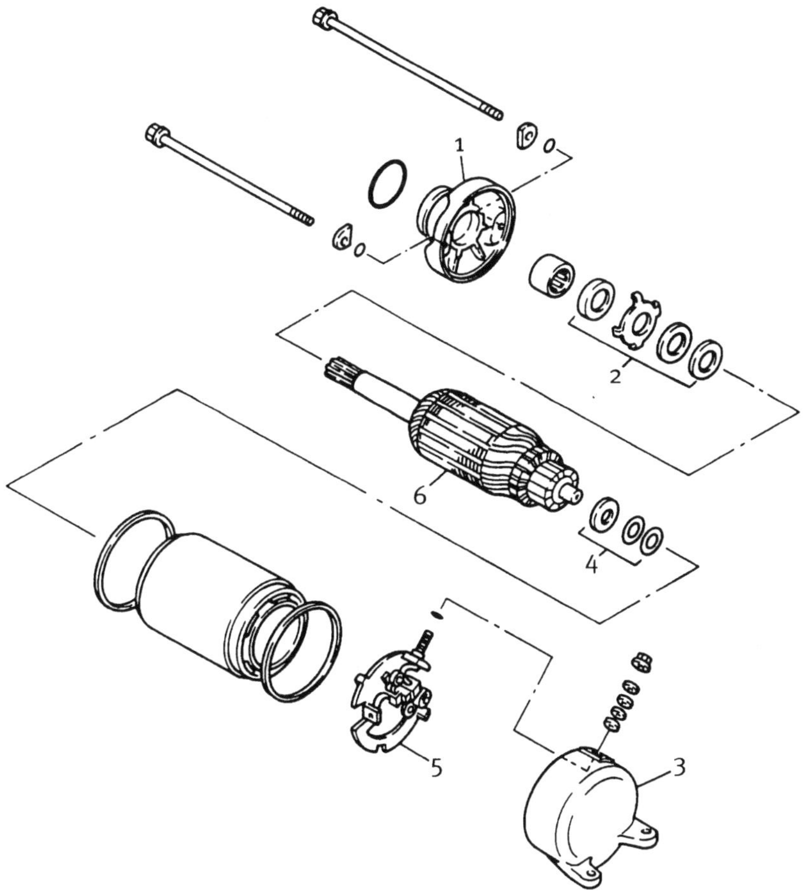

Bild 172
Starter-Einzelteile

1 Getriebedeckel vorn
2 Unterlegscheiben
3 Gehäusedeckel hinten
4 Beilagscheiben
5 Bürstenhalterplatte
6 Anker

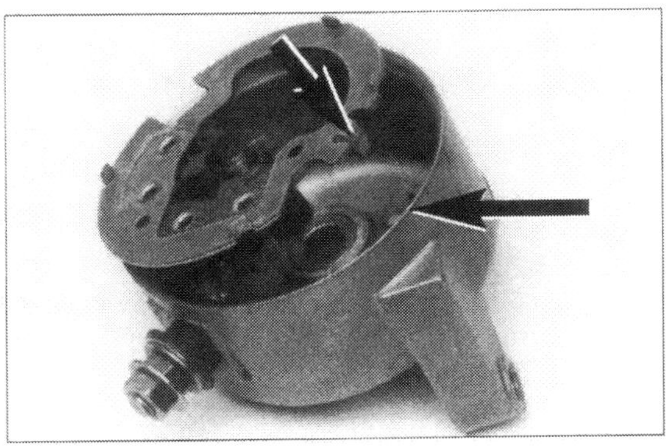

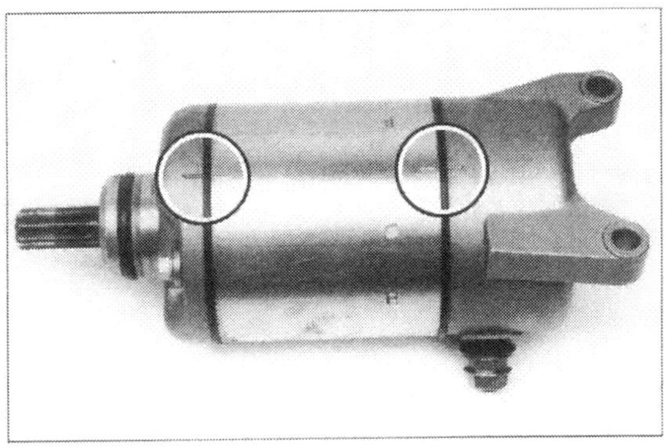

◄ **Bild 173**
Bürstenhalterplatte greift mit Nase in Nut des Gehäusedeckels

Bild 174
Markierungen fluchten

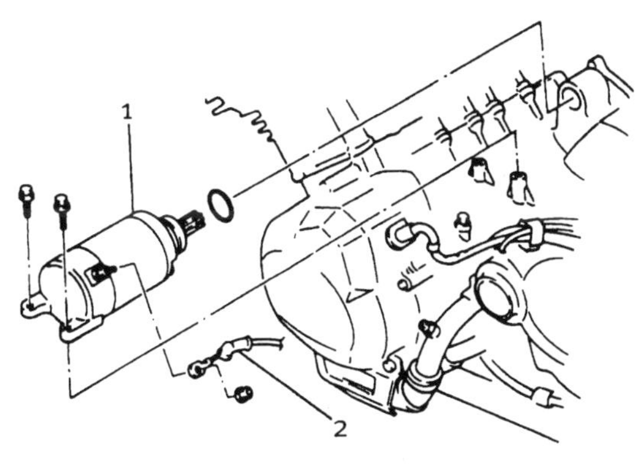

◄ **Bild 175**
Startermontage

1 Starter
2 Starterkabel

6 **Zündsystem und Generator**
6.1 Ausbau
6.2 Prüfen und Vermessen

Zündsystem und Generator

6.1 Ausbau

- Generator muss zur Messung der Spulenwiderstände und zur Spannungsmessung nicht ausgebaut werden.
- Zum Ausbau des Rotors Spezialwerkzeuge **Bild 2** und **Bild 3** verwenden.
- **Bild 176** und **Bild 177.1:** Zum Trennen der Stecker (Generator und Pickupspule) Tank abnehmen (YZF) bzw. linke Heckverkleidung abnehmen (FZS). Stecker trennen und Kabel freilegen.
- **Bild 62:** Befestigungsschrauben des Generatordeckels ausdrehen und Deckel abnehmen.
- **Bild 2** und **Bild 177.2:** Rotor mit Spezialwerkzeug oder mit Hinterradbremse bei eingelegtem Gang blockieren und Rotorschraube ausdrehen.
- **Bild 178:** Rotor mit Abdrücker vom Kurbelwellenkonus abdrücken.

⚠ Darauf achten, dass Rotor beim möglichen Abspringen nicht hart aufschlägt und dadurch Magnetwirkung nachlässt.

Auf Verbleib des Wellenkeils achten.

- **Bild 179:** Drei Innensechskantschrauben der Statorspulen ausdrehen. Zwei Kreuzschlitzschrauben ausdrehen und Pickup samt Kabelhalter und Statorspulen abnehmen.

6.2 Prüfen und Vermessen

Ladesystem

- Vollständiger Stromlaufplan siehe letzte Ausklappseiten.

Vor Prüfung des Ladesystems müssen Stecker auf Wackelkontakte oder korrodierte Kontaktstifte untersucht werden.

Bild 177.1: Widerstand der Statorspulen-Anschlüsse Y1, Y2 und Y3 am Stecker ② untereinander messen (drei Messungen). *Sollwert 0,36 – 0,44 Ω*

Es darf kein Durchgang zwischen den Anschlüssen und Masse bestehen!

Zur Messung der Regelspannung muss Batterie in gutem Zustand (Batteriespannung mindestens 12,8 V) und Motor auf Betriebstemperatur sein. Voltmeter an Batterie (positive Messspitze an Pluspol; negative an Minuspol) anschliessen. Drehzahl allmählich erhöhen.
Spannung muss sich bei 5000/min auf 14 – 15 V einregeln.

- Falls sich Regelspannung nicht einstellt und auch Ladespulen in Ordnung sind (*siehe oben*), Anschlüsse des Reglers kontrollieren. Gegebenenfalls Regler ersetzen.

TIPP Praxisgerechter ist Probetausch des Regler/Gleichrichters gegen ein bekanntermassen funktionstüchtiges Exemplar.

Bild 176 ➤▼
Generatorstecker (3-pol) und Pickup-Stecker (2-pol)

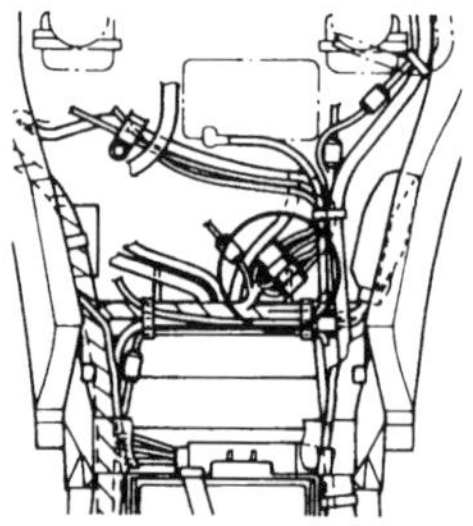

Bild 177.1 ➤▼▼
Stecker hinter linker Heckverkleidung
1 Seitenständerschalter blau
2 Generatorstecker weiss 3-pol
3 Pickup-Stecker weiss 2-pol
4 Neutralanzeige grün

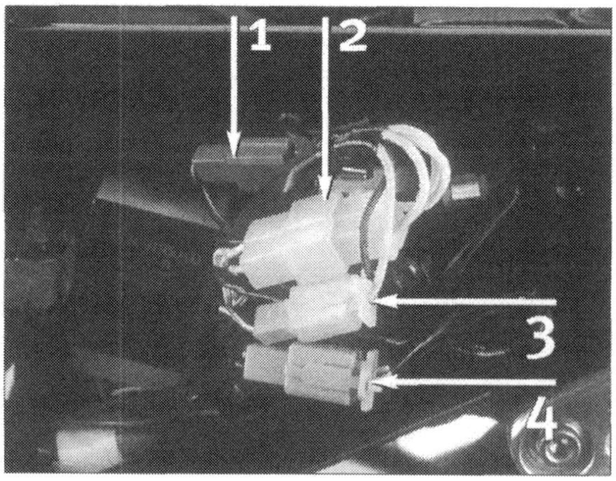

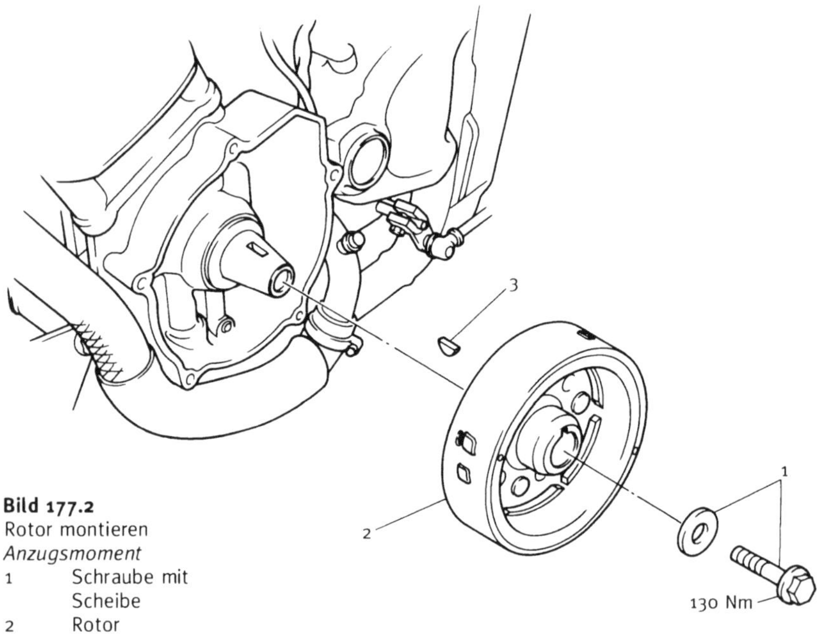

Bild 177.2
Rotor montieren
Anzugsmoment
1 Schraube mit Scheibe
2 Rotor
3 Wellenkeil

TIPP Fingerzeig
Exakt messen

Zündsystem

TIPP Bei Prüfung der Zündspule sind gemessene Widerstandswerte mit Vorsicht zu geniessen, da eine schadhafte Zündspule »im Trockenen« durchaus Sollwerte aufweisen kann, im Betrieb aber durch Erwärmung Zündfunken überall hingeben kann, nur nicht an die Zündkerze.

- YZF: Zündspulen sitzen unter Luftfiltergehäuse innen am Rahmen.
- **Bild 180.1**/FZS: Zündspulen brauchen zur Widerstandsmessung nicht ausgebaut zu werden.

Bild 180.2: Widerstand der Primärwicklung zwischen Steckkontakten der Zündspule messen.
Sollwert 1,87 – 2,53 Ω

Bild 181: Widerstand der Sekundärwicklung ohne Kerzenstecker messen.
Sollwert 12 – 18 kΩ

Bild 177.1: Zur Widerstandsmessung der Impulsgeberspule Stecker ③ abziehen.
Sollwert 189 – 231 Ω

- Hat sich nach oben stehenden Prüfungen und Messungen immer noch kein Zündfunke eingestellt, steht eine Erneuerung der Zündbox an. Wer sichergehen will, dass auch wirklich nur Schrott weggeschmissen wird, kann Zündbox in einer YAMAHA-Werkstatt, die über entsprechendes Messgerät verfügt, durchmessen lassen.

TIPP Praxisgerechter ist Probeaustausch der Zündbox gegen bekanntermassen funktionstüchtiges Exemplar.

Bild 178
Rotorabzieher 57001-1216 im Einsatz an der TDR 125

Bild 179
Innensechskantschrauben – Statorspulen
Kreuzschlitzschrauben – Pickup mit Kabelhalter

Bild 180.1
Einbaulege der Zündspulen/FZS

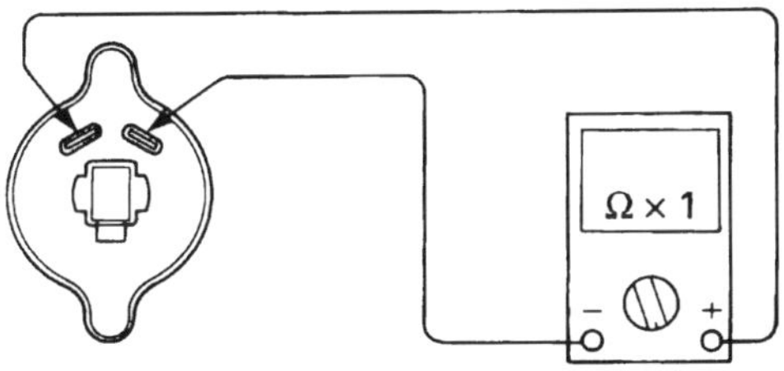

◄ **Bild 180.2**
Zündspulen prüfen
Primärspulenwiderstand
1,87 – 2,53 Ω

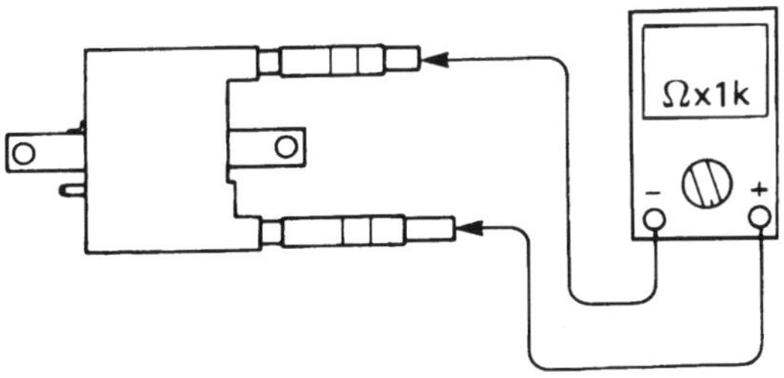

◄ **Bild 181**
Zündspulen prüfen
Sekundärspulenwiderstand
12 – 18 kΩ

Vorsicht! ⚠
Aufgepasst!

6.3
Montage – **Bild 182**

- Kurbel- und Rotorkonus reinigen (öl- und fettfrei).
- Wellenkeil einsetzen und Rotor montieren (130 Nm).
- Dabei Rotor mit blockiertem Hinterrad (bei eingelegtem Gang) oder mit Spezialwerkzeug gegenhalten.
- Gummitüllen der Stator- und Pickup-Kabel mit Dichtmasse versehen anbringen.
- Stator- und Pickupspulen montieren.
- Passhülsen einsetzen, Generatordeckel mit neuer Dichtung aufsetzen und Deckelschrauben schrittweise über Kreuz anziehen (10 Nm).
- **Bild 176** und **Bild 177.1:** Stecker verbinden.

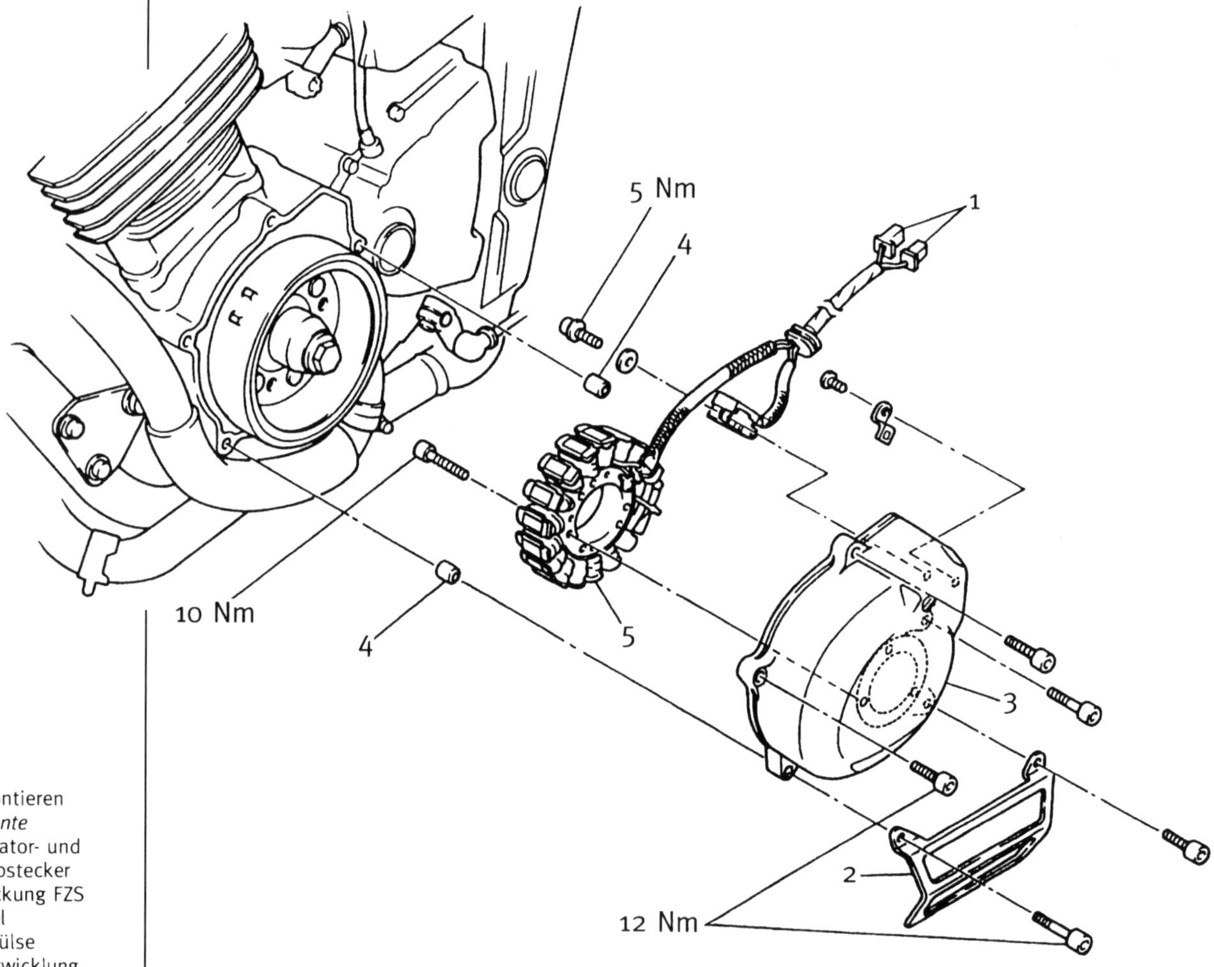

Bild 182
Generator montieren
Anzugsmomente
1 Generator- und Pickupstecker
2 Abdeckung FZS
3 Deckel
4 Passhülse
5 Statorwicklung

Starterfreilauf

7.1 Ausbau

- YZF: Rechte Seitenverkleidung abnehmen.
- Auffanggefäss für Lecköl unter Freilauf stellen.
- **Bild 183:** Deckelschrauben schrittweise über Kreuz ausdrehen.
- **Bild 184:** Am Generatorrotor mit YAMAHA-Halter 57001-1313 gegenhalten und Befestigungsschraube des Starterfreilaufs ausdrehen.
- **Bild 178:** Mit YAMAHA-Rotorabzieher 57001-1216 Starterfreilauf von Kurbelwelle abziehen.

Auf Verbleib des Wellenkeils achten.

- Zwischenzahnräder entnehmen.

7.2 Prüfen und Vermessen

Bild 185: Starterfreilauf wie gezeigt drehen. Freilauf muss im Uhrzeigersinn sperren und entgegengesetzt frei drehen. Andernfalls Starterfreilauf ersetzen.

Zwischenzahnräder des Starterfreilaufs auf Beschädigung (Ausbrüche in der Härteschicht) und übermässigen Verschleiss untersuchen.

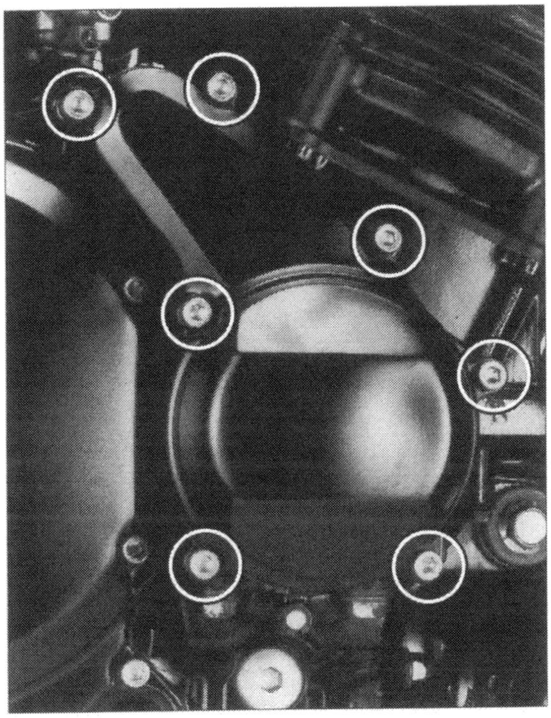

Bild 183
Deckelschrauben schrittweise über Kreuz aus- und eindrehen

Bild 184
Befestigungsschraube des Starterfreilaufs

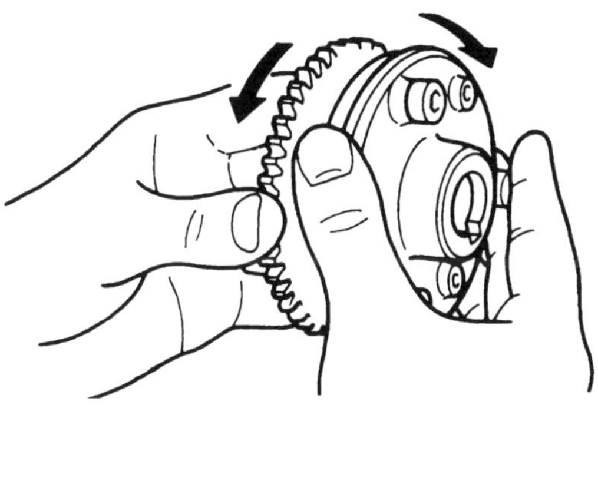

Bild 185
Starterfreilauf muss im Uhrzeigersinn sperren und entgegengesetzt frei drehen

7.3 Montage – Bild 186

- Zwischenzahnräder geölt einsetzen.
- Nut des Starterfreilaufs auf Wellenkeil ausrichten und auf Kurbelstumpf aufschieben. Schraube anziehen (80 Nm). Dabei am Rotor mit Rotorhalter gegenhalten.
- Zwei Passhülsen einsetzen, Deckel mit neuer Dichtung aufsetzen und Deckelschrauben schrittweise über Kreuz anziehen (10 Nm).

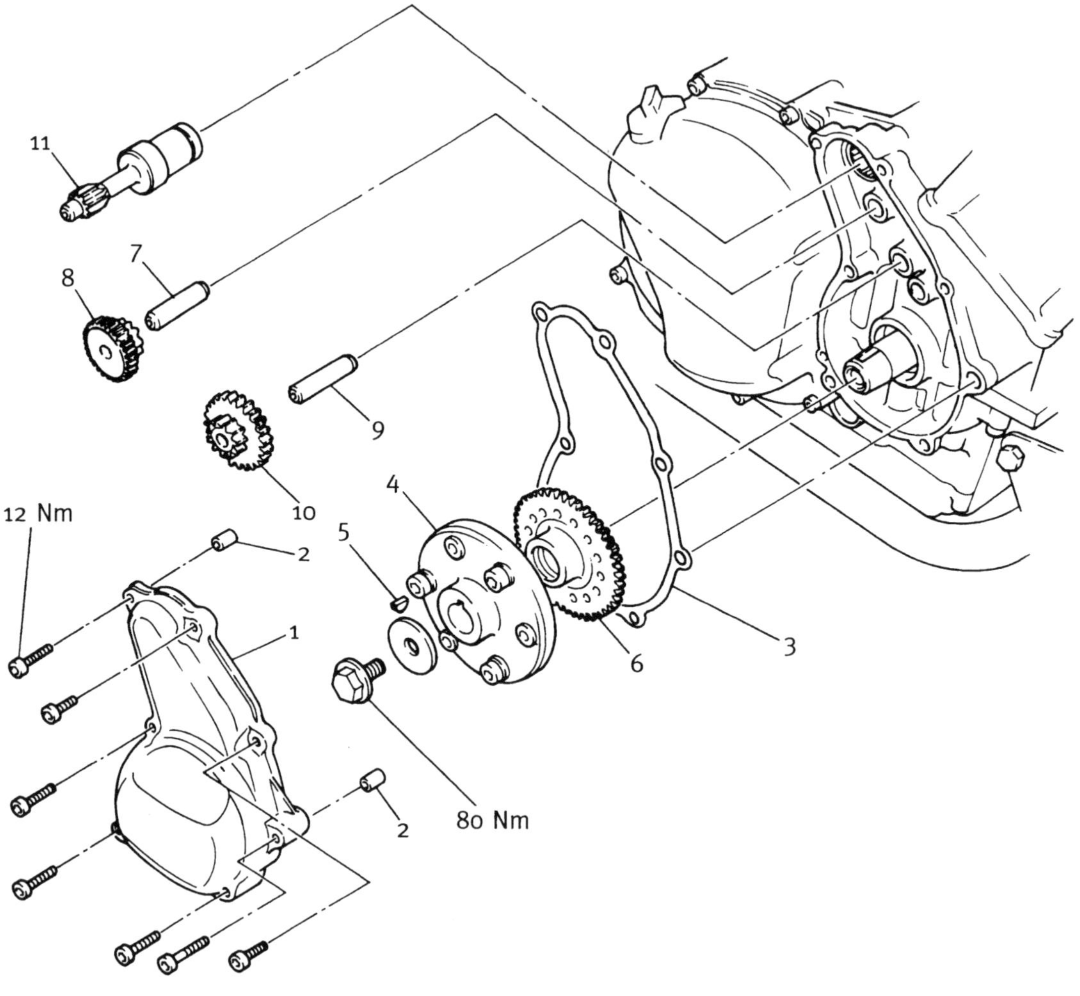

Bild 186
Starterfreilauf montieren
Anzugsmomente
1 Gehäusedeckel
2 Passhülse
3 Dichtung
4 Starterfreilauf
5 Wellenkeil
6 Freilaufrad
7 Welle
8 Zwischenrad I
9 Welle
10 Zwischenrad II
11 Zwischenrad III

Kühlsystem

8.1 Ausbau

Wasserpumpe

- Kühlmittel ablassen und gegebenenfalls Kühler ausbauen (*Kapitel 3.6*).
- **Bild 187:** Schaltstange nach Ausdrehen der Klemmschraube von Schaltwelle abziehen.
- **Bild 188:** Motorritzel-Abdeckung nach Ausdrehen der Befestigungsschrauben abnehmen.
- **Bild 189:** Schlauchschellen lösen und Kühlmittelschläuche von Stutzen abnehmen.
- **Bild 190:** Befestigungsschrauben der Pumpe ausdrehen und Pumpendeckel abnehmen.
- **Bild 191:** Gehäuse samt Dichtung abnehmen.

Thermostat

- **Bild 192:** Stecker und Schläuche vom Thermostatgehäuse abnehmen.
- Zwei Deckelschrauben (FZS: drei) am Thermostatgehäuse ausdrehen.
- Deckel abnehmen und Thermostatventil entnehmen.

Bild 187
Schaltstange von Welle abziehen
Pfeil Körnerpunkt

Bild 188
Motorritzel-Abdeckung

◄ Bild 189
Schlauchschellen lösen und Kühlmittelschläuche von Stutzen abnehmen

Bild 190
Befestigungsschrauben der Wasserpumpe

◄ Bild 191
Gehäuse abnehmen

Bild 192
Stecker und Schläuche vom Thermostatgehäuse abnehmen

Vorsicht!
Aufgepasst!

Wärmetauscher

- **Bild 194:** Schlauchverbindungen lösen und Wärmetauscher nach Ausdrehen der Sechskanthohlschraube abnehmen.

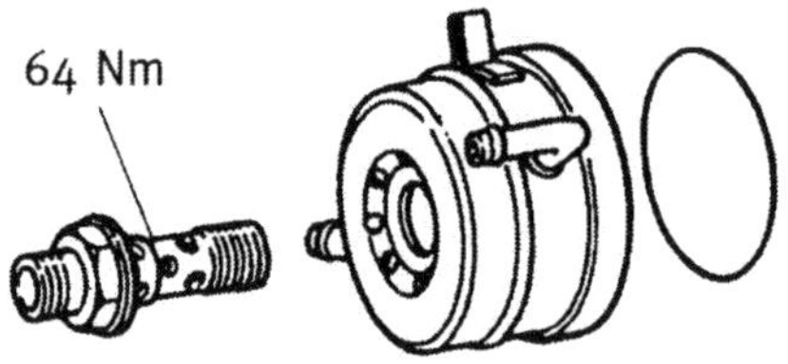

Bild 194
Wärmetauscher

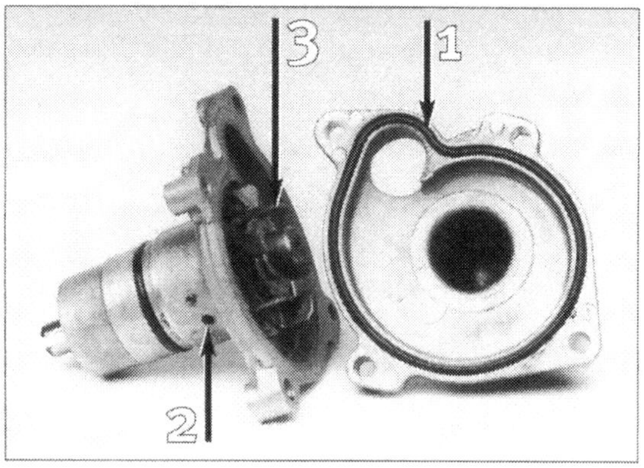

Bild 195
Wasserpumpe
1 O-Ring
2 Ablaufbohrung (*siehe Seite 33*)
3 Flügelrad

8.2 Prüfen und Vermessen

Wasserpumpe

Bild 195: Lager, Flügelrad, Dicht- und O-Ringe auf Abnutzung und Beschädigung untersuchen. Gegebenenfalls Pumpe komplett auswechseln.

Thermostatventil

- **Bild 196:** Ventil mit Thermometer in Wasserbad hängen und Wasserbad erwärmen.

Ventil muss bei 71° – 85°C (FZS: 80,5° – 83,5 °C) beginnen zu öffnen und muss bei 95 °C voll geöffnet sein (Ventilhub 8 mm). Falls Wert nicht erreicht wird, Ventil austauschen (keine Reparaturmöglichkeit).

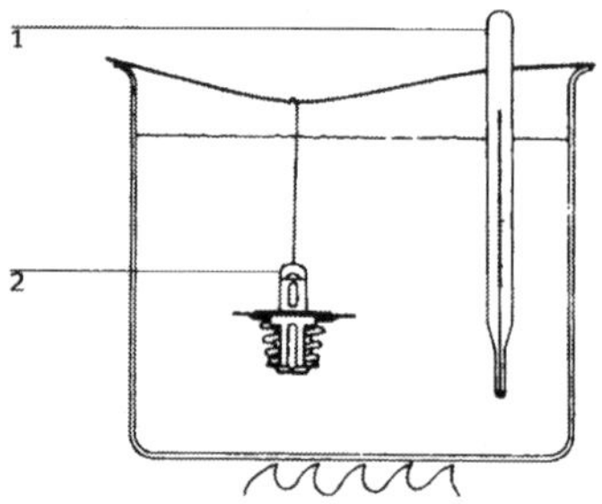

Bild 196 ➤
Thermostatventil prüfen
1 Ventil
2 Thermometer

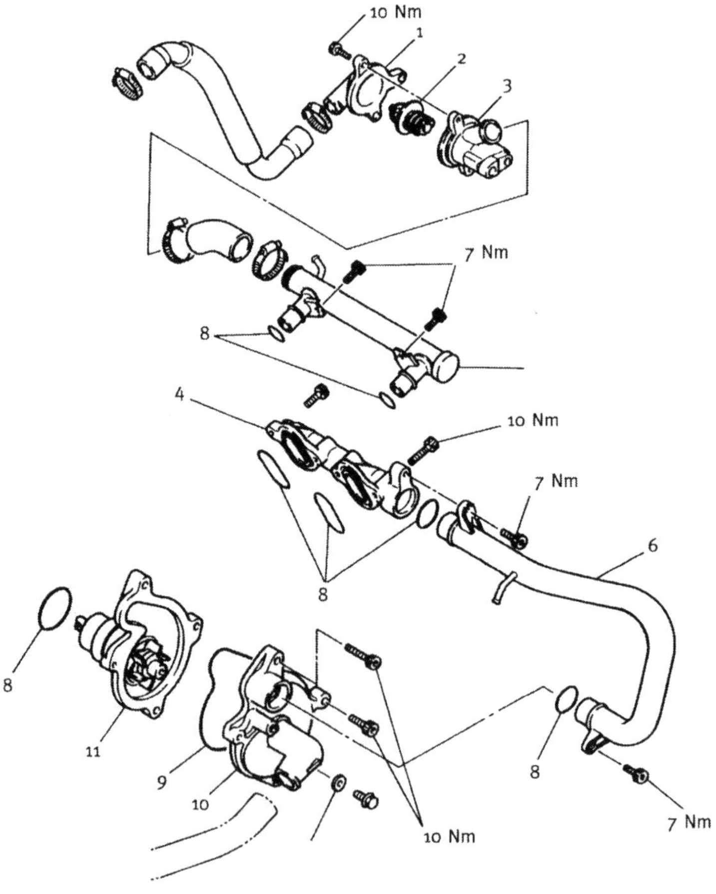

Bild 197
Thermostat und Wasserpumpe (YZF)
Anzugsmomente
1 Deckel
2 Ventil
3 Gehäuse
4 Sammelrohr (Einlauf)
5 Sammelrohr (Auslauf)
6 Auslaufleitung (Wasserpumpe)
7 Kupferscheibe
8 O-Ring
9 Dichtung
10 Deckel (Wasserpumpe)
11 Gehäuse

Lüftermotor-Schalter

- Anschlüsse des Schalters (auch Thermoschalter genannt) an Widerstandsmessgerät anschliessen und nach Prinzip in **Bild 196** Schalter in Ölbad (damit auch Temperaturen über 100°C simuliert werden können) hängen.

Schalter muss in der Erwärmungsphase bei 105 °C auf Durchgang schalten, und in der Abkühlphase bei 98 °C wieder unterbrechen (kein Durchgang).

Lüftermotor

Stecker vom Lüfterschalter abziehen, mit Überbrückungskabel schwarze Kabel des Lüftermotors direkt an Batterie (+ und –) verbinden. Falls Lüftermotor dann arbeitet, kann ausser einem defekten Lüftermotor-Schalter auch noch ein Defekt in der Leitung oder dem Stecker selbst vorliegen.

Thermosensor (YZF)

- Anschlüsse des Sensors an Widerstandsmessgerät anschliessen und nach Prinzip in **Bild 196** Sensor in Wasserbad hängen.

Sensor muss bei 80 °C → 47 – 53 Ω aufweisen, und bei 100 °C → 26 – 30 Ω.

8.3 Montage – **Bild 197** bis **Bild 200**

- Beim Einsetzen der Pumpe darauf achten, dass Welle in Mitnehmer der Ölpumpe eingreift (Flügelrad beim Einsetzen drehen).
- Thermostatventil so in Gehäuse einsetzen, dass Bypass-Bohrung (zum Entlüften) nach oben weisst.
- Rohre mit neuen O-Ringen anbringen.

Schlauchschellen nach Montage auf korrekten Sitz kontrollieren.

- System befüllen und entlüften (*Kapitel 3.6*).

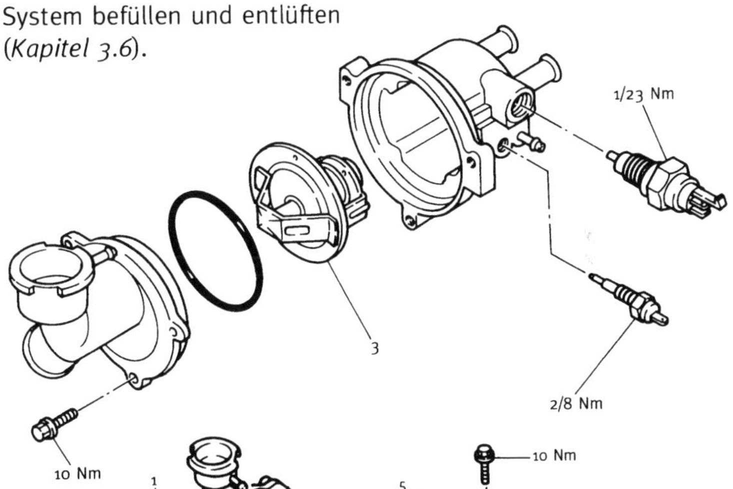

▼ Bild 198
Thermostat/FZS
Anzugsmomente
1 Lüftermotorschalter
2 Thermosensor
3 Ventil

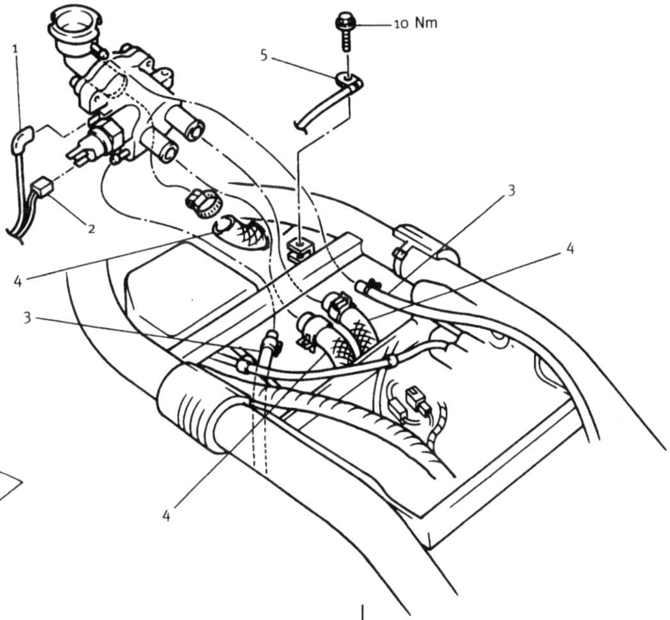

▼▼ Bild 199
Thermostat einbauen/FZS
1 Warnleuchtekabel
2 Lüfterkabel
3 Überlauf- und Syphonschlauch
4 Wasserschlauch
5 Massekabel

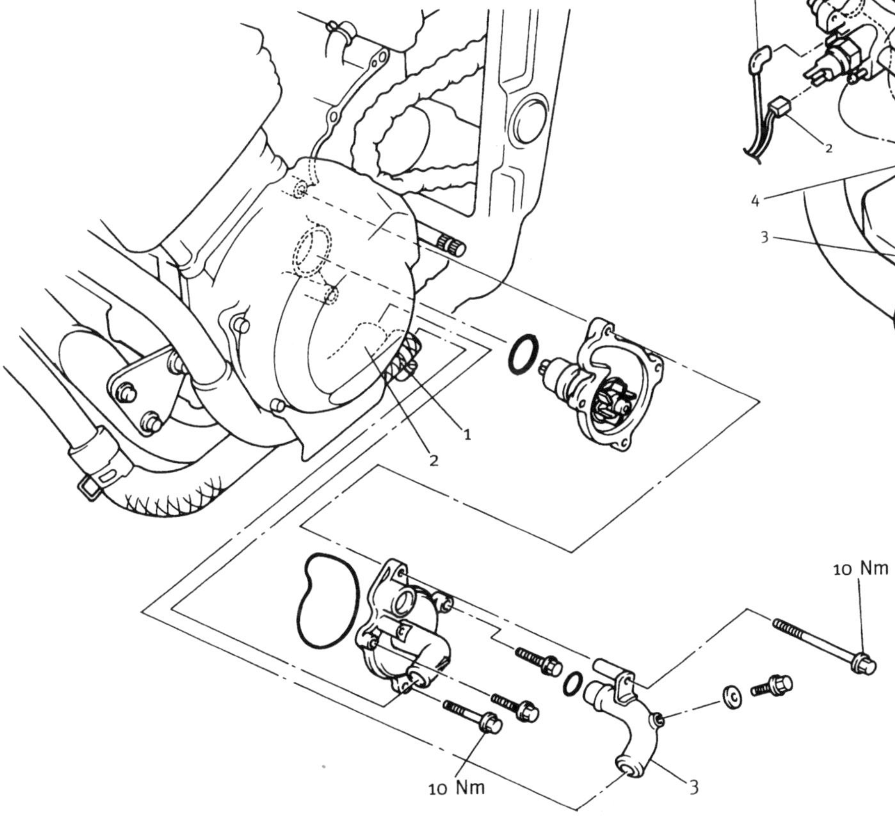

◄ Bild 200
Wasserpumpe einbauen/FZS
1 Kühlerablaufschlauch
2 Wasserpumpenablaufschlauch
3 Wasserpumpenablaufleitung

Kupplung und Schaltwelle

9.1 Ausbau

Die einzelnen Bauteile müssen in der angegebenen Reihenfolge ausgebaut werden (zuerst Kupplung, dann Schaltwelle).

- Die Kupplungsbeläge und -federn können bei eingebautem Motor ohne Spezialwerkzeug (Kupplungshalter/**Bild 4**) gewechselt werden.

TIPP Falls kein Kupplungskorbhalter zum Lösen der Kupplungsmutter zur Verfügung steht, kann mittels eingelegtem Gang und gebremstem Hinterrad Hauptwelle blockiert werden.

⚠ Falls Kupplungsmutter ausgebaut wird, neues Sicherungsblech zur Montage verwenden!

- YZF: Rechte Seitenkleidung abnehmen.
- Motoröl ablassen oder Maschine sehr weit nach links lehnen und sicher abstützen.
- **Bild 201:** Gehäusedeckelschrauben schrittweise über Kreuz ausdrehen.

TIPP Falls schwergängig, Deckel vorsichtig mit Gummihammer lockern.

👁 Auf Verbleib der Passhülsen achten.

Bild 201
Kupplungsdeckelschrauben

Bild 202
Kupplungsfedern ausdrehen

- **Bild 202:** Fünf Kupplungsfederschrauben schrittweise über Kreuz ausdrehen.
- **Bild 203:** Druckplatte mit Lager und Druckstück mit Kugel abnehmen (oder zumindest deren Verbleib vermerken).
- Stahl- und Belagscheiben abnehmen.
- Sicherungsblechlasche der Kupplungsmutter aufbiegen.
- **Bild 204:** Mit Universal-Kupplungshalter Nabe (Innenkorb) gegenhalten und Kupplungsmutter ausdrehen.
- Kupplungsnabe abnehmen.

👁 Auf Verbleib der dahinter sitzenden Anlaufscheibe achten.

- **Bild 205:** Zwei 6-mm-Schrauben in Distanzstück eindrehen und herausziehen. Dabei Kupplungskorb festhalten, damit Korb nicht auf Hauptwelle »kracht«.
- Kupplungskorb vorsichtig herausführen.

Schaltwelle

- **Bild 187:** Klemmschraube des Schalthebels ganz ausdrehen und von Welle herunterziehen. Gegebenenfalls Welle und Verzahnung säubern.
- **Bild 206:** Schaltwelle nach rechts herausziehen.
- Weitere Zerlege-Arbeiten der Schaltungsbauteile (Schaltwalze und -gabeln) sind im Kapitel Getriebe beschrieben, da sie nur in diesem Zusammenhang sinnvoll sind.

Bild 203 ➤
Auf Verbleib von Druckstück und Kugel achten!

TIPP Fingerzeig
Exakt messen

9.2
Prüfen und Vermessen

Bild 207: Dicke der Kupplungsreibscheiben mit Messschieber messen.
Verschleissgrenze 2,8 mm

Reib- und Stahlscheiben auswechseln, wenn sie Anzeichen von Riefen oder Verfärbung aufweisen.

Bild 208: Stahlscheiben auf Richtplatte mit Fühlerlehre auf Verzug prüfen.
Verschleissgrenze 0,1 mm

⚠ Scheiben immer im Satz auswechseln.

Bild 209: Ungespannte Länge der Kupplungsfedern messen.
Verschleissgrenze 34,3 mm

⚠ Kupplungsfedern im Satz wechseln.

Nadellager auf Beschädigung oder Abnutzung untersuchen.

Kupplungsausrücklager auf ruckfreien und ungehinderten Lauf prüfen (Fingerprobe).

Schlitze in Kupplungskorb und -nabe dürfen keine von Scheiben verursachten Riefen, Kerben oder Scharten aufweisen. Gegebenenfalls mit Schlüsselfeile begradigen.

Zahnräder von Kupplung und Primärtrieb auf aussergewöhnliche und übermässige Abnutzung oder Beschädigung untersuchen.

Auch bei aussergewöhnlichen Geräuschen beim Ablaufen Zahnräder paarweise ersetzen (ist natürlich bei den Primärtriebzahnrädern etwas pikant – dazu müsste die Kurbelwelle gewechselt werden!).

Bei übermässigem Spiel zwischen Lager, Distanzhülse und Kupplungskorb bzw. Hauptwelle, prüfen, ob Verwendung neuer Distanzhülse oder Lagers Spiel beseitigt.

■ Gegebenenfalls Lager in YAMAHA-Werkstatt erneuern lassen.

Schaltwelle auf Verschleiss oder Beschädigung untersuchen.

Schenkelfeder auf Ermüdung oder Beschädigung untersuchen.

Bild 204
Kupplungsnabe blockieren und Mutter ausdrehen

Bild 205
6-mm-Schrauben in Distanzstück eindrehen und herausziehen

Bild 206
Schaltwelle herausziehen

◄◄▼ **Bild 207**
Dicke der Kupplungsbeläge messen

◄▼ **Bild 208**
Stahlscheiben mit Fühlerlehre auf Verzug prüfen

▼ **Bild 209**
Länge der Kupplungsfedern messen

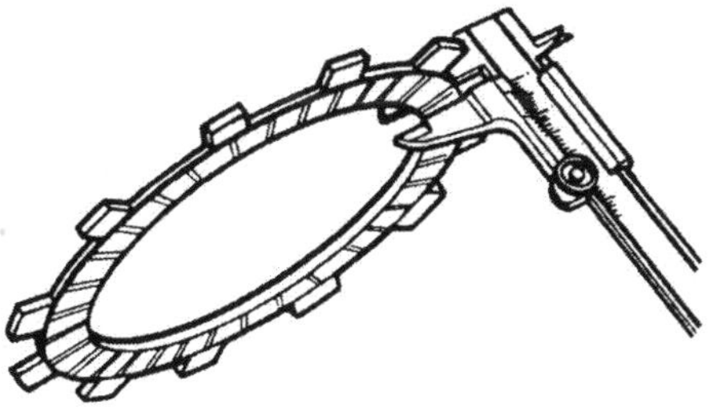

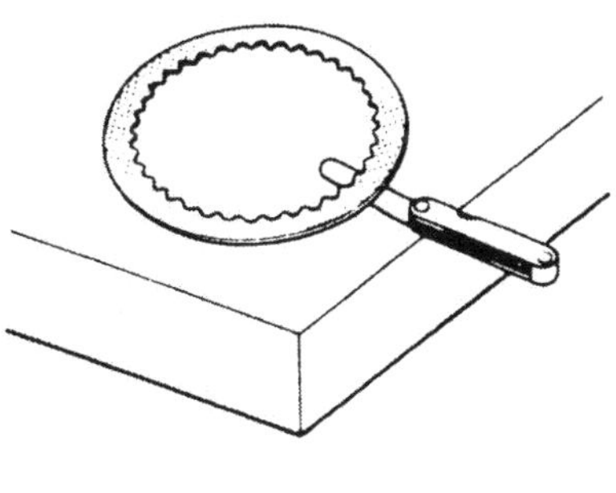

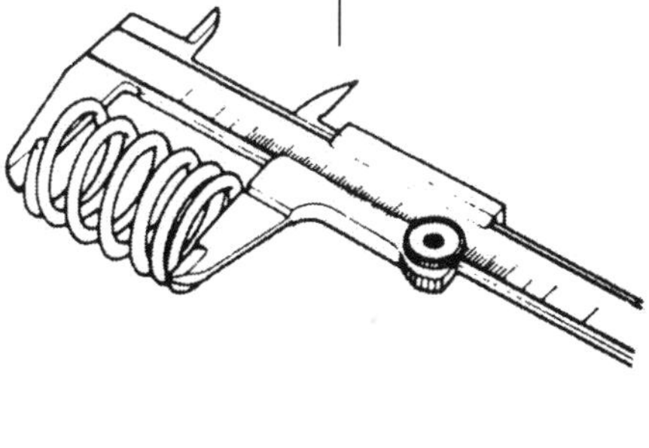

9.3 Montage – Bild 210

- **Bild 211.1:** Schaltwelle leicht gefettet in Gehäuse einschieben. Dabei Schenkelfeder auf Gehäusezapfen aufschieben.
- **Bild 187:** Klemmstück des Schalthebels so auf Welle aufschieben, dass Körnermarkierung auf Welle mit Klemmspalt fluchtet. Klemmschraube eindrehen.
- Kupplungs-Anlaufscheibe und Distanzstück auf Hauptwelle aufschieben.
- Kupplungskorb vorsichtig auf Hauptwelle aufsetzen und mit Ölpumpenabtriebsrad in Eingriff bringen. Dabei Pumpenrad vorsichtig drehen.
- Lagerhülse und Nadelkäfig MoS_2-gefettet einschieben.
- Es folgt Anlaufscheibe für Nabe.
- Nabe aufschieben.
- Hauptwelle per gebremstem Hinterrad bzw. Kupplungsnabe mit Kupplungshalter blockieren und neue Mutter anziehen (70 Nm).

⚠ Beim Einbau neuer Belagscheiben, diese mit sauberem Motoröl einbalsamieren.

- Belag- und Stahlscheiben abwechselnd einsetzen. Mit Belagscheibe beginnen.
- Ausrücklager und Druckscheibe wie gezeigt (gefettet) einsetzen.
- Druckplatte aufsetzen.
- Federn in Druckplatte einsetzen und vier Federschrauben schrittweise über Kreuz anziehen (8 Nm).

Bild 210
Kupplung
1 Feder
2 Druckplatte
3 Druckstück
4 O-Ring
5 Kugel
6 Druckstange
7 Reibscheiben
8 Stahlscheiben
9 Reibscheibe gross
10 Federscheibe
11 Mutter
12 Sicherungsblech
13 Nabe
14 Anlaufscheibe
15 Distanzstück
16 Lager
17 Kupplungskorb
18 Anlaufscheibe
19 Distanzstück

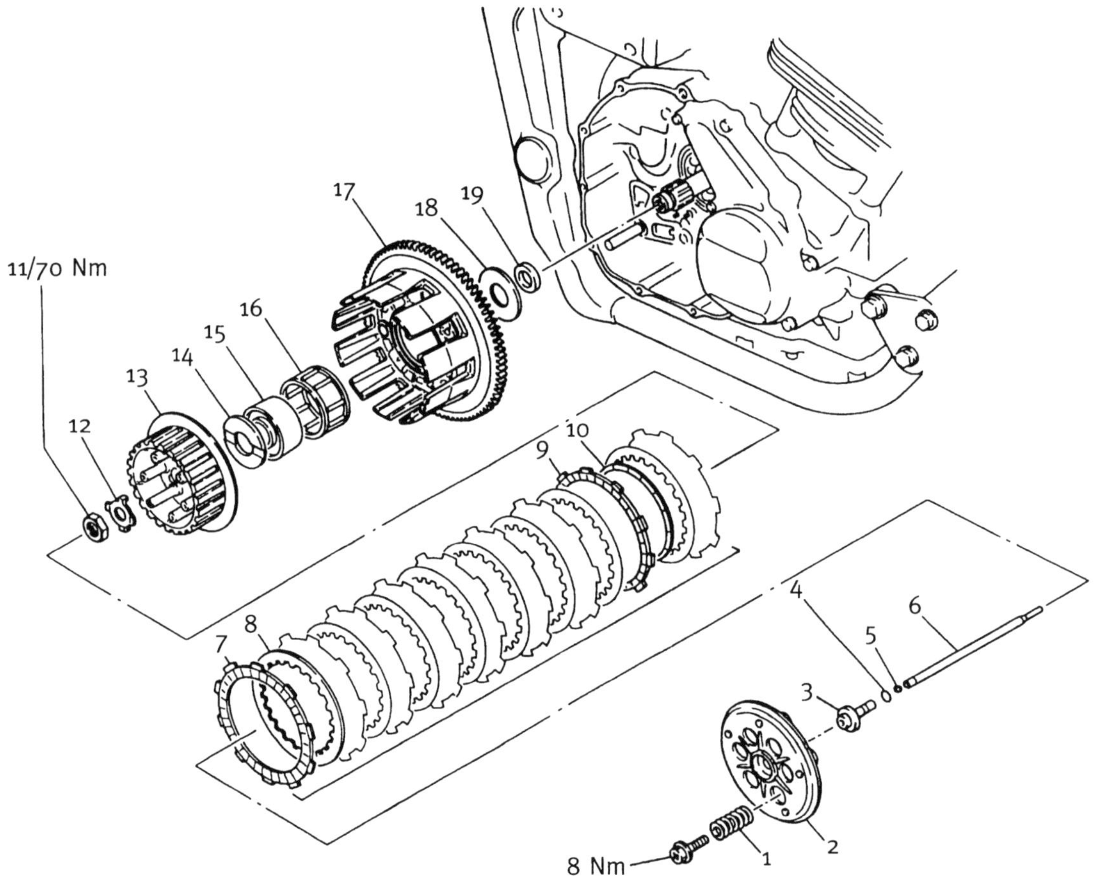

- Dichtflächen von Kupplungsgehäuse und -deckel säubern (öl- und fettfrei).
- Silikondichtmasse (Drei-Bond o.ä.) dünn im Bereich der Motorgehäuse-Trennlinie etwa 10 mm nach oben und unten am Kupplungsgehäuse auftragen.
- Zwei Passhülsen einsetzen.
- Deckel mit neuer Dichtung aufsetzen.
- **Bild 212:** Deckelschrauben schrittweise über Kreuz anziehen.
- Ölpegel kontrollieren und gegebenenfalls berichtigen.

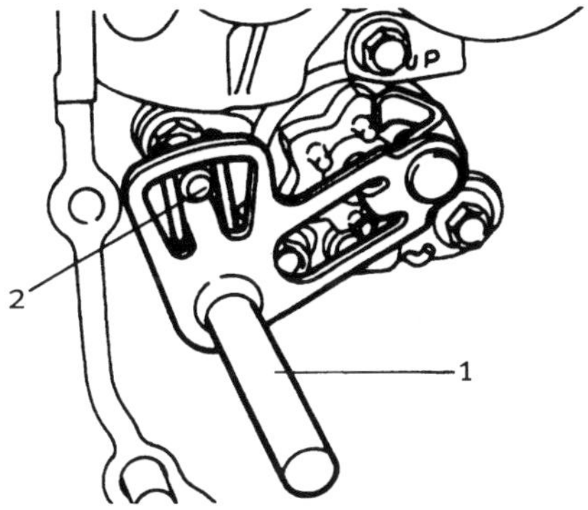

Bild 211
Schaltwelle eibauen
1 Schaltwelle
2 Gehäusezapfen

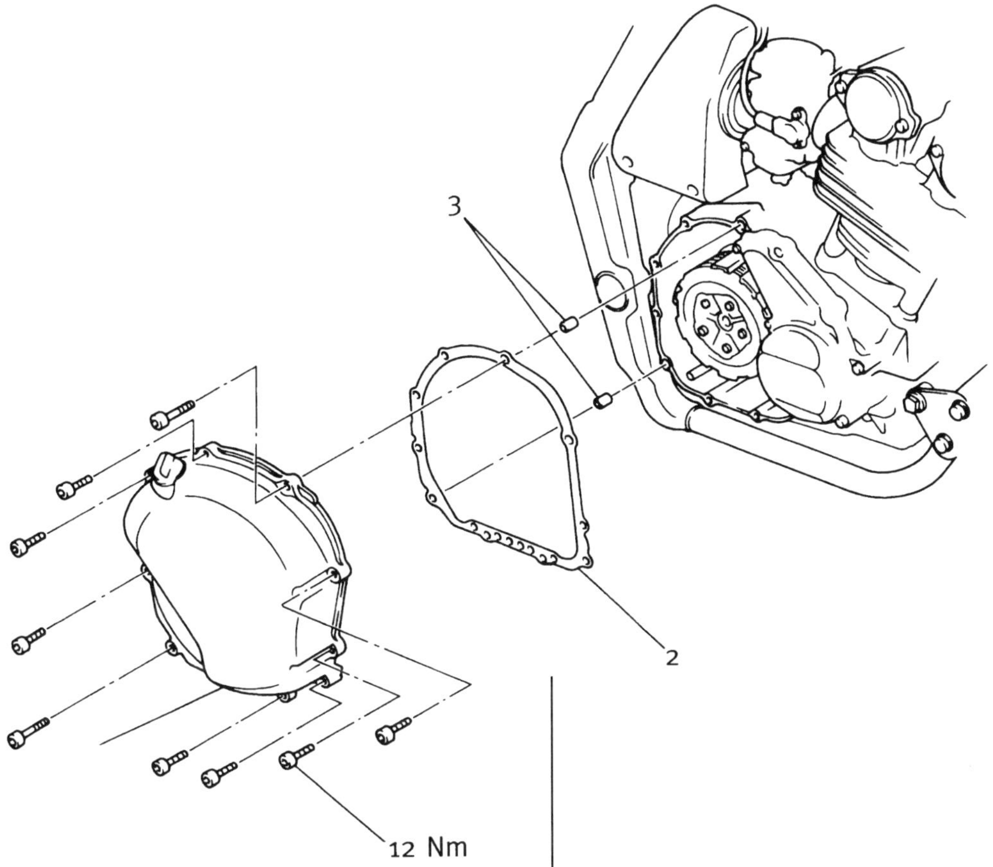

Bild 212
Kupplungsgehäusedeckel
1 Deckel
2 Dichtung
3 Passhülsen

10 Ölpumpe
10.1 Ausbau
10.2 Prüfen und Vermessen
10.3 Montage

Ölpumpe

10.1 Ausbau

- Kupplung ausbauen.
- Die übrigen Bestandteile des Schmiersystems (Ölwanne, Überdruckventil und Ansaugglocke) sind in *Kapitel 13* behandelt.
- Kupplung ausbauen (*Kapitel 9*).
- **Bild 213:** Drei Befestigungsschrauben ausdrehen und Pumpe aus Motorgehäuse nehmen.
- **Bild 214**/YZF: Gehäuseschraube ausdrehen und Deckel abnehmen.
- **Bild 215:** Scheibe, Mitnehmerstift und Rotoren abnehmen.

Bild 213
Drei Befestigungsschrauben der Ölpumpe

Bild 214
YZF: Gehäuseschraube der Ölpumpe

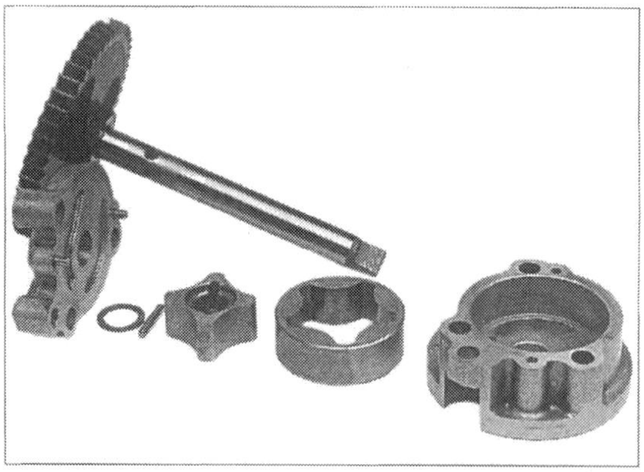

Bild 215
Scheibe, Mitnehmerstift und Rotoren

Bild 216 ➤
Rotorspiel messen

10.2 Prüfen und Vermessen

- **Bild 216:** Spitzenspiel der Rotoren und Rotorspiel im Gehäuse mit montierter Pumpenwelle messen.
- Spitzenspiel A zwischen Innen- und Aussenrotor darf maximal 0,15 mm betragen; Spiel B zwischen Aussenrotor und Gehäuse 0,15 mm.
- **Bild 217:** Axialspiel der Rotoren im Gehäuse mit Haarlineal und Fühlerlehre messen. *Verschleissgrenze 0,15 mm*
- Bei Überschreiten der Verschleissgrenzen Pumpe komplett ersetzen (nur komplett erhältlich).

10.3 Montage

- Sämtliche Bauteile der Ölpumpe völlständig mit sauberem Motoröl benetzen.
- **Bild 215:** Rotoren in Gehäuse einsetzen.
- Pumpenwelle einschieben und Mitnehmerstift auf Aussparung im Innenrotor ausrichten.
- Passstift in Gehäuse einsetzen und Deckelbohrung auf Stift ausrichten.
- **Bild 214**/YZF: Gehäuseschraube festdrehen und Pumpenwelle auf freie Drehbarkeit prüfen.
- **Bild 218:** Pumpe so in Motorgehäuse einsetzen, dass Pfeile auf Motorgehäuse und Ölpumpengehäuse fluchten. Ölpumpenwelle greift in Wasserpumpenwelle ein (Welle dabei drehen).
- **Bild 213** und **Bild 219:** Befestigungsschrauben eindrehen.
- Kupplung montieren und Ölstand kontrollieren.

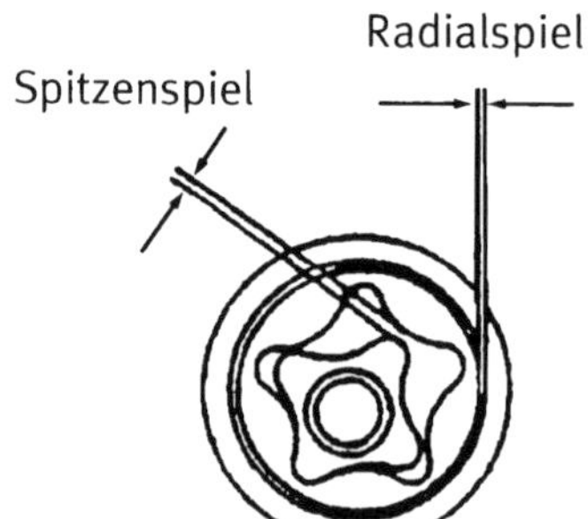

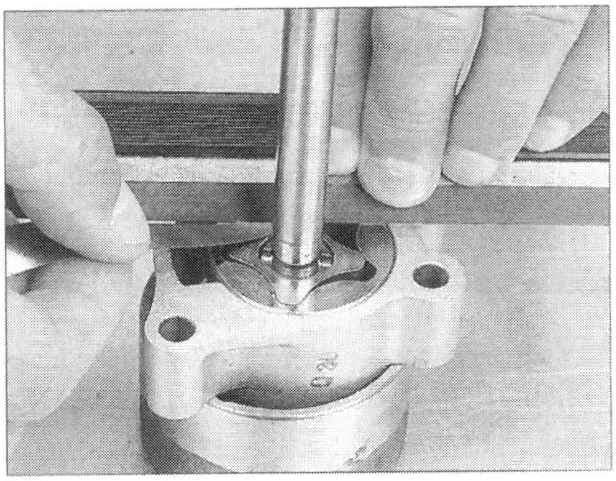

Bild 217
Axialspiel der Rotoren messen

◄ **Bild 218**
Pumpe so einsetzen, dass Pfeile fluchten

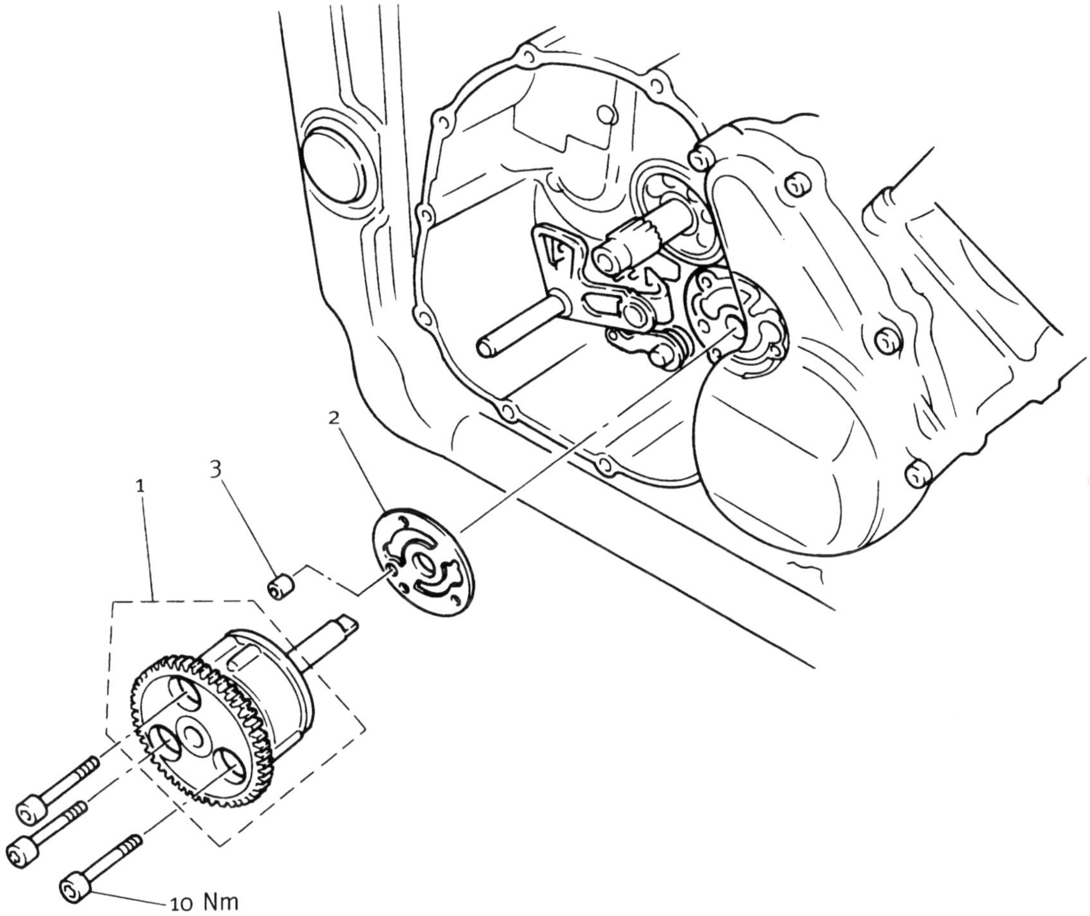

Bild 219
Ölpumpe einbauen
1 Pumpe
2 Deckel
3 Passhülse

Motor

11.1 Ausbau

- Der Motor muss zur Wartung und Reparatur von Kurbelwelle, Pleuel und Getriebe ausgebaut werden.
  Bei der FZS empfiehlt sich wegen der beengten Platzverhältnisse der Ausbau des Motors ab Zylinderkopf.

⚠ Motorrad sicher aufbocken.

- Sitzbank, Tank und Verkleidung abnehmen (*Kapitel 3.2*).
- Antriebskette auf grösstmöglichen Durchhang einstellen (*Kapitel 3.13 Seite 44*).
- **Bild 187, Bild 188** und **Bild 220:** Schaltstange (Klemmstück), Ritzelabdeckung und Ritzel mit Kette abnehmen.
- **Bild 221:** Kupplungsseilzug-Nippel aus Aufnahme nehmen oder Deckel mit Seilzug mit Klebeband o.Ä. am Rahmen sichern.

Bild 220
Sicherungsblechlasche flachbiegen, Bremse betätigen und Ritzelmutter ausdrehen

Bild 221 ➤
Kupplungsseilzug-Nippel aus Aufnahme nehmen

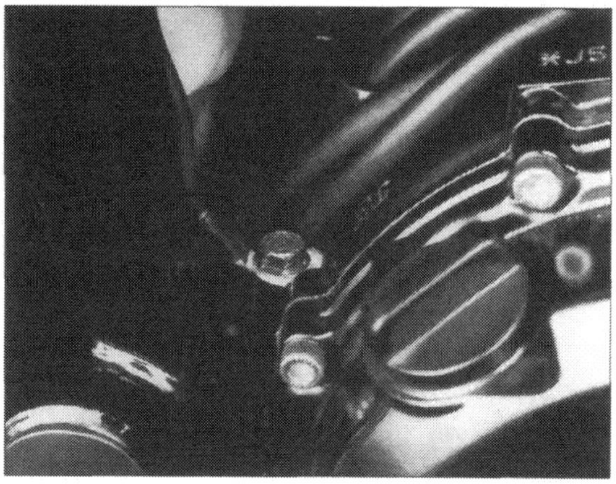

Bild 222
Motormassekabel

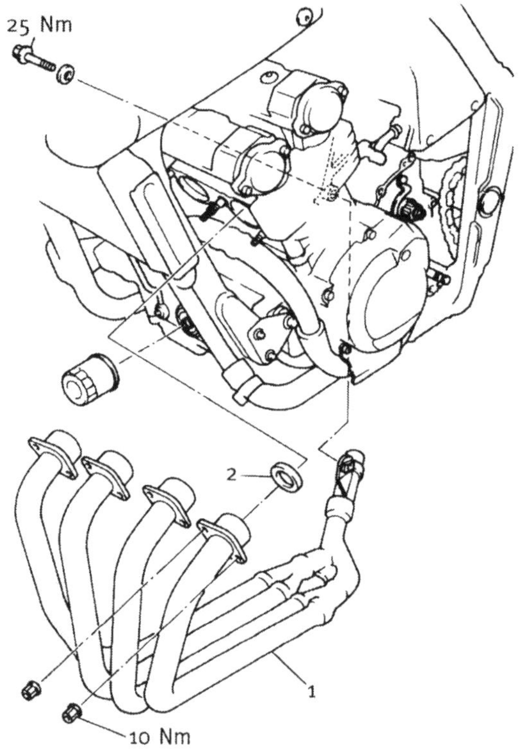

Bild 223 ➤
Auspuffkrümmer abbauen (Dämpfer *kann* montiert bleiben)

- Pluskabel von Starter abnehmen.
- **Bild 222:** Motormassekabel abnehmen.
- Motoröl und Kühlmittel ablassen. Ölfilterpatrone ausdrehen.
- Kühler ausbauen und Thermostatgehäuse abnehmen.
- Kühlerschläuche von Zylinderkopf abnehmen.
- Luftfiltergehäuse abnehmen und Vergaser abbauen (*Kapitel 3.6 und Kapitel 4*).
- **Bild 223:** Auspuffkrümmer abbauen.
- Stecker und Kabel von Zündkerzen, Generator, Pickup und *Neutral*-Anzeigeschalter abnehmen.

⚠ Motor mit hydraulischem Wagenheber untermauern, um Motor-/Rahmenbefestigungen zu entlasten.

- YZF: Klemmschrauben der Befestigungsschrauben am Zylinderkopf (zwei je Seite) lockern und Schrauben ausdrehen.

TIPP Vorderradabdeckung mit Werkstattlappen oder Pappe gegen Lackschäden schützen.

- **Bild 224** und **Bild 225:** Motorbefestigungsschrauben ausdrehen und Motor nach rechts herausnehmen.

11.2 Motoreinbau – Bild 226 bis Bild 228

- Motor in Rahmen heben. Mit einstellbarer Stütze (hydraulischer Wagenheber) oder mit Helfer Motor auf Aufhängungspunkte ausrichten.
- Schrauben der Motoraufhängung und Motorträger einschieben.
- Sämtliche Motor-/Rahmen-Verbindungen locker anziehen.
- YZF: Zuerst Befestigungsschrauben am Zylinderkopf eindrehen (54 Nm), dann Klemmschrauben anziehen (64 Nm).
- **Bild 220:** Ritzel mit Kette mit neuem Sicherungsblech montieren. Bremse betätigen und Mutter anziehen (70 Nm). Sicherungsblechlasche spielfrei an Mutter anlegen.
- Motor-/Rahmen-Verbindungen in der in **Bild 224** und **Bild 225** angegebenen Reihenfolge anziehen.
- Sämtliche Elektrik-Verbindungen installieren (Generator-, Pickup-, Starter-, *Neutral-* und Motormassekabel).

⚠ Auspuff/Krümmer mit neuen Dichtungen anbringen.

- **Bild 229:** Klemmstück der Schaltstange so auf Welle aufschieben, dass Klemmspalt mit Körnermarkierung fluchtet.
- Übrige Arbeitsschritte in umgekehrter Ausbau-Reihenfolge vornehmen.

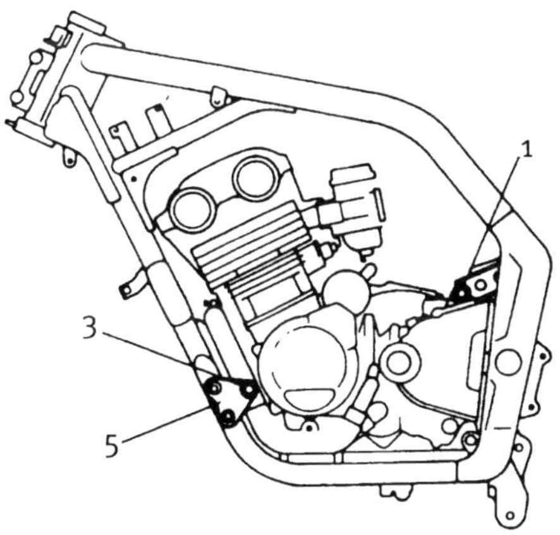

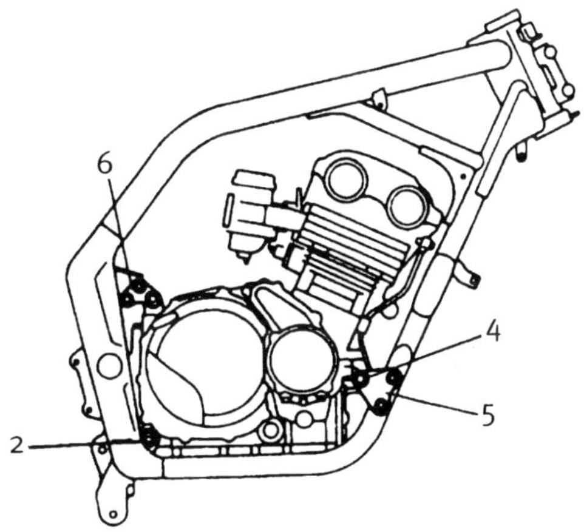

◄ **Bild 224**
Motor einbauen: Anzugsreihenfolge einhalten!

1	55 Nm
3	55 Nm
5	55 Nm

Bild 225
Motor einbauen: Anzugsreihenfolge einhalten!

2	55 Nm
4	55 Nm
5	33 Nm
6	10 Nm

Vorsicht!
Aufgepasst!

Bild 226
Motor einbauen
Anzugsmomente

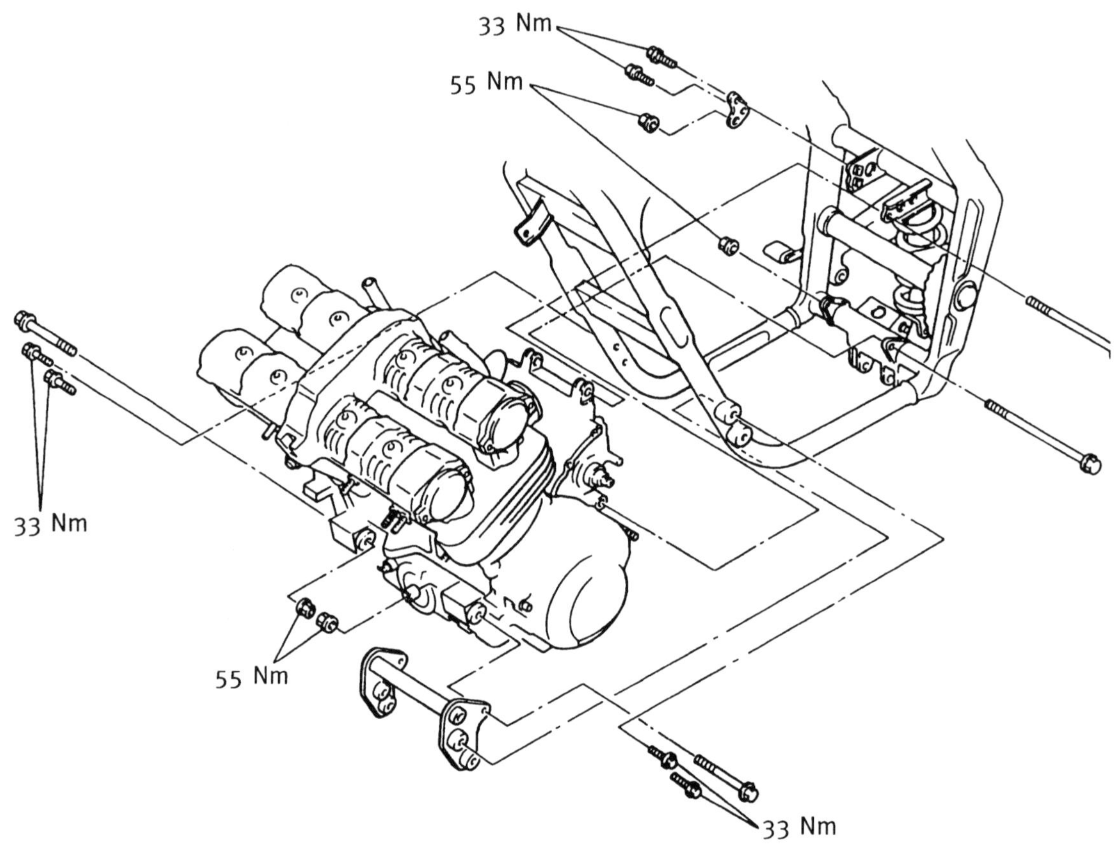

Bild 227
Motor einbauen
Anzugsmomente

1 Stecker
- Generator
- Ölstand
- Seitenständer
- Startersperrschalter

2 Massekabel
3 Zündkerzenstecker
4 Kurbelgehäuse-Entlüftungsschlauch
5 Abdeckung
6 Wasserpumpen-Ablaufschlauch
7 Kühler-Ablaufschlauch
8 Motor-Ablaufschlauch
9 Motor-Ablaufschlauch

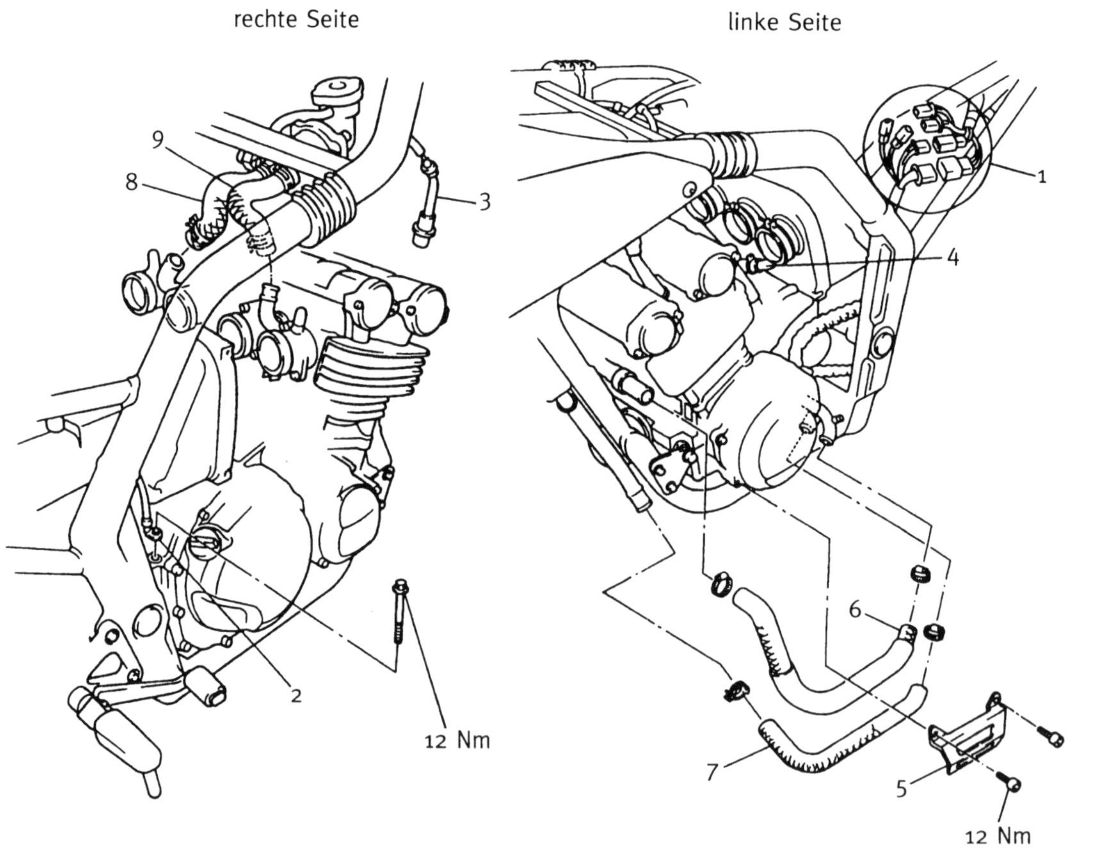

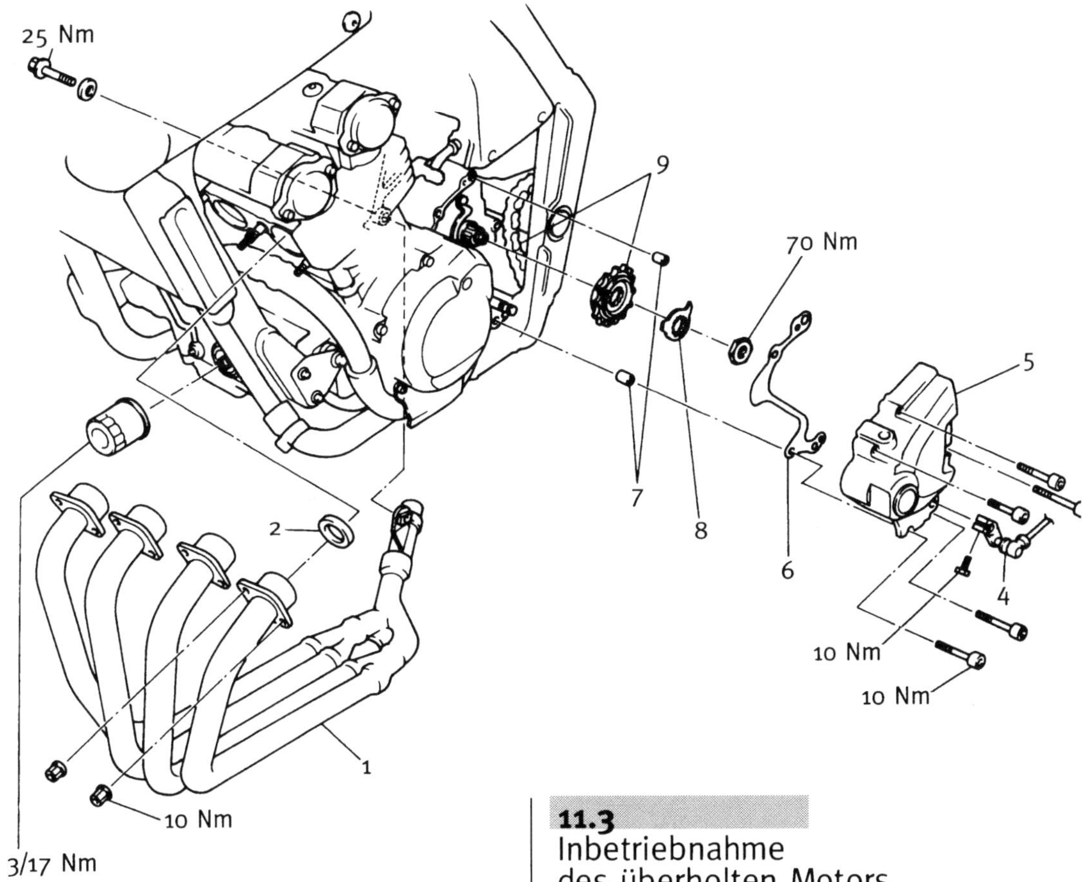

Bild 228
Motor einbauen
Anzugsmomente
1 Krümmer
2 Dichtung
3 Ölfilterpatrone
4 Klemmstück/Schaltstange
5 Ritzelabdeckung
6 Dichtung
7 Passhülsen
8 Sicherungsscheibe
9 Ritzel/Kette

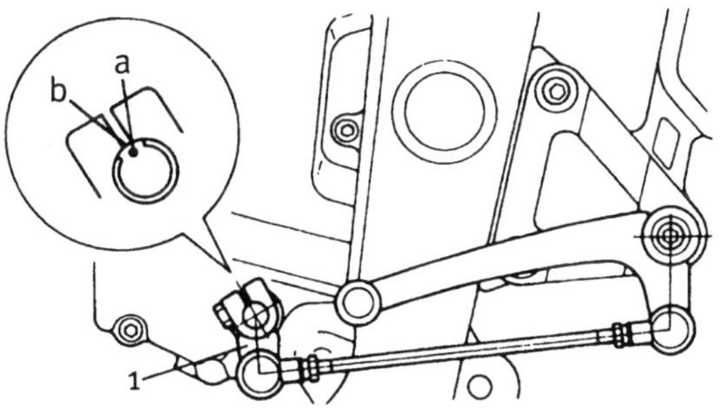

◄ **Bild 229**
Klemmspalt »b« fluchtet mit Körnermarkierung »a«
1 Klemmstück

11.3 Inbetriebnahme des überholten Motors

- Motor mit Öl befüllen, alle nötigen Kontroll- und Einstellarbeiten an Bremse, Kupplung, Antriebskettenspannung, Vergaser und Gaszugbetätigung vor dem ersten Start durchführen.
- Es kann sein, dass die Abgase des Motors in den ersten Minuten des Motorlaufes eine stark blaue Färbung haben. Das ist auf die Verbrennung desjenigen Motoröls zurückführen, das bei der Montage des Motors aus Sicherheitsgründen in etwas zu reichlichem Masse beigegeben wurde. Also nicht von der beschriebenen Erscheinung beunruhigen lassen.
- Vor Teilnahme am öffentlichen Strassenverkehr Bremsen, Lichtanlage, Blinkanlage, Kupplung und Gangschaltung auf Funktionstüchtigkeit kontrollieren.
- Neu eingebaute Motorenteile benötigen eine gewisse Einlaufzeit. Deshalb während der ersten 500 km Fahrstrecke den Motor nicht im oberen Drehzahlbereich »jubeln« lassen, ihn aber auch nicht untertourig Steigungen »hinaufquälen«.
- Nach etwa 1000 km Ventilspiel kontrollieren und im Rahmen eines Ölwechsels auch neues Ölfilter spendieren.

Zylinderkopf

12.1 Ausbau

⚠ Zylinderkopf kann bei eingebautem Motor gewartet werden. Allerdings ist dies wegen der beengten Platzverhältnisse bei der FZS nicht ratsam.

- Vergaser abbauen (*Kapitel 4*).
- Kühlmittel ablassen (*Kapitel 3.6*).
- Auspuffanlage abbauen (*Kapitel 10*).
- Nockenwellen und Steuerkettenspanner ausbauen (*Kapitel 3.6*).

⚠ Sämtliche Bauteile so aufbewahren, dass sie an ihrem ursprünglichen Platz wieder eingebaut werden können.

- **Bild 242:** Restliches Kühlmittel aus Zylinder und -kopf nach Ausdrehen der Ablassschrauben in Auffanggefäss ablassen.
- Ölsteigleitung an Vorderseite abnehmen.
- **Bild 230:** Zylinderkopfschrauben schrittweise über Kreuz zuerst jeweils um 1/4 Umdrehung lockern, schliesslich ganz ausdrehen.
- Unterlegscheiben abnehmen.

TIPP Falls Zylinderkopf festgebacken, helfen leichte Gummihammerschläge, um den Kopf zu lockern. Kopf nach oben abnehmen.

- Dichtung abnehmen und auf Verbleib der Passhülsen achten.

TIPP **Bild 231:** Stösselbohrungsschutz einsetzen (kann leicht aus 35-mm-Filmbehälter hergestellt werden).

- **Bild 232:** Mit Ventilfederspanner Ventilfedern nur so weit zusammendrücken, bis Ventilkeile aus Nuten mit Magnetheber oder Pinzette entnommen werden können.

⚠ Federn nicht weiter als unbedingt nötig zusammendrücken.

- Ventilschaftdichtungen mit Zange abnehmen (Neuteile montieren).

⚠ **Bild 233:** Bevor Ventile aus den Führungen entnommen werden, Ventilkeilnuten mit feinem Ölstein entgraten. Hier bilden sich gern Aufwerfungen, die beim Ausbau der Ventile die Ventilführungen zerkratzen können.

Bild 230
Zylinderkopfschrauben schrittweise über Kreuz von aussen nach innen lösen (von innen nach aussen anziehen!)

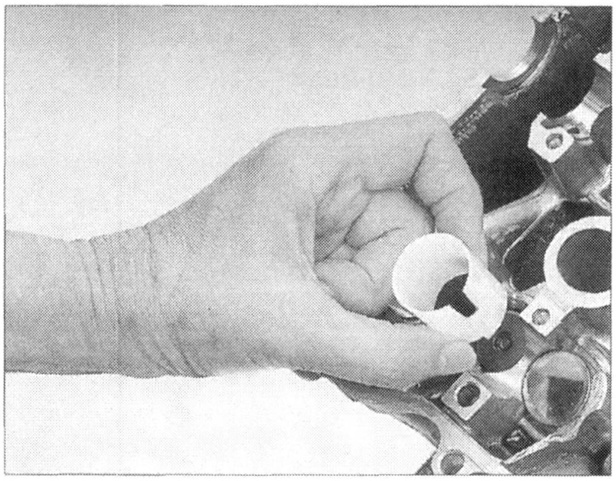

Bild 231 ➤
Stösselbohrungsschutz einsetzen

Bild 232
Ventilfedern mit Federspanner zusammendrücken

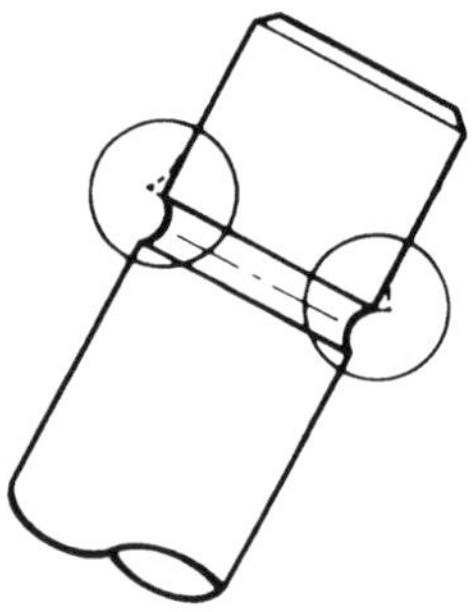

Bild 233 ➤
Keilnuten mit feinem Ölstein entgraten

12.2 Prüfen und Vermessen

Für den Privatier lohnt es sich kaum, eine aufwändige Zylinderkopf-Reparatur mit Nachfräsen der Ventilsitze oder gar Einsetzen neuer Sitzringe und Führungen vorzunehmen, von den fehlenden Werkzeugmaschinen 'mal ganz abgesehen. Dies ist Sache der Fachwerkstatt oder eines seriösen Motoreninstandsetzers. »Einläppen« der Ventile, wie weiter unten beschrieben, ist im Hobbybereich statthaft, um einen alten treuen Kameraden wieder etwas aufzupäppeln, wenn die Teile ansonsten in Ordnung sind. Im Profibereich werden neue Ventilsitze so präzise eingefräst, dass Nacharbeit unnötig ist.
Die entscheidende Phase beim »Einfahren« eines Viertakters sind zumindest im Zylinderkopf die ersten Umdrehungen, die der Motor beim bzw. nach dem Starten macht. Hierbei passen sich die Sitzflächen von Ventil und Ventilsitzring (hoffentlich optimal!) einander an.

- Mit dem Dreikantschaber Ölkohleablagerungen aus Brennraum entfernen (keine Kratzer hinterlassen!).
- Bereich zwischen Sitzringen und Zündkerzenloch auf feine Haarrisse kontrollieren, ggf. in Fachbetrieb um Reparaturmöglichkeit fragen.
- Mit Haarlineal Zylinderkopf- und Zylinderdichtfläche in mehreren Richtungen auf Verzug prüfen (wie Zylinder).
  Verschleissgrenze 0,05 mm
- Steuerketten-Führungsschienen und -Spannerschiene auf Beschädigung und übermässigen Verschleiss prüfen.
- Jedes Ventil auf Verbiegung, Kratzer und anormalen Verschleiss am Schaft untersuchen.
- Jedes Ventil muss in seiner Führung sauber gleiten.
- Ventildichtflächen am Ventil und Zylinderkopf auf anormalen Verschleiss (Grübchenbildung oder Ausbrüche) untersuchen.
- Ventilsitz muss glattes und riefenfreies Tragbild zeigen. Falls Sitzfläche am Ventilteller verbrannt oder ungleichmässigen Kontakt mit Ventilsitz hat, Ventil erneuern. Gegebenenfalls das Ventil erneuern und den Sitz im Kopf neu fräsen lassen.
- **Bild 234:** Schliesst ein Ventil nicht einwandfrei dicht ab, Ventilsitz läppen (Prüfung: Zylinderkopf senkrecht halten und bei eingebautem Ventil in Einlass-

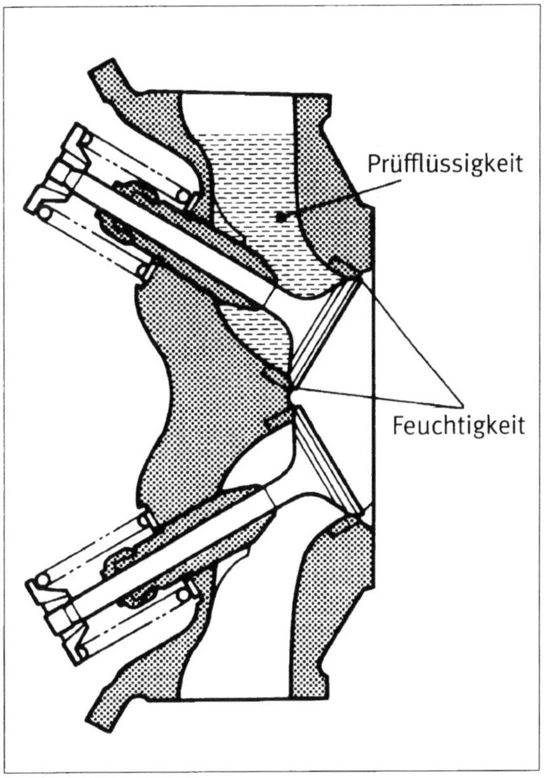

Bild 234
Ventilsitz auf Dichtheit prüfen (»klassische« Werkstattmethode)

oder Auspuffkanal Kraftstoff giessen, am Ventil darf nichts auslaufen).

- Läppmittel auf Ventilsitz auftragen, das Ventil von innen mit speziellem Gummisauger oder von aussen mit Schlauchstück und Holzstift quirlen (mit 2–3 kg Druck). Läppmittel darf nicht zwischen Ventilschaft und Führung geraten! Genügt Nachläppen nicht zum Abdichten, Ventil erneuern oder Dichtfläche in Fachbetrieb überschleifen lassen.
- Ist Ventilsitzring im Zylinderkopf oder Ventil zu breit oder zu schmal, muss er in Fachwerkstatt neu gefräst werden.
  Sollventilsitzbreite 0,9–1,1 mm
  (Verschleissgrenze 1,6 mm)
- Ventilsitzwinkel werden mit 32°, 45° und 60° angegeben.
- Das Ventilschaftende darf keinen anormalen Verschleiss (Ausbrüche oder Aufwerfungen) aufweisen. Eventuell kann Schaftende im Fachbetrieb nachgeschliffen werden (→ Ventilspiel!).
- Ungespannte Länge der Ventilfedern messen.
  Verschleissgrenze 37,5 mm
- Stössel und zugehörigen Stössel-Bohrung auf Verschleiss und Beschädigung untersuchen.
- Stössel muss in Bohrung eingesetzt mit Finger leicht drehbar sein.

Lagerflächen der Nockenwellen-Lagerdeckel auf Riefen, Kratzer oder Anzeichen unzureichender Schmierung untersuchen.

Nockenwellen an den Enden in Prismenblöcken lagern und Schlag mit Messuhr am mittleren Lagerzapfen messen (Verschleissgrenze 0,06 mm).

Bild 235: Höhe jeden Nockens mit Mikrometer messen. (*Verschleissgrenzen siehe Technische Daten.*)

Ölbohrungen dürfen nicht verstopft sein.

Bild 236: Spiel zwischen Ventilschaft und Ventilführung ggf. in Fachbetrieb begutachten lassen, der über entsprechend feines Messwerkzeug verfügt – oder anhand des »Knackens« des Ventils beim Hin- und Herdrücken schon 'mal Prognosen machen kann.

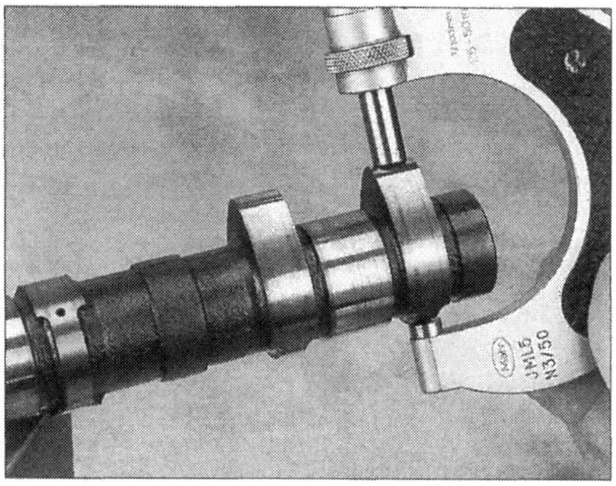

Bild 235
Nockenhöhe messen

- Mit »Plastigage« (Typ PG-1; im gut sortierten Werkzeughandel erhältlich) Lagerspiel der Nockenwelle feststellen.
- Öl und Fett von Lagerzapfen der Nockenwelle und Lagerlaufflächen im Zylinderkopf und im Lagerdeckel abwischen.
- **Bild 282:** Plastigage-Messstreifen über Lagerzapfen einlegen.

⚠ Messstreifen nicht über Ölbohrungen legen.

⚠ Nockenwellen während der Prüfung nicht mehr drehen.

- **Bild 67:** Lagerdeckel mit korrektem Anzugsmoment montieren wie dort beschrieben (*Kapitel 3.6*).

Bild 282: Lagerdeckel wieder abnehmen und Messstreifen mit Skala vergleichen (je breiter der Messstreifen gequetscht ist, desto weniger Spiel besteht).
Verschleissgrenze 0,08 mm

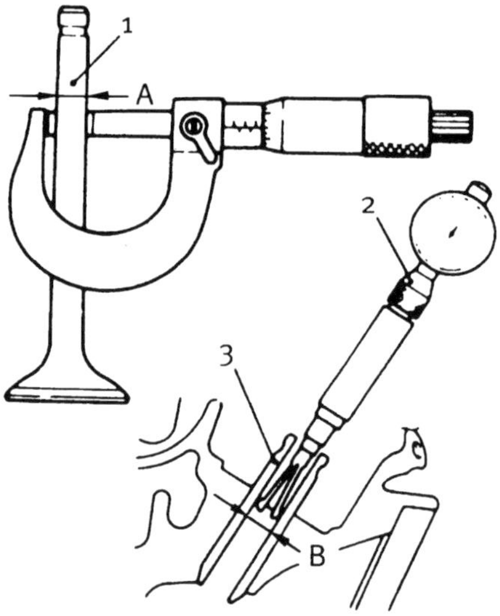

Bild 236 ➤
Ventilführung und -schaft vermessen
1 Ventilschaft
2 Innenfühler
3 Ventilführung
A Ventilschaft-Durchmesser
B Ventilführung-Innendurchmesser

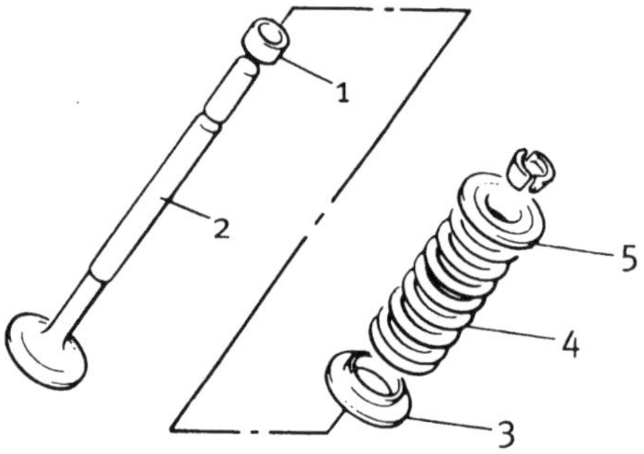

Bild 237
Ventile vollständig geölt einbauen
1 Schaftdichtung
2 Ventil
3 Federsitz
4 Ventilfeder
5 Federteller

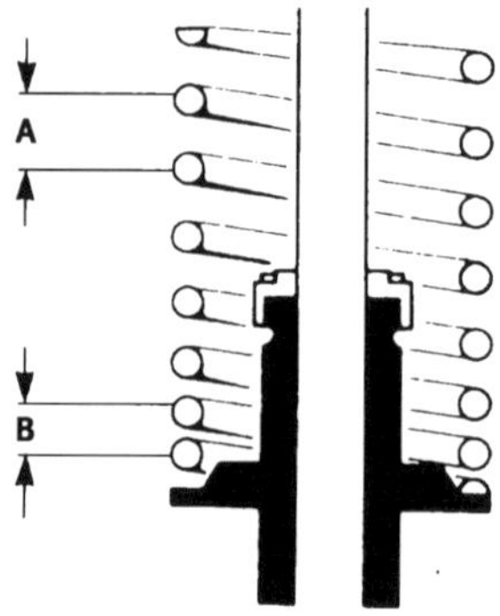

Bild 238 ➤
Ventilfedern einbauen
A Grosser Windungsabstand
B Kleiner Windungsabstand

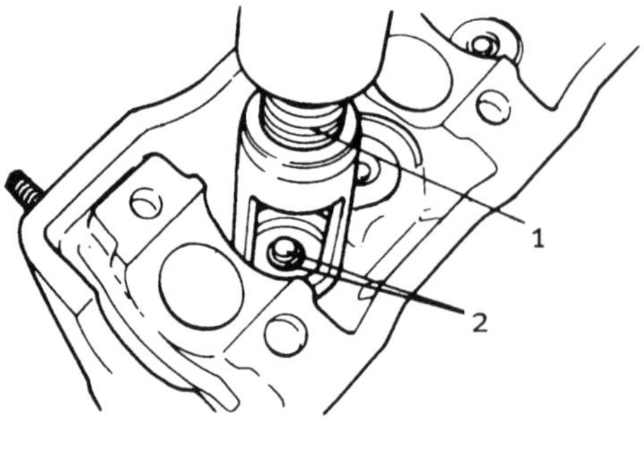

Bild 239
Ventilkeile einsetzen
1 Ventilfederspanner
2 Ventilkeile

12.3
Montage

⚠ Grundsätzlich lohnt nur der Aufbau eines perfekt sauberen Zylinderkopfs.

⚠ Ölsteigleitung und Ölkanäle des Zylinderkopfs mit Druckluft freiblasen.

⚠ Sämtliche Bauteile wieder an ihrem ursprünglichen Platz einbauen.

■ **Bild 237:** Neue Ventilschaftdichtungen gefettet von Hand auf Ventilführungen schieben, Ventile vollständig geölt in Führungen einschieben.

■ **Bild 238:** Federsitze einsetzen und Federn mit engen Wicklungen zum Zylinderkopf weisend (nach unten) montieren.

■ **Bild 231** und **Bild 239:** Stösselbohrungsschutz einsetzen, oberen Federteller aufsetzen, mit Federspanner Federn/Federteller zusammendrücken, bis Keile eingesetzt werden können.

⚠ Federn nicht weiter zusammendrücken, als unbedingt nötig. Andernfalls droht Spannungsverlust der Federn.

■ **Bild 240:** Mit Gummihammer leicht auf Ventilschäfte klopfen, damit sich Keile in Nuten setzen.

■ **Bild 241:** Neue Zylinderkopfdichtung und zwei Passhülsen anbringen.

Falls Zylinderkopfdichtung »UP«-Markierung aufweist, muss diese lesbar nach oben weisen (d.h. nicht spiegelverkehrt).

■ Steuerkette mit Magnetheber oder Drahthaken durch Schacht nach oben ziehen.

■ Zylinderkopf aufsetzen. Unterlagscheiben geölt auflegen.

■ **Bild 230:** Zylinderkopfschrauben (Sitzfläche geölt) von Hand locker eindrehen. Anschliessend Zylinderkopfschrauben in zwei oder drei Schritten über Kreuz von innen nach aussen anziehen (47 Nm).

⚠ Öltaschen im Zylinderkopf mit sauberem Motoröl befüllen, um die Anfangsschmierung beim ersten Start zu gewährleisten.

■ Nockenwellen montieren und Ventilspiel messen/einstellen (*Kapitel 3.6*).

■ Kühlmittel befüllen (*Kapitel 3.6*).

■ Auspuff mit neuer Dichtung anbringen (*Kapitel 10*).

■ Vergaser und Luftfilter wieder anbringen (*Kapitel 4 und Kapitel 3.6*).

Bild 240
Ventilschaft leicht anklopfen, damit sich Ventilkeile »setzen«

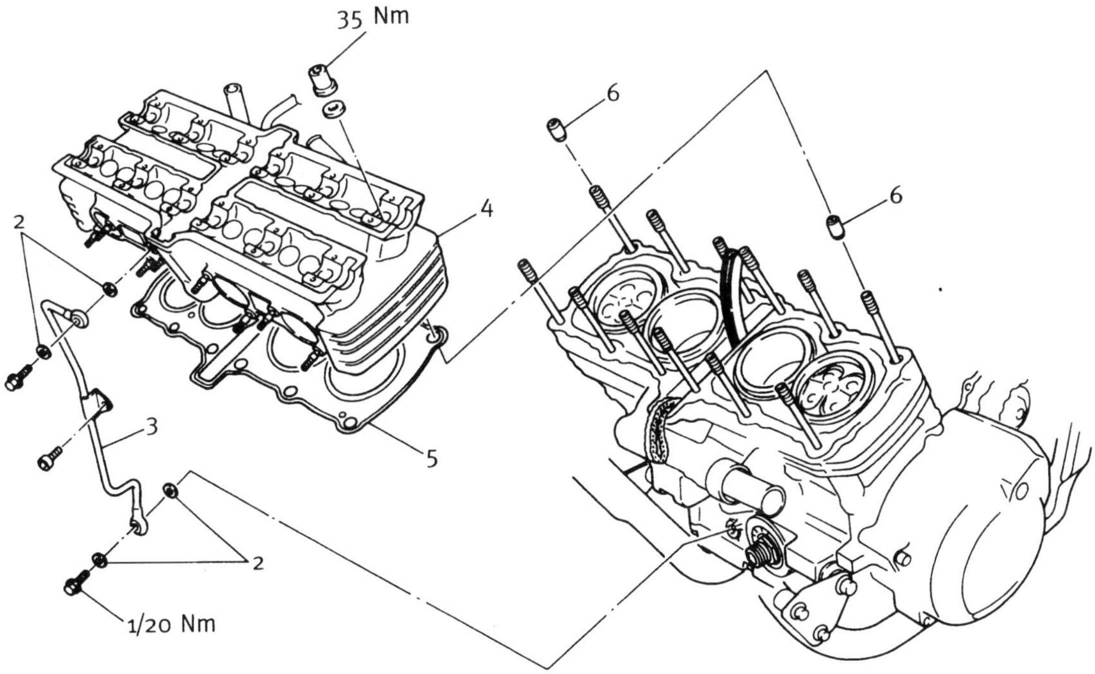

Bild 241
Zylinderkopf montieren
1 Hohlschraube
2 Kupferscheibe
3 Ölsteigleitung
4 Zylinderkopf
5 Zylinderkopfdichtung
6 Passhülsen

Zylinder und Kolben

13.1 Ausbau

- Zylinder und Kolben bei abgenommenem Zylinderkopf demontieren.
- **Bild 242:** Kühlmittelzulauf bzw. dessen Schlauch/Rohr vom Zylinderblock abnehmen (YZF: hinten; FZS: vorn)
- Falls festgebacken, Zylinder vorsichtig mit Gummihammer lockern. Beim Ausbau Hauptölleitung nicht beschädigen!
- ⚠ Bevor Zylinder Kolbenringe freigibt und ganz nach oben abgezogen wird, Zylinderbohrung im Gehäuse mit Putzlappen bedecken, damit Bruchstücke eines eventuell gebrochenen Kolbenrings nicht ins Kurbelgehäuse fallen.
- **Bild 243:** Zylinderblock nach oben abnehmen.
- **Bild 244:** Kolben und -ringe markieren bzw. so ablegen, dass sie in ursprünglicher Einbaulage wieder eingebaut werden können.
- **Bild 245:** Kolbenbolzen-Sicherungsringe mit kleinem Schraubendreher oder Spitzzängchen aushebeln.
- Kolbenbolzen von Hand herausdrücken. Bolzenausdrücker nur verwenden, wenn Kolben schon Schrott ist.
- ⚠ Kolbenbolzen keinesfalls mit Durchschlag austreiben. Pleuel ist schnell krummgeschlagen!
- **Bild 246:** Kolbenringe mit beiden Daumen etwas aufweiten und über Kolben schieben.
- ⚠ Ringe nicht zu weit aufbiegen, da sie leicht brechen.
- Mit Dreikantschaber Kolbenboden vorsichtig entkohlen (keine Riefen hinterlassen!).
- Ringnuten mit eventuell gebrochenem Kolbenring oder passendem Schraubendreherchen entkohlen.

Bild 242
Kühlmittelzulauf und Schlauch/Rohr

Bild 243 ➤
Zylinder abnehmen
Pfeile Kühlmittel-Ablassschrauben

Bild 244
Kolben markien, um sie in ursprünglicher Einbaulage wieder montieren zu können

Bild 245 ➤
Sicherungsringe des Kolbenbolzens aushebeln

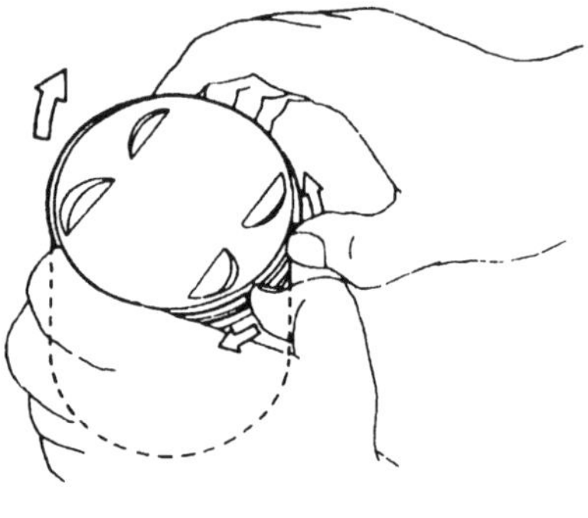

Bild 246
Kolbenringe vorsichtig aufweiten und auf gegenüberliegender Seite anheben

13.2
Prüfen und Vermessen

Kolbenhemd und Lauffläche im Zylinder dürfen keine Ausbrüche, Riefen oder Kratzer aufweisen.

TIPP Zumindest soll das Kolbenhemd keine allzu grossen Riefen aufweisen. Aber so lang sie klein sind, dienen sie als Öltaschen und verbessern die Schmierung. Deshalb sind auch auf einem neuen Kolben mit dem Fingernagel noch Bearbeitungsspuren des Drehmeissels spürbar. Bitte nicht auspolieren, sie erfüllen den oben genannten Zweck!

Bild 247 und **Bild 248:** Zylinderdurchmesser in drei Massebenen in Fahrtrichtung und im rechten Winkel dazu messen (x- und y-Richtung). Mittelwert zweier Messungen berechnen (addieren und durch 2 teilen).

Sollwert	*62,00 – 62,01 mm*
Verschleissmass	*62,1 mm*

- Falls ein Mittelwert zweier Messungen (x- und y-Wert) Verschleissgrenze überschreitet, Zylinder in YAMAHA- oder Fachwerkstatt mit Übermasskolben überholen lassen.

Bild 249: Am Kolbenhemd 5 mm über Unterkante, im rechten Winkel zur Bolzenachse, Durchmesser des Kolbens messen.

Sollwert	*61,960–61,975 mm*

Errechnetes Spiel des Kolbens im Zylinder berechnen.

Sollwert	*0,025 – 0,050 mm*
Verschleissmass	*0,07 mm*

TIPP Oben genannte Verschleissgrenze ist recht eng gesetzt und macht in Verbindung mit der gebotenen Produktqualität auch Sinn. Aber davon ausgehend, dass YZF/FZS nicht als Wettbewerbsfahrzeug verwendet werden, kann ein Laufspiel von 0,10 mm noch als »gesund« durchgehen; je nach Geldbeutel auch bis 0,12 mm. Allerdings lohnt der Zusammenbau kaum, wenn 10000 km später doch wieder zerpflückt werden muss.
Ausschlaggebend sollte die vorher durchgeführte Kompressionsmessung sein (*Kapitel 3.7*).

⚠ Für den Fall einer Reparatur ist die Erneuerung der Ringe und des Kolbens als Satz empfehlenswert.

TIPP Je nach Zustand der Zylinderlauffläche und des Kolbenhemds ist es durchaus üblich, nur die Ringe, die sich dann wieder einlaufen müssen, zu ersetzen. (Im Idealfall ist der Kolben dann noch nicht über der Verschleissgrenze und »nur« die Kompression ist perdu.)

- Bei Erneuerung der Kolben Zylinder mit oben genanntem Laufspiel in Fachwerkstatt aufbohren und honen lassen.

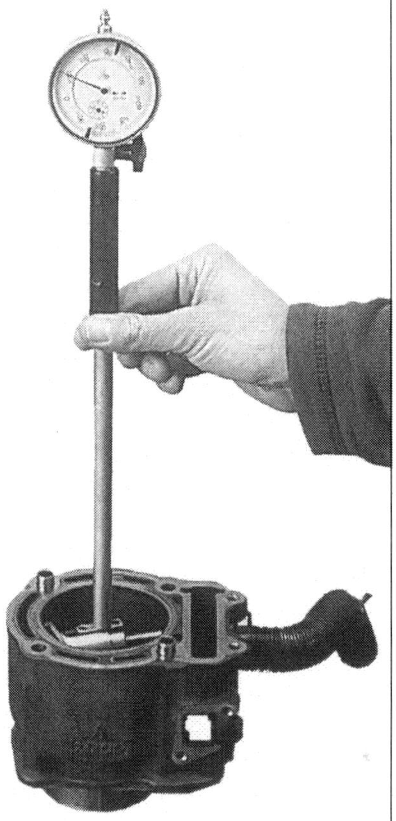

Bild 247
Zylinderdurchmesser mit Messuhr prüfen

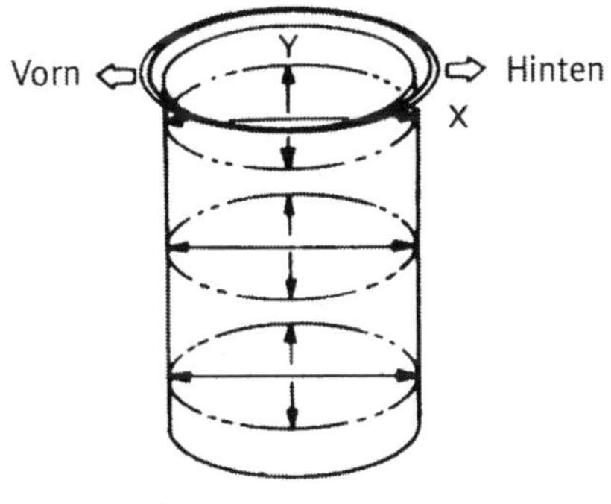

Bild 248
Zylinder in drei Massebenen (gleichmässig verteilt) in X- und Y-Richtung messen

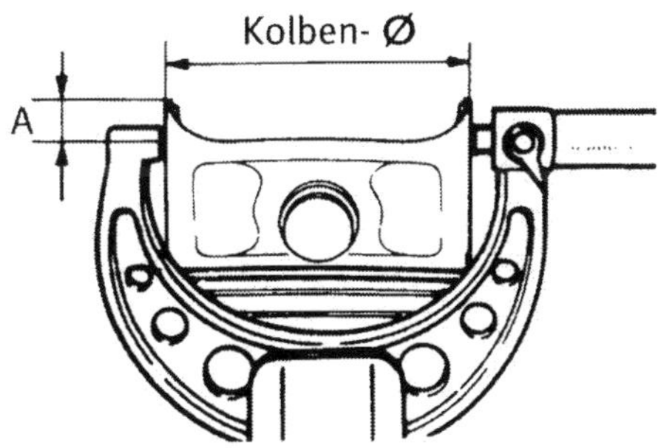

Bild 249
Kolbendurchmesser mit Mikrometerschraube messen
A 5 mm

Bild 250: Mit Fühlerlehre Spiel zwischen Kolbenring (Kompressionsringe, d.h. erster und zweiter Ring) und Ringnut abtasten.

Sollwert

erster Ring	*0,020 – 0,075 mm*
zweiter Ring	*0,020 – 0,055 mm*
Verschleissgrenze	*0,1 mm*

Kolbenring muss frei, ohne zu klemmen, durchrollen.

Bild 251: Kolbenringe einzeln in Zylinder schieben, rechtwinkelig zur Zylinderbohrung mit Kolben ausrichten. Mit Fühlerlehre Stossspiel ausfühlen.

Sollwert

erster Ring	*0,15 – 0,30 mm*
Verschleissgrenze	*0,6 mm*
zweiter Ring	*0,25 – 0,40 mm*
Verschleissgrenze	*0,7 mm*
Ölring	*0,10 – 0,35 mm*
Verschleissgrenze	*1,0 mm*

Kolbenbolzen darf leicht geölt weder im Pleuel noch im Kolben Spiel aufweisen und muss frei drehbar sein. (Verschleissmasse siehe Technische Daten.)

Bild 252: In diesem Montagezustand kann von kundiger Hand auch das Spiel des Pleuels am Hubzapfen »erfühlt« werden.

Bild 250
Spiel zwischen Ring und Nut messen

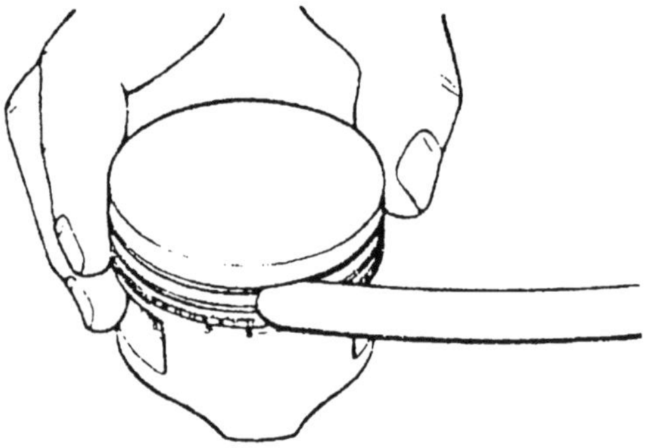

Bild 251 ➤
Ringspalt mit Fühlerlehre messen

Bild 252 ➤
Beim Hin- und Herdrücken darf hier kein Knacken spürbar sein

13.3 Montage – Bild 253

- **Bild 246:** Kolbenringe mit Markierung nach oben weisend an Kolben montieren. Dabei Ringe nicht weiter als unbedingt nötig aufweiten, da sie leicht brechen.
- **Bild 254:** Kolbenringstösse gleichmässig am Kolbenumfang verteilen.
- Mit Lappen Öffnung des Kurbelgehäuses abdecken, damit Sicherungsringe nicht hineinfallen können.
- Pleuelaugen des Kolbens mit MoS_2-Fett schmieren und Kolbenbolzen einschieben.

⚠ Kolben mit Pfeil in Fahrtrichtung (zur Auslassseite) weisend montieren.

- Neue Kolbenbolzen-Sicherungsringe einsetzen.
- **Bild 255:** Neue O-Ringe am Zylinderhals anbringen.
- Fussdichtung mit wenig flüssiger Dichtmasse an unterer Dichtfläche des Zylinderblocks befestigen, so dass »UP«-Markierung lesbar nach oben weist (d.h. nicht spiegelverkehrt).
  Zwei Passhülsen anbringen.
- **Bild 256:** Kolben mit passenden Holzleisten »untermauern« und Kolben und Zylinder gut geölt aufeinanderschieben, wobei Kolbenringe mit Fingern zusammengedrückt werden.

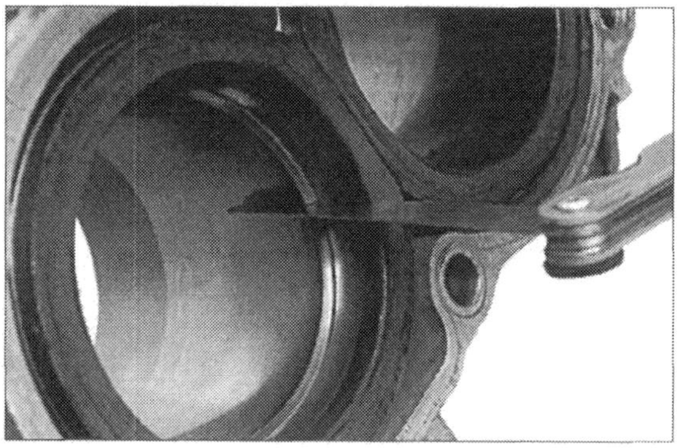

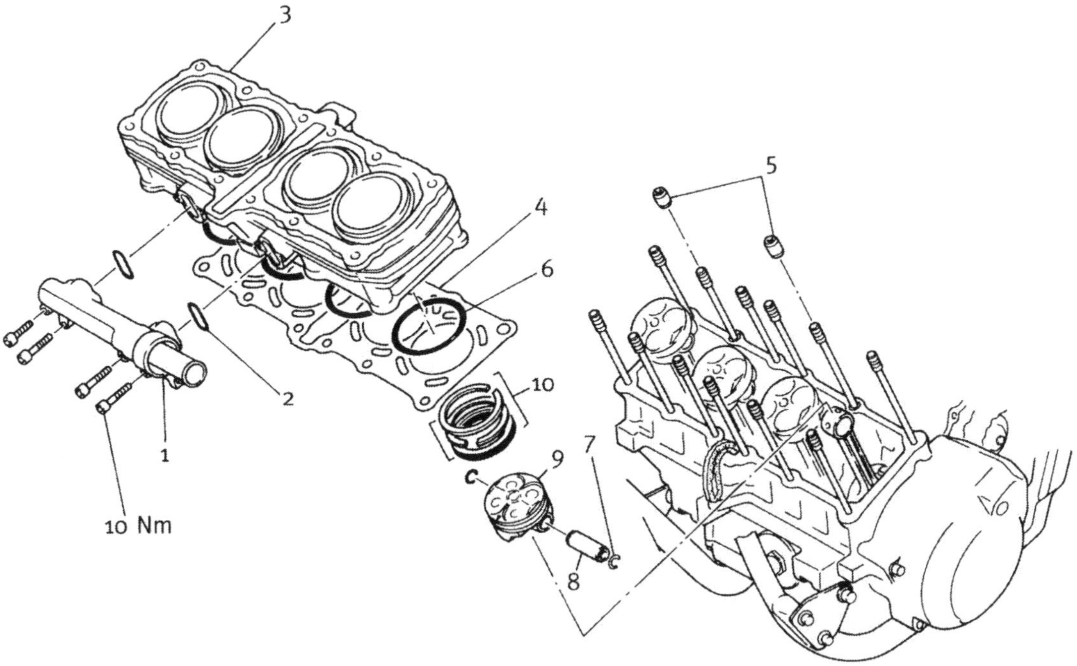

Bild 253
Kolben und Zylinder
1 Wasserzulauf
2 O-Ring
3 Zylinderblock
4 Dichtung
5 Passhülsen
6 O-Ring
7 Kolbenbolzen-sicherung
8 Kolbenbolzen
9 Kolben
10 Kolbenringe

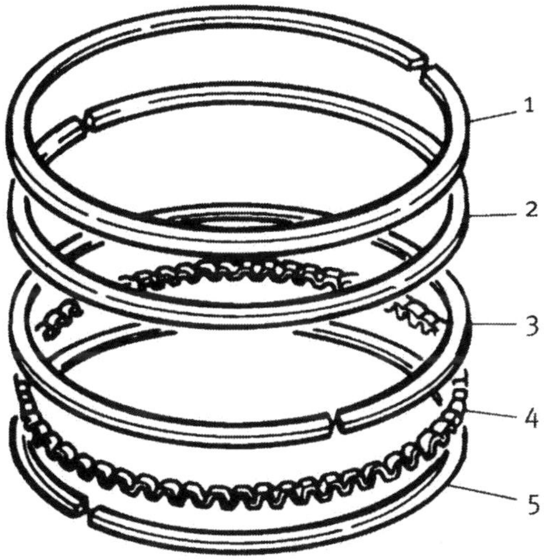

◄ Bild 254
Kolbenringversatz
1 Oberer Ring
2 Zweiter Ring
3 Stützring für Ölring
4 Expansionsring
5 Stützring für Ölring

Bild 255
Neue O-Ringe am Zylinder-hals anbringen

◄ Bild 256
Kolben mit passenden Holzleisten »untermauern« und Kolben und Zylinder aufeinanderschieben

Kurbelgehäuse

14.1
Ausbau

- Das Kurbelgehäuse muss zur Wartung von Kurbelwelle, Pleuel und Getriebe geöffnet werden.
- **Bild 257:** Leitung des Ölstandschalters abnehmen und Befestigungsschrauben der Ölwanne schrittweise über Kreuz ausdrehen.
- **Bild 258:** Gegebenenfalls Sieb der Ölansaugglocke abnehmen und Ölansaugglocke nach Ausdrehen der Befestigungsschrauben abnehmen.
- **Bild 258:** Überdruckventil abnehmen.
- **Bild 259:** Neutralschalterkabel und Lagerblech (nach Ausdrehen der Befestigungsschrauben) abnehmen.
- **Bild 266:** An Gehäuse-Oberseite zuerst 6-mm-Gehäuseschrauben, dann 8-mm-Schraube ausdrehen. Schrauben entgegen der gezeigten Anzugsreihenfolge lockern (mit höchster Zahl beginnen).
- Jede Schraube erst um ¼ Drehung lösen, dann erst ganz ausdrehen.
- An Gehäuse-Unterseite zuerst 6-mm-Gehäuseschrauben ausdrehen, dann die

Bild 257
Ölstandschalters und Befestigungsschrauben der Ölwanne

Bild 258 ➤
Befestigungsschrauben der Ölansaugglocke und Überdruckventil

Bild 259
Neutralschalterkabel und Lagerblech

Bild 260
Öldüse abnehmen

Bild 261 ➤
Steuerketten-Spannerschiene

8-mm-Gehäuseschrauben _entgegen_ der in **Bild 265** und **Bild 266** angegebenen Anzugsreihenfolge erst ¼ Umdrehung lösen, dann ganz ausdrehen.

- Untere Kurbelgehäuse-Hälfte von oberer abnehmen. Sämtliche Wellen verbleiben in oberer Hälfte.
- Beim Trennen der Gehäusehälften sind neben einer Holzunterlage auch kräftige, aber bedachte (!), Gummihammerschläge nützlich.
- Belüftungsrohr aus Gehäuse ziehen.
- **Bild 260:** Öldüse abnehmen.
- **Bild 261:** Steuerketten-Spannerschiene abnehmen.

Lager und Wellendichtringe

- Wellendichtringe bei jedem Motorausbau grundsätzlich erneuern. Sie können leicht ausgehebelt bzw. abgenommen werden.

14.2 Prüfen und Vermessen

⚠ Bei beschädigtem Kurbelgehäuse immer beide Hälften erneuern, da die Lagerbohrungen ab Werk für beide Hälften gemeinsam gebohrt werden.

- **Bild 262:** Öldüse mit Pressluft freiblasen und so auf freie Durchlässigkeit kontrollieren.

Bei Beschädigung der Rückschlagkugel Öldüse ersetzen.

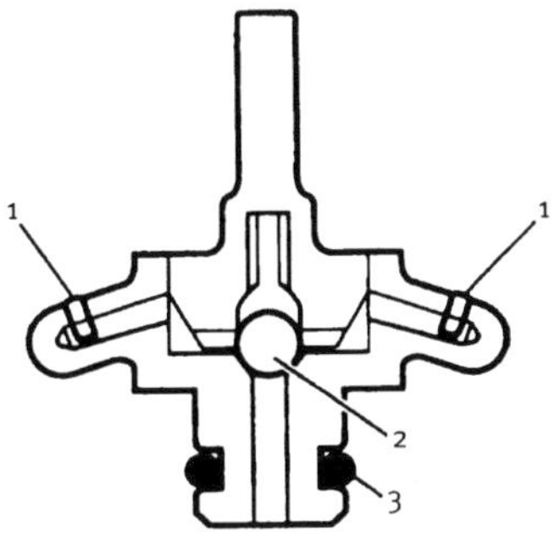

Bild 262
Öldüse
1 Öldüsen
2 Rückschlagkugel
3 O-Ring

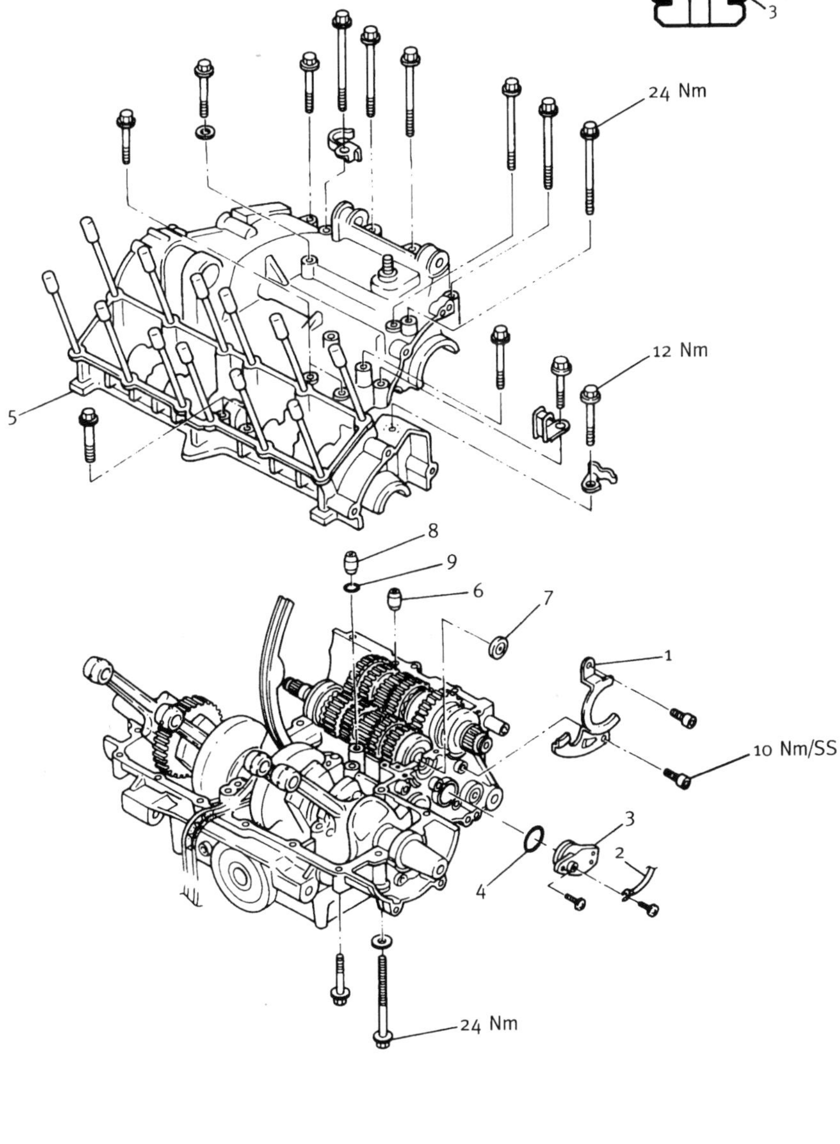

Bild 263
Kurbelgehäuse
Anzugsmomente
1 Lagerblech
2 Neutralschalterkabel
3 Neutralschalter
4 O-Ring
5 Obere Kurbelgehäusehälfte
6 Passhülse
7 Dichtring
8 Öldüse
9 O-Ring
SS Schraubensicherung

14.3 Montage – Bild 263

- Kurbelwelle und Getriebe samt Schaltwalze in obere Gehäusehälfte einsetzen (siehe folgende Kapitel).
- **Bild 264:** Passhülse und Öldüse mit O-Ring in obere Gehäusehälfte einsetzen.
- Auf peinlich saubere Dichtflächen möglichst dünnen Dichtmassefilm (Drei-Bond-Silikondichtmasse o.Ä.) auftragen.
  Etwa 3 mm Abstand zu Kurbelwellenlagern einhalten!

⚠ Auf keinen Fall darf Dichtmasse auf Kurbelwellenlager oder in Ölkanäle gelangen!

- Untere Gehäusehälfte auf obere Hälfte, die auf Holzunterlage sitzt, absenken. Dabei genau kontrollieren, dass Schaltgabeln in zugehörige Schaltrillen der Getrieberäder eingreifen und Belüftungsrohr durch Gehäusebohrung geführt wird.
- Wenn Gehäusehälften _satt_ aufeinander sitzen, untere Gehäuseschrauben handfest anziehen.

Bild 264
Obere Gehäusehälfte
1 Passhülse
2 Öldüse mit O-Ring

- **Bild 265:** Gehäuseschrauben in der angegebenen Reihenfolge anziehen.
  8-mm-Schrauben *24 Nm*
  6-mm-Schrauben *12 Nm*
- **Bild 266:** Kurbelgehäuse umdrehen und Gehäuseschrauben in der angegebenen Reihenfolge anziehen (Anzugsmomente wie oben).
- **Bild 258:** Überdruckventil mit neuem O-Ring einsetzen und Ölansaugglocke montieren.
- **Bild 257:** Ölwanne mit neuer Dichtung aufsetzen (Dichtfläche öl- und fettfrei) und Befestigungsschrauben schrittweise über Kreuz anziehen (12 Nm).
- Ölstandschalter mit neuem O-Ring (leicht geölt) wieder anbringen (7 Nm).

👁 Getriebe muss sich unter Drehen der Getriebewellen durch alle Gänge schalten lassen.

👁 Kurbelwelle muss sich leicht drehen lassen (darauf achten, dass Pleuel nicht an Motorgehäuse anschlägt). Steuerkette dabei straff halten, damit sie sich nicht im Gehäuse verklemmt!

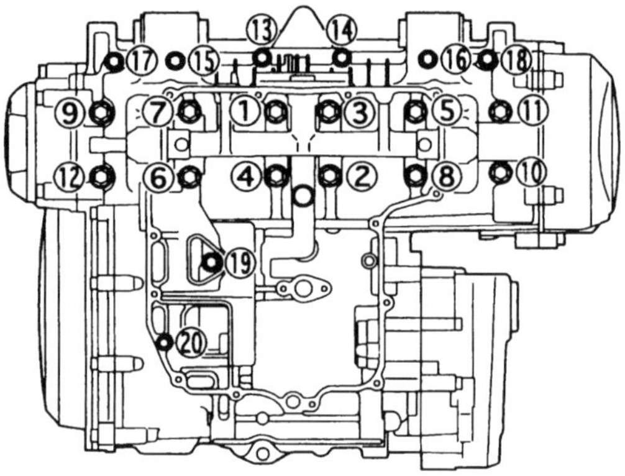

Bild 265 ➤
Kurbelgehäuse-Unterseite
Anzugsreihenfolge

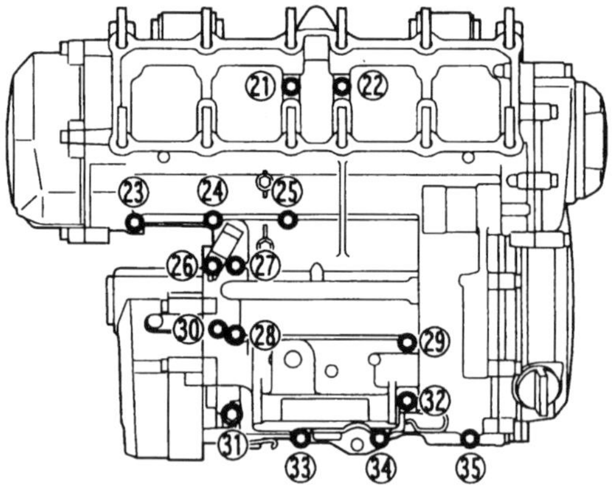

Bild 266 ➤
Kurbelgehäuse-Oberseite
Anzugsreihenfolge

Getriebe

15.1 Ausbau

- **Bild 267:** Haupt- und Nebenwelle entnehmen.
- **Bild 268.1:** Getriebewellen können leicht mit Seegerringzange und kleinem Schraubendreher zerlegt werden.
- **Bild 268.2:** Gegebenenfalls Zahnrad des 2.Gangs mit handelsüblichem Abzieher von Hauptwelle abziehen.
- Einzelteile in Reihenfolge des Ausbaus aufbewahren und notieren.

⚠ Seeger- und Sicherungsringe sind Einwegartikel – einmal ausgebaut wandern sie zum Schrott. Nur Neuteile verbauen!

- **Bild 269** und **Bild 270:** Arretierungsschrauben heraudrehen und Schaltgabelschienen herausziehen. Schaltgabeln entnehmen.
- **Bild 270:** Schaltwalze entnehmen.

Bild 267
Haupt- und Nebenwelle mit Lager und Dichtringen
Pfeile Fixierstifte

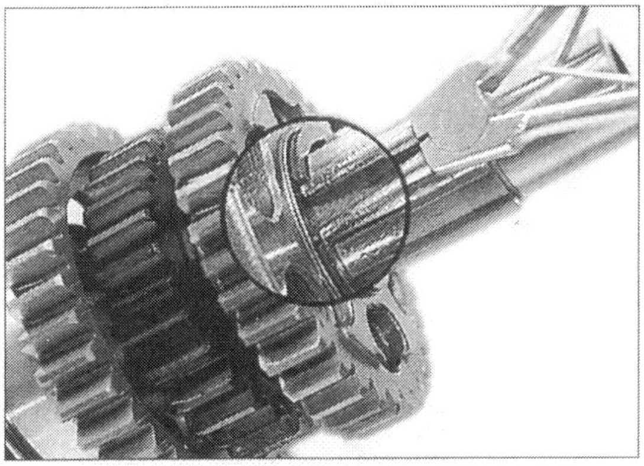

Bild 268.1
Getriebewellen mit Seegerringzange und kleinem Schraubendreher zerlegen

◄ Bild 268.2:
Zahnrad des 2.Gangs mit handelsüblichem Abzieher von Hauptwelle abziehen (im Bild wird Lager abgezogen)

Bild 269
Drei Arretierungsschrauben ausdrehen und Schaltwalze entnehmen

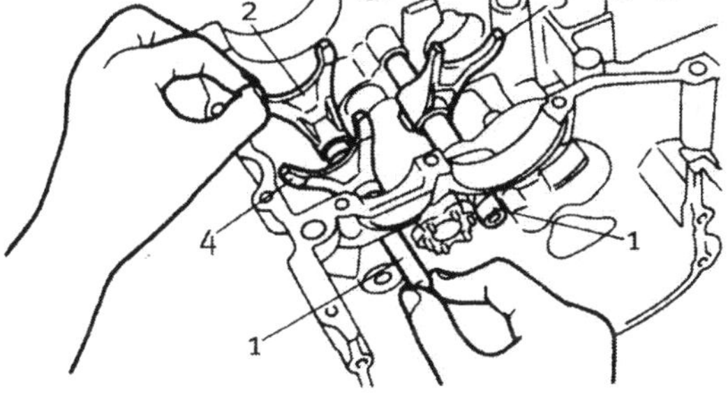

◄ Bild 270
Schaltgabelschienen herausziehen und Schaltgabeln entnehmen

1 Schaltgabelschienen
2 Schaltgabel L
3 Schaltgabel C
4 Schaltgabel R

15.2
Prüfen und Vermessen

Bild 271: Schaltgabeln, Schaltwalze und Zahnräder auf Ausbrüche in der Härteschicht, Anlaufverfärbungen (Ölmangel und Überhitzung) oder übermässigen Verschleiss untersuchen.

Bild 272: Mitnehmer-Zapfen und -Bohrungen der Zahnräder dürfen keine Beschädigung aufweisen.

⚠ Zahnräder nur paarweise erneuern!

Bild 273: Schiene der Schaltgabeln über Richtplatte oder Glasplatte rollen und so Verbiegung/Schlag prüfen.

⚠ Niemals versuchen, verbogene Schaltgabeln gerade zu richten, sondern ersetzen.

Bild 271
Derart beschädigte Zahnräder paarweise ersetzen

Bild 272
Mitnehmer-Zapfen und -Bohrungen der Zahnräder auf Beschädigung prüfen

Bild 273 ➤
Schaltgabelschienen auf ebenem Untergrund prüfen

15.3
Montage

- ■ **Bild 274:** Schaltwalze und -gabeln einsetzen. Schienen einschieben.
- ■ **Bild 275:** Befestigungsschrauben der Arretierungsbleche mit flüssiger Schraubensicherung eindrehen (10 Nm; UP-Markierung weist nach oben).
- ■ **Bild 276:** Getriebewellen lassen sich leicht mit Seegerringzange und kleinem Schraubendreher vormontieren.

⚠ **Bild 277:** Darauf achten, dass Spreng- und Seegerringe (nur Neuteile verbauen!) einwandfrei in ihren Nuten sitzen und Stossfugen nicht freistehen.

Bild 278: Scharfe Kanten der Seegerringe weisen gegen Druckrichtung der Zahnräder.

- ■ Reichlich Motoröl beigeben.

Bild 279: Zahnrad 2.Gang soweit auf Hauptwelle auftreiben (ohne zu verkanten), bis Breite der Getrieberäder auf Welle Mass »a« entspricht.

Zahnräder auf Leichtgängigkeit (Drehbarkeit) und Bewegungsfreiheit (Verschieben) auf Welle prüfen.

- ■ **Bild 280:** Fixierringe einsetzen. Wellen komplett vormontiert einsetzen.

Bild 267: Darauf achten, dass Fixierstifte in ihren Gehäuse-Taschen anliegen.

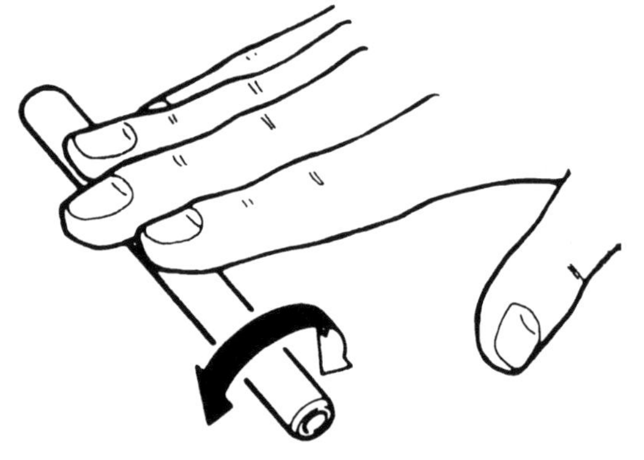

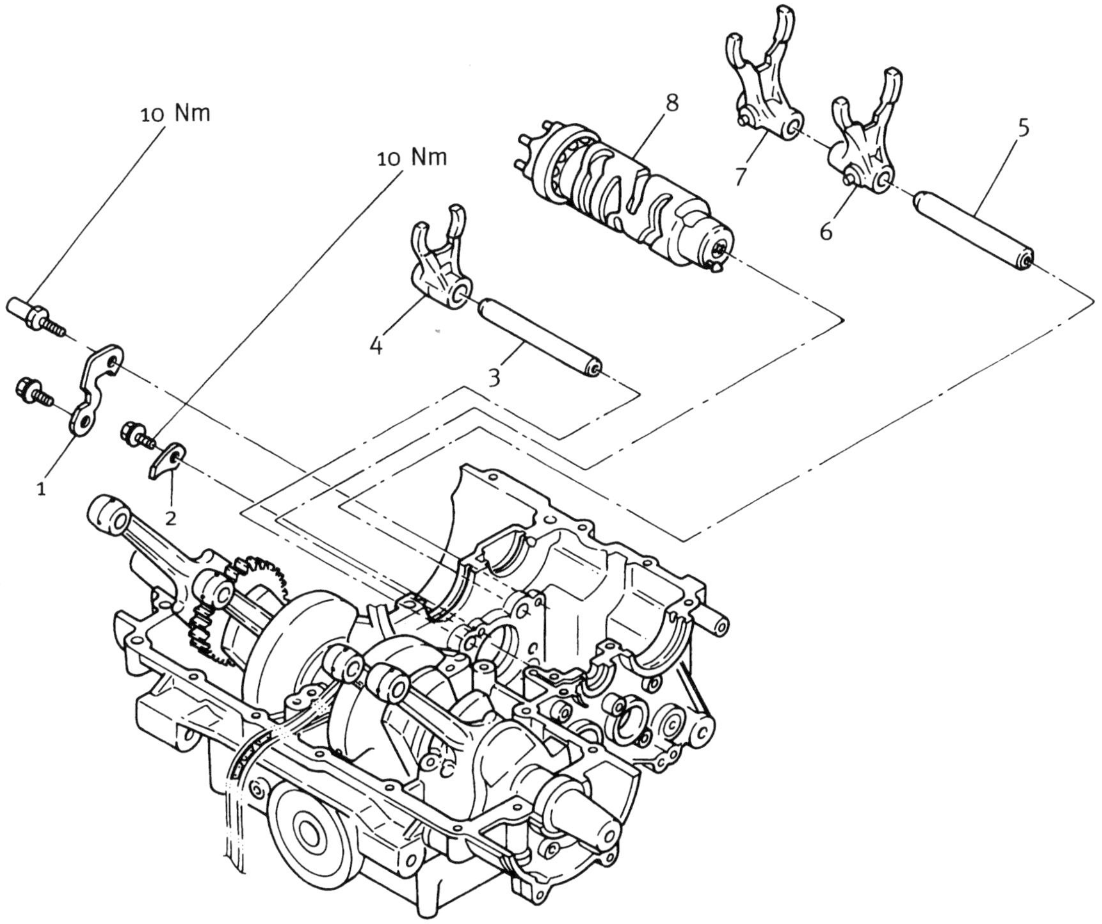

Bild 274
Schaltwalze und -gabeln

1 Schienen-Arretierungsblech
2 Schaltwalzen-Arretierungsblech
3 Schiene 1
4 Schaltgabel C
5 Schiene 2
6 Schaltgabel L
7 Schaltgabel R
8 Schaltwalze

◄ **Bild 275**
Walzen-Arretierungsblech ① und Schienen-Arretierungsblech ②

Vorsicht! ⚠
Aufgepasst!

Bild 276
Getriebewellen
Anzugsmoment

1 Fixierring/Seegerring
2 Zahnrad 1.Gang
3 Zahnrad 5.Gang
4 Druckscheibe
5 Zahnrad 4.Gang
6 Zahnrad 3.Gang
7 Zahnrad 6.Gang
8 Nebenwelle
9 Zahnrad 2.Gang
10 Antriebsritzel
11 Sicherungsscheibe
12 Hauptwelle
13 Zahnrad 5.Gang
14 Zahnrad 3./4.Gang
15 Zahnrad 6.Gang
16 Zahnrad 2.Gang

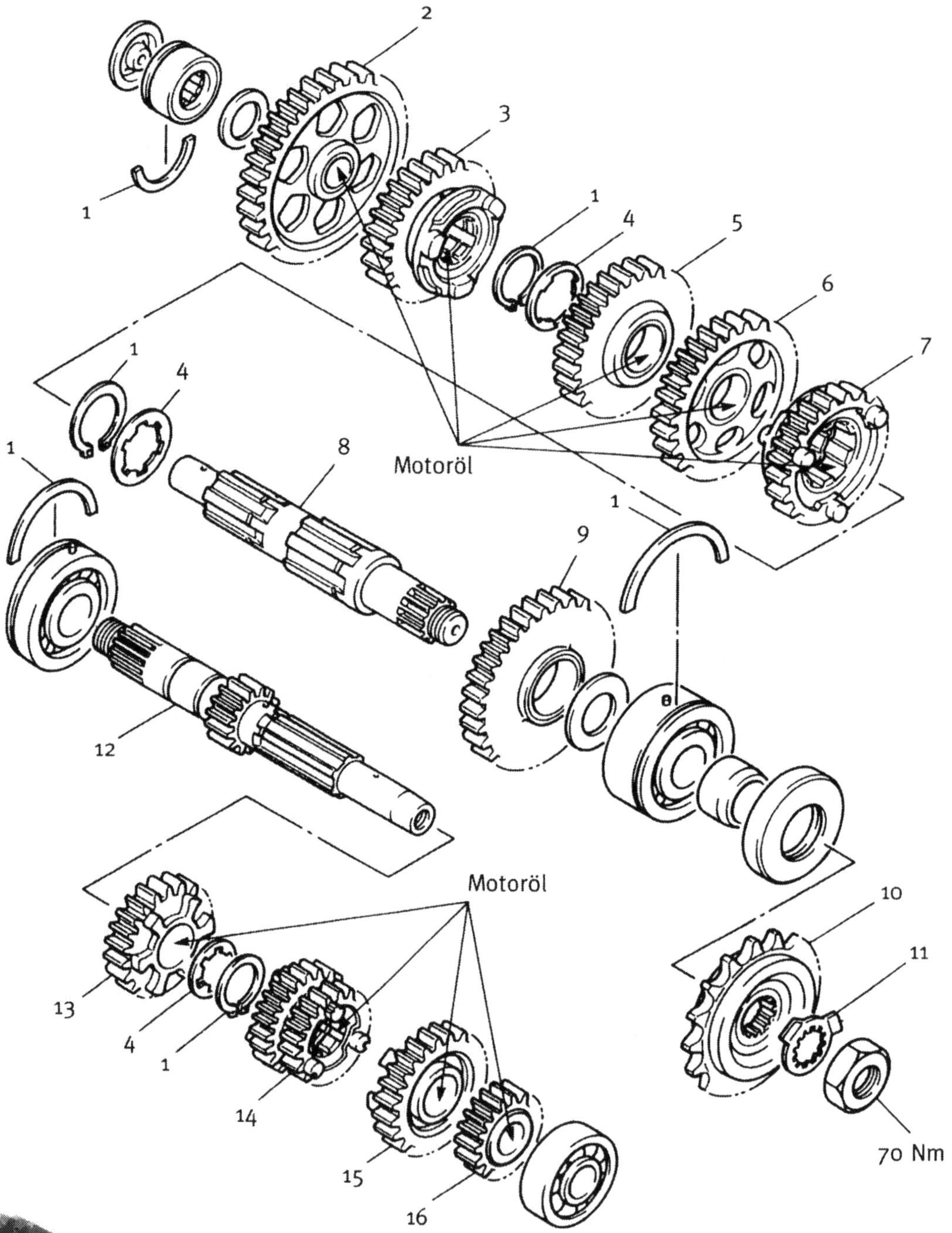

Bild 277 ⮟
Stossfugen sollen nicht freistehen

Bild 278 ➤ ⮟
Seegerring-Montage
1 Welle
2 Scharfe Kante
3 Druckrichtung

Bild 279 ➤➤ ⮟
Breite der Getrieberäder auf der Hauptwelle
a 125,8 mm
1 Zahnrad 2.Gang
2 Hauptwelle

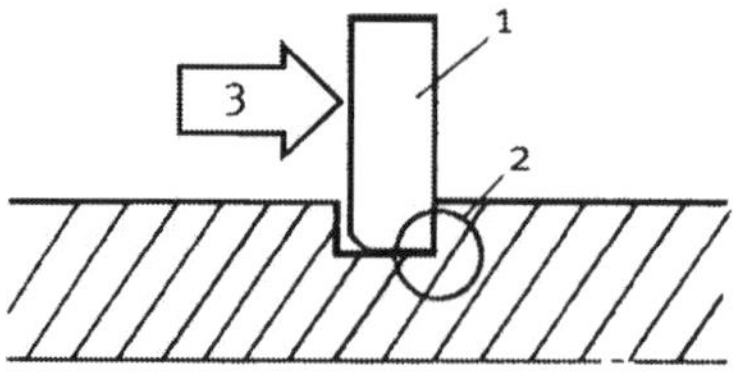

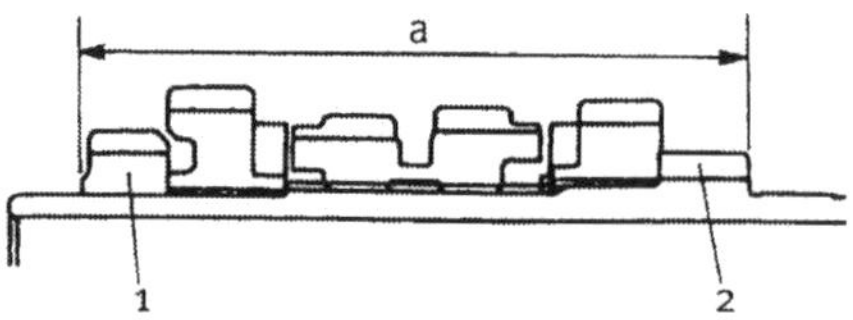

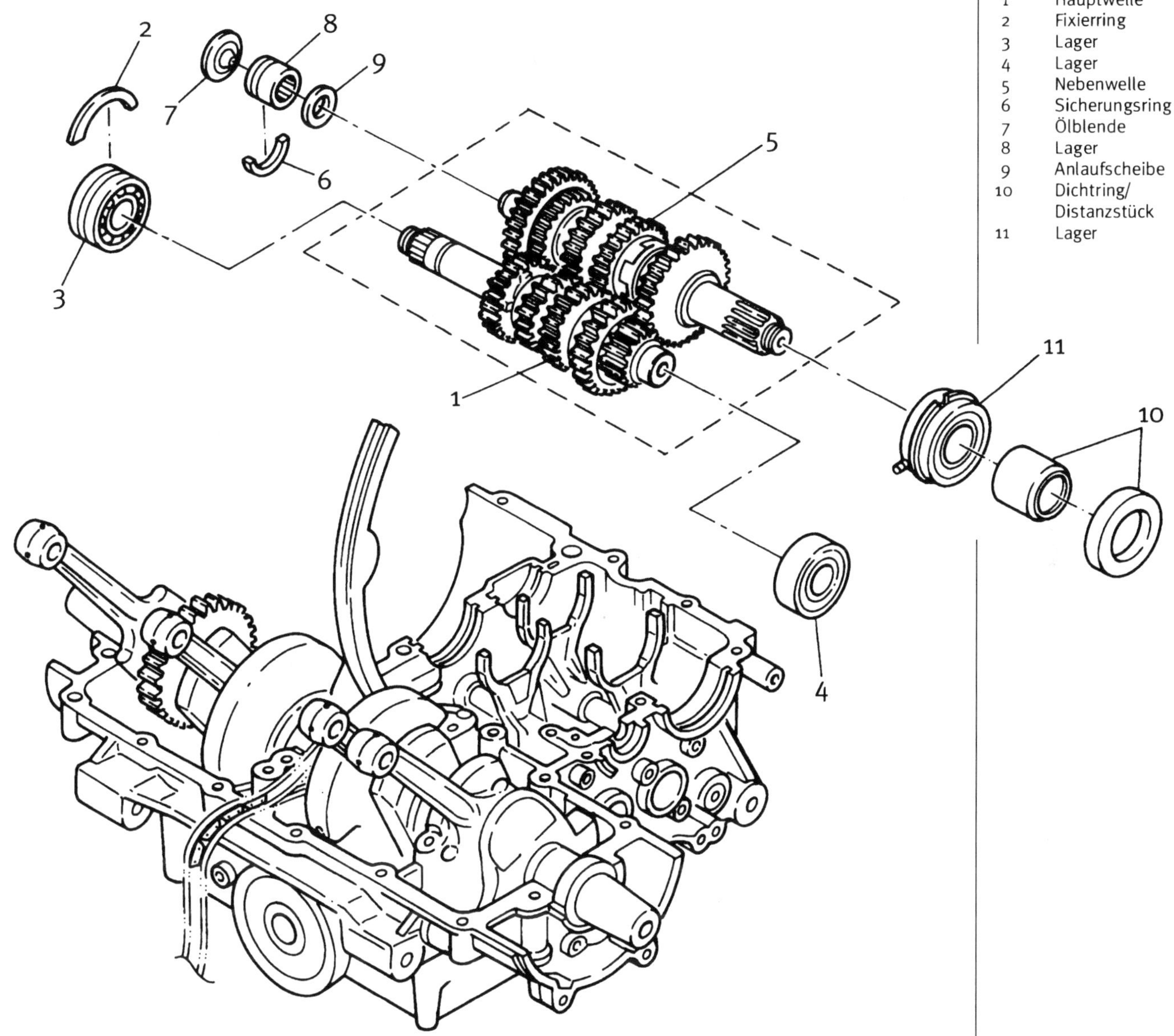

Bild 280
Getriebewellen einbauen

1	Hauptwelle
2	Fixierring
3	Lager
4	Lager
5	Nebenwelle
6	Sicherungsring
7	Ölblende
8	Lager
9	Anlaufscheibe
10	Dichtring/ Distanzstück
11	Lager

Kurbelwelle und Pleuel

16.1 Ausbau

- ⚠ Vor Ausbau der Lagerschalen Pleuellager- und Kurbelwellenlagerspiel messen (*siehe folgendes Kapitel*).
- ■ Einbaulage der Pleuel und der Pleuel-Lagerdeckel kennzeichnen oder so ablegen, dass sie später wieder in ursprünglicher Lage eingebaut werden können.
- ■ **Bild 281:** Pleuelmuttern abwechselnd schrittweise lösen und Pleuel/Lagerdeckel abnehmen. Pleuelschrauben mit Hämmerchen vorsichtig aus Lagerdeckel herausschlagen.
- ⚠ Neuteile bei Montage verwenden!
- ■ Gegebenenfalls Lagerschalen (von Kurbelwelle und Pleuel) mit kleinem Schraubendreher aushebeln.
- ■ Kurbelwelle entnehmen.

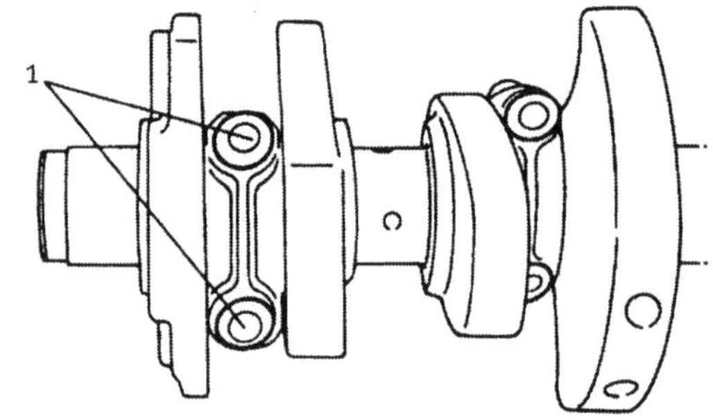

Bild 281
Pleuelschrauben ① aus Pleuel vorsichtig herausklopfen

Bild 282
Mit Plastigage-Skala Breite des Lagerspiel bestimmen

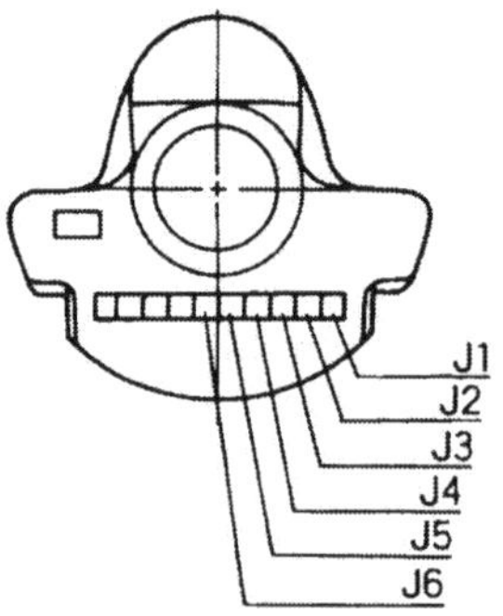

Bild 283
Grössenkennzeichnung der Kurbelzapfen

16.2 Prüfen und Vermessen

- Lagerschalen, Steuerkette und Kettenrad auf Beschädigung und übermässigen Verschleiss untersuchen.
- Kurbelwelle an den äusseren Kurbelzapfen lagern und Schlag an den mittleren Lagerzapfen messen. Dabei beachten, dass Messwert/Zeigerausschlag halbiert werden muss.
  Verschleissgrenze 0,03 mm

Kurbelwellen-Lagerspiel

- ■ Mit »Plastigage« (im gut sortierten Werkzeughandel erhältlich) Lagerspiel bei in obere Kurbelgehäusehälfte eingelegter Kurbelwelle feststellen.
- ■ Öl an Lagerzapfen und Lagerschalen abwischen und Messstreifen über ganze Breite des Zapfens parallel zur Kurbelwelle auflegen.
- ⚠ Kurbelwelle darf jetzt nicht mehr gedreht werden!
- ■ Untere Kurbelgehäusehälfte aufsetzen und Schrauben in der in **Bild 265** und **Bild 266** angegebenen Reihenfolge anziehen (8-mm-Schrauben 24 Nm, 6-mm-Schrauben 12 Nm).
- ■ Schrauben wieder lösen und untere Gehäusehälfte abnehmen.
- **Bild 282:** Mit Plastigage-Skala Breite des Messstreifens bestimmen und so Lagerspiel feststellen.
  Sollmass 0,025 – 0,043 mm
  Verschleissgrenze 0,08 mm

Auswahl der Kurbelwellen-Lagerschalen

- ⚠ Lagerschalen immer im Satz wechseln.
- **Bild 283:** Grössenkennzeichnung der Kurbelzapfen »J« (J1 – J6) sind von links nach rechts an linker Kurbelwange angebracht und werden gemäss **Bild 284** zugeordnet.

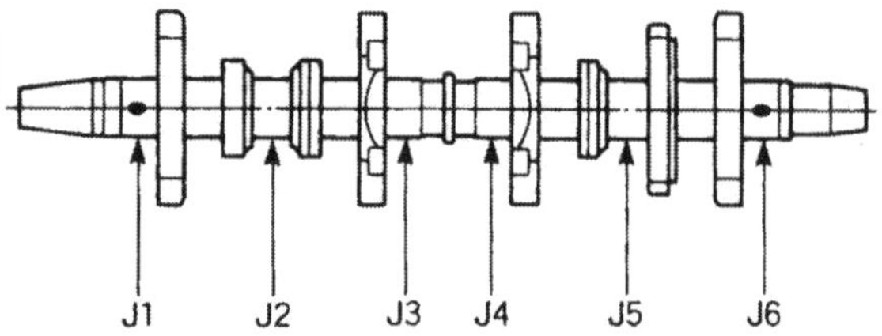

Bild 284 ➤
Zuordnung der Kurbelzapfen

■ **Bild 285:** Entsprechend stehen die sechs »J«-Kennzeichen für die Bohrungsgrössen der Kurbelwellenlager an oberer Motorgehäusehälfte vermerkt (entsprechend von links nach rechts).

Auswahlbeispiel für Kurbelwellen-Lagerschalen

Kurbelgehäuse-Grundbohrung Grösse 4
Kurbelzapfen Grösse 2
4 – 2 = 2 (→ schwarze Lagerschale)

Pleuel-Lagerspiel

■ Lagerspiel der Pleuellager wie Kurbelwellenlager mit Plastigage PG-1 einzeln messen.

⚠ Streng genommen müssen zur Messung der Pleuellagerspiele wie zur endgültigen Montage auch Neuteile (Schrauben und Muttern) verwendet werden. Die Kosten dafür stehen in guter Relation zum »guten Gewissen«, d.h. der Gewissheit, einen wirklich gesunden Motor zwischen den Beinen zu haben.

⚠ Pleuel so an Kurbelwelle anbringen, dass sie in ursprünglicher Einbaulage montiert sind.

■ Messstreifen einlegen und Pleuel mit Pleuellagerdeckel montieren wie im folgenden Kapitelabschnitt beschrieben.

⚠ Pleuelstangen nicht mehr drehen, bis Lagerdeckel abgenommen sind!

■ Muttern wieder ausdrehen und Lagerdeckel abnehmen.

■ **Bild 282:** Lagerspiel wie oben beschrieben mit Plastigage-Messstreifen bestimmen.

Sollwert	*0,043 – 0,066 mm*
Verschleissgrenze	*0,08 mm*

Auswahl der Pleuellagerschalen

⚠ Lagerschalen immer im Satz wechseln.

👁 **Bild 286:** Grössenkennzeichnung der Hubzapfen sind an linker Kurbelwange angebracht und werden gemäss **Bild 287** zugeordnet.

■ **Bild 288:** Grössenkennzeichnung der Hubzapfen-Grundbohrung ist am Pleuel-Lagerdeckel vermerkt.

Auswahlbeispiel für Pleuel

Pleuelstangen-Grundbohrung Grösse 5
Hubzapfen Grösse 3
5 – 3 = 2 (→ schwarze Lagerschale)

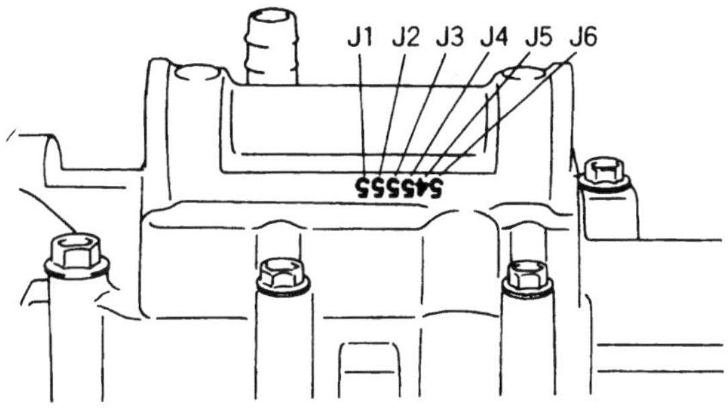

Bild 285
Grössenkennzeichnung der Motorgehäuse-Grundbohrungen der Kurbelwellenlager

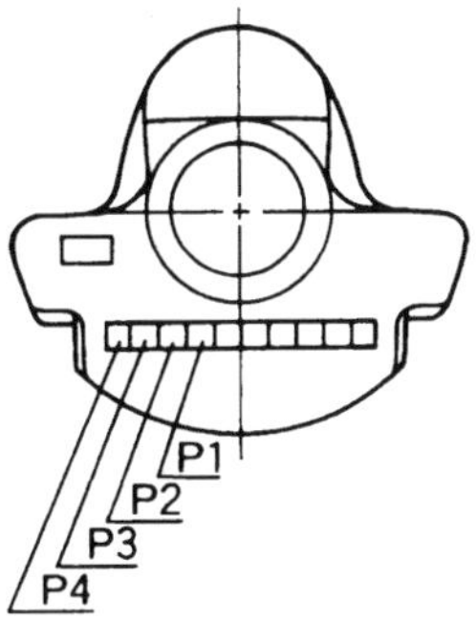

Bild 286
Grössenkennzeichnung der Hubzapfen »P« an linker Kurbelwange

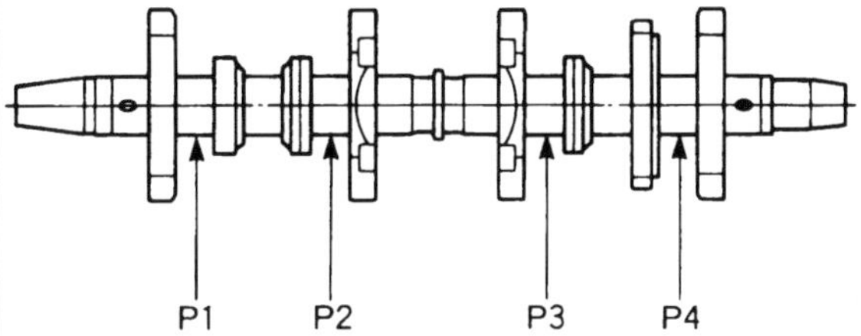

Bild 287
Zuordnung der Hubzapfen

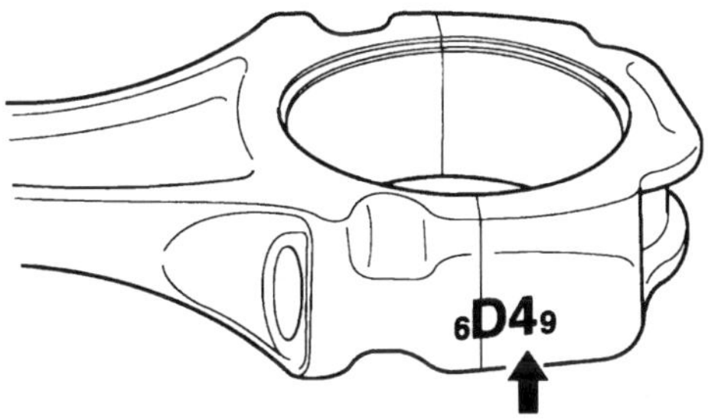

Bild 288
Buchstabenhälften an Pleuelstange und Lagerdeckel müssen perfekt zueinander passen
Pfeil Lagergrösse P1

■ Lagerschalen-Nummern werden Farben zugeordnet (an Lagerschalen-Stirnseite angebracht):

1 – blau
2 – schwarz
3 – braun
4 – grün
5 – gelb
6 – rosa

Vorsicht! ⚠
Aufgepasst!

Bild 289
Kurbelwelle

1 Steuerketten-Spannerschiene
2 Kurbelwelle
3 Wellendichtring
4 Steuerkette
5 Lagerschale

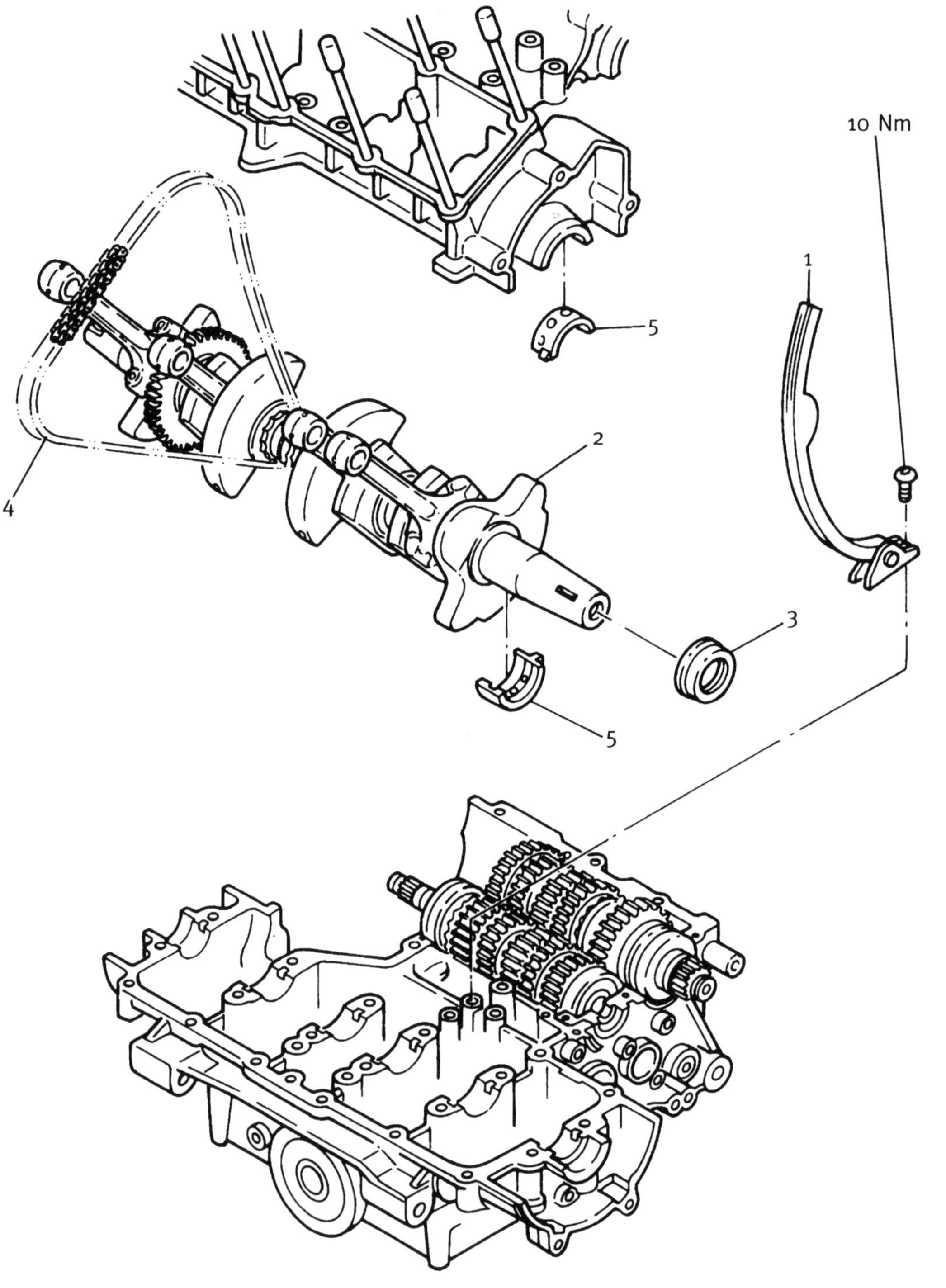

16.3
Montage – Bild 289

- Falls Lagerschalen demontiert (Kurbelwellen- und Pleuellagerschalen), Schalen so einsetzen, dass Nasen in Nut eingreifen.
- Motoröl beidseitig auf Laufflächen auftragen.
- **Bild 281:** Neue Pleuelschrauben so anbringen, dass Schraubenköpfe korrekt in Lagerdeckel einpassen (gegebenenfalls mit Hämmerchen vorsichtig eintreiben).
- **Bild 290:** Pleuel so an Kurbelwelle montieren, dass Pleuelmarke »Y« nach links weist.
- **Bild 288:** Darauf achten, dass Buchstabenhälften an Pleuelstange und Lagerdeckel zueinander passen.
- MoS_2-Fett auf Gewinde und Muttersitzfläche auftragen.
- Kurbelzapfen und Pleuellagerflächen mit Motoröl balsamieren.
- ⚠ Muttern anziehen (15 Nm).
- **Bild 291:** Stellung der Mutter zum Lagerdeckel zueinander markieren und Mutter um weitere 90° anziehen.
- ⚠ Falls Winkel/Anzugsmoment überschritten wurde, Schraube und Mutter erneuern.
- Lagerschalen in Kurbelgehäuse einsetzen (Nasen greifen in Nuten ein). Lagerflächen mit Motoröl balsamieren.
- Kurbelwelle einsetzen und gegebenenfalls Getriebe montieren. Motorgehäuse schliessen.

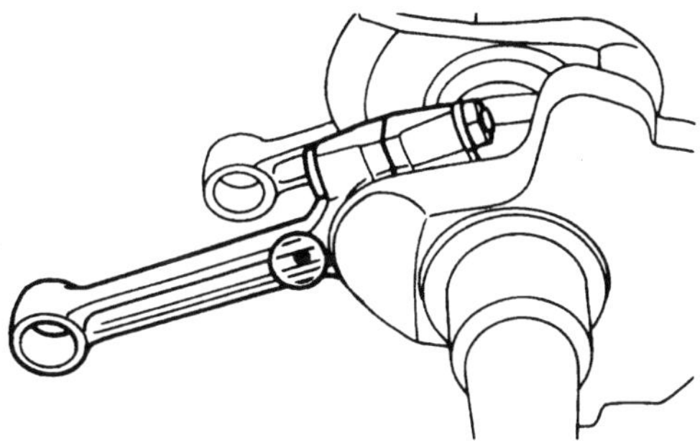

Bild 290
Pleuelmarke »Y« weist nach links

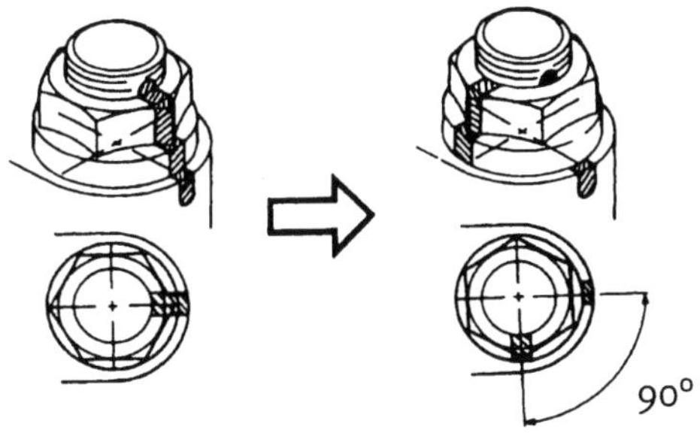

Bild 291
Stellung markieren und Mutter um weitere 90° anziehen (1½ Flanken)

Bremsen

17.1
Ausbau

⚠ *Es wurde zwar schon in Kapitel 3 erwähnt, trotzdem hier nochmals die Warnung: Wer wenig Durchblick in die Funktion einzelner Bremsbauteile hat, soll die Finger von dieser überlebenswichtigen Baugruppe lassen und lieber einen absoluten Spezialisten mit deren Betreuung beauftragen. Die Bremse muss jederzeit hundertprozentig in Ordnung sein!*

■ Arbeitschritte gelten gleichermassen für Vorderrad- und Hinterradbremse.

⚠ Für sicheren Stand der Maschine sorgen.

■ Bremsflüssigkeit ablassen (*Kapitel 3.11*).

TIPP Bremsschlauch schon am montierten Sattel entfernen und Bremsflüssigkeit geduldig in Auffanggefäss austropfen lassen. Ein paar Tröpfchen, die da immer noch raustropfen, können schon grossen Lackschaden anrichten!

⚠ Verkleckerte Bremsflüssigkeit von lackierten Flächen sofort abwischen!

■ Bremsflüssigkeit aus Vorratsbehälter absaugen (z.B. mit Einwegspritze aus Apotheke). Im Folgenden wird von »trockener« Bremsanlage ausgegangen!

■ **Bild 111** und **Bild 112:** Bremssattel vom Träger oder Gabel abnehmen.

⚠ YZF/vorn: Verbindungsleitungen der Bremssattelhälften keinesfalls lösen und vom Bremssattel abnehmen!

■ **Bild 292:** Druckluft in das Bremsschlauch-Anschlussgewinde blasen, um Kolben herauszustossen.

⚠ Dabei Lappen um Bremssattel legen, um Kolben weich aufzufangen.

⚠ Druckluft vorsichtig dosieren, Mündung der Blaspistole nicht zu dicht an Einlassöffnung halten!

■ Die Kolbendichtringe hineindrücken und mit Schraubendreher heraushebeln, wobei diese zerstört werden.

⚠ Vorsicht beim Entfernen der Dichtringe, Kolbengleitflächen nicht beschädigen!

■ Falls die Bremsscheibe gewechselt werden muss, Rad ausbauen (*siehe folgende Kapitel*) und Befestigungsschrauben ausdrehen. Bremsscheibe abnehmen.

⚠ Beim Zerlegen der Handpumpe gelten natürlich dieselben Vorsichtsmassnahmen in puncto Bremsflüssigkeit.

■ Bremslichtanschluss trennen.

■ **Bild 295** und **Bild 297**: Bremshebel abnehmen, Gehäusebefestigung lösen und Pumpe von Lenker abnehmen.

■ **Bild 293**: Staubkappe mit zarter Spitzzange »herauspopeln« und Seegerring mit entsprechender Zange entfernen. Dabei Kolben gegen Feder eindrücken.

■ Kolben und Feder entnehmen.

⚠ Beim Zerlegen der Fusspumpe gelten natürlich dieselben Vorsichtsmassnahmen in puncto Bremsflüssigkeit.

■ **Bild 295** und **Bild 299**: Befestigungsschrauben lockern und Schlauch abnehmen.

■ Schlauchanschluss (Zulauf vom Ausgleichsbehälter) trennen.

■ Pumpe nach Ausdrehen der Befestigungsschrauben vom Rastenhalter abnehmen.

■ **Bild 293**: Staubkappe mit zarter Spitzzange »herauspopeln« und Seegerring mit entsprechender Zange entfernen. Dabei Kolben gegen Feder eindrücken. Kolben und Feder entnehmen.

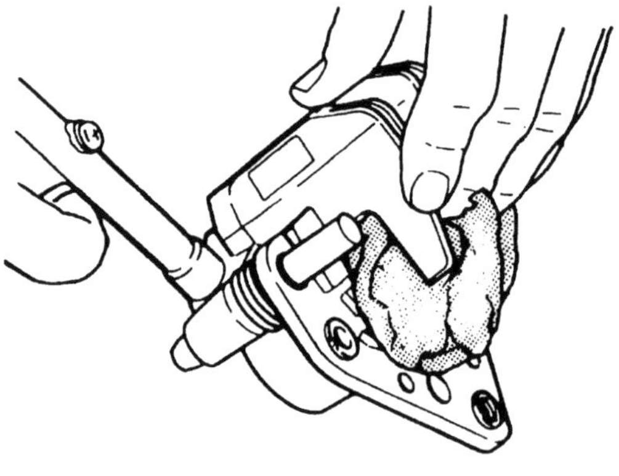

Bild 292
Bremskolben mit Druckluft ausdrücken

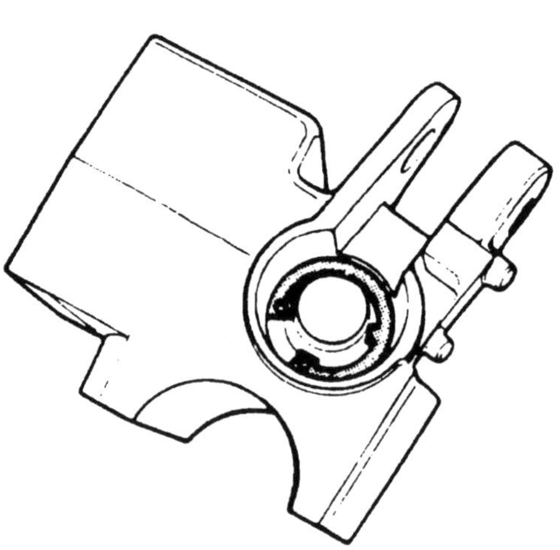

Bild 293 ➤
Seegerring mit entsprechender Zange entfernen

17.2 Prüfen und Vermessen

⚠ Verschmutzte Bremsklötze reduzieren die Bremswirkung, deshalb wegwerfen.

■ Verschmierte Bremsscheiben mit hochwertigem Entfettungsmittel reinigen.

Verzug an ausgebauter Bremsscheibe auf Richtplatte mit Fühlerlehre oder Messuhr messen (*Verschleissgrenze 0,30 mm*).

Bild 294: Dicke der Bremsscheibe an mehreren Stellen mit Mikrometer kontrollieren.
Verschleissgrenze
YAMAHA macht keine Angaben zur Verschleissgrenze, aber Werkstatterfahrung lässt das Erneueren der Bremsscheiben spätestens ab 0,5 mm unter Neumass ratsam erscheinen. (Scheibendicke YZF und FZS/hinten: 5 mm; FZS/vorn: 4 mm.)

⚠ Eine unterschiedlich dicke Bremsscheibe verursacht Bremsrubbeln (→ schlechte Dosierbarkeit; zu dünne Bremsscheiben können die Wärme nicht mehr aufnehmen und verziehen).

Pumpenzylinder und -kolben dürfen keine Riefen oder Kratzer aufweisen.

Innen- und Aussendurchmesser von Kolben und Zylindern messen (sofern mit solchem feinem Innendurchmesser-Messwerkzeug ausgerüstet!) und bei Erreichen der Verschleissgrenzen Pumpe bzw. Sattel komplett ersetzen (*Verschleissgrenzen siehe Technische Daten ab Seite 137*).

Kolben und Zylinder der Bremssättel auf Riefen, Kratzer oder sonstige Beschädigungen untersuchen.

Dichtmanschetten (oder Kolbenringe) der Bremskolben (Hand- und Fusspumpe) und Sattelzylinder müssen in einwandfreiem Zustand sein. Ausgebaute Dichtringe grundsätzlich durch Neuteile verwenden!

17.3 Montage

⚠ Einmal ausgebaut, müssen Kolben- und Staubdichtringe des Bremssattels grundsätzlich durch neue ersetzt werden.

⚠ Vor Zusammenbau alle Teile der hydraulischen Bremsanlage mit sauberer Bremsflüssigkeit reinigen und anfeuchten.

Hand- und Fusspumpe – **Bilder 295** *bis* **300**

■ Feder und Kolben in Zylinder einsetzen. Darauf achten, dass O-Ring perfekt in seiner Nut sitzt und nicht verklemmt.

■ Feder und Kolben in Bremszylinder einsetzen. Darauf achten, dass Dichtlippen nicht umgewendet werden. Feder so einsetzen, dass ihr breites Ende innen liegt.

■ Druckstangenkopf leicht gefettet montieren.

■ Druckstange bzw. Kolben gegen Feder eindrücken und Seegerring einsetzen.

■ Übrige Arbeitsschritte in umgekehrter Ausbaureihenfolge ausführen.

Bild 294
Dicke der Bremsscheiben an mehreren Stellen mit Mikrometer kontrollieren

Bremssattel – **Bilder 295, 296, 301** *und* **302**

⚠ Dichtringe vor Einsetzen mit Bremsflüssigkeit schmieren.

Kolben so einbauen, dass offene Seite auf Bremsbeläge gerichtet ist.

- Belagfeder, Beläge, Haltestift und Bremssattel anbringen (*Kapitel 3.13*).
- Bremsschlauchverbindung mit neuen Dichtscheiben anbringen und anziehen (30 Nm).
- **Bild 303:** Hydrauliksystem nach dargestelltem Schema befüllen. Dabei muss Schlauch vom Entlüftungsventil in Behälter mit Bremsflüssigkeit enden (damit keine Luft »rückwärts« wieder angesaugt wird).
- Anlage entlüften (*Kapitel 3.12*).

⚠ Vor Teilnahme am Verkehr (öffentlichem oder privatem auf abgesperrter Strecke) <u>unbedingt</u> trockene Funktionsprobe der Bremse durchführen. Erst wenn Druckpunkt und Bremswirkung deutlich spürbar sind, ist Bremse betriebsbereit.

Bild 295
Vorderradbremse/YZF
1 Ausgleichsbehälter-Deckel
2 Membranhalter
3 Membran
4 Ausgleichsbehälter
5 Bremsschlauch
6 Kolbensatz
7 Handpumpe/Zylinder
8 Bremsschlauch
9 Hohlschraube
10 Kupferscheibe
11 Belagfeder
12 Entlüfterventil
13 Bremssattel
14 Kolben
15 Dichtringe
16 Bremsbelag
17 Bremssattel (komplett)
18 Bremsscheibe

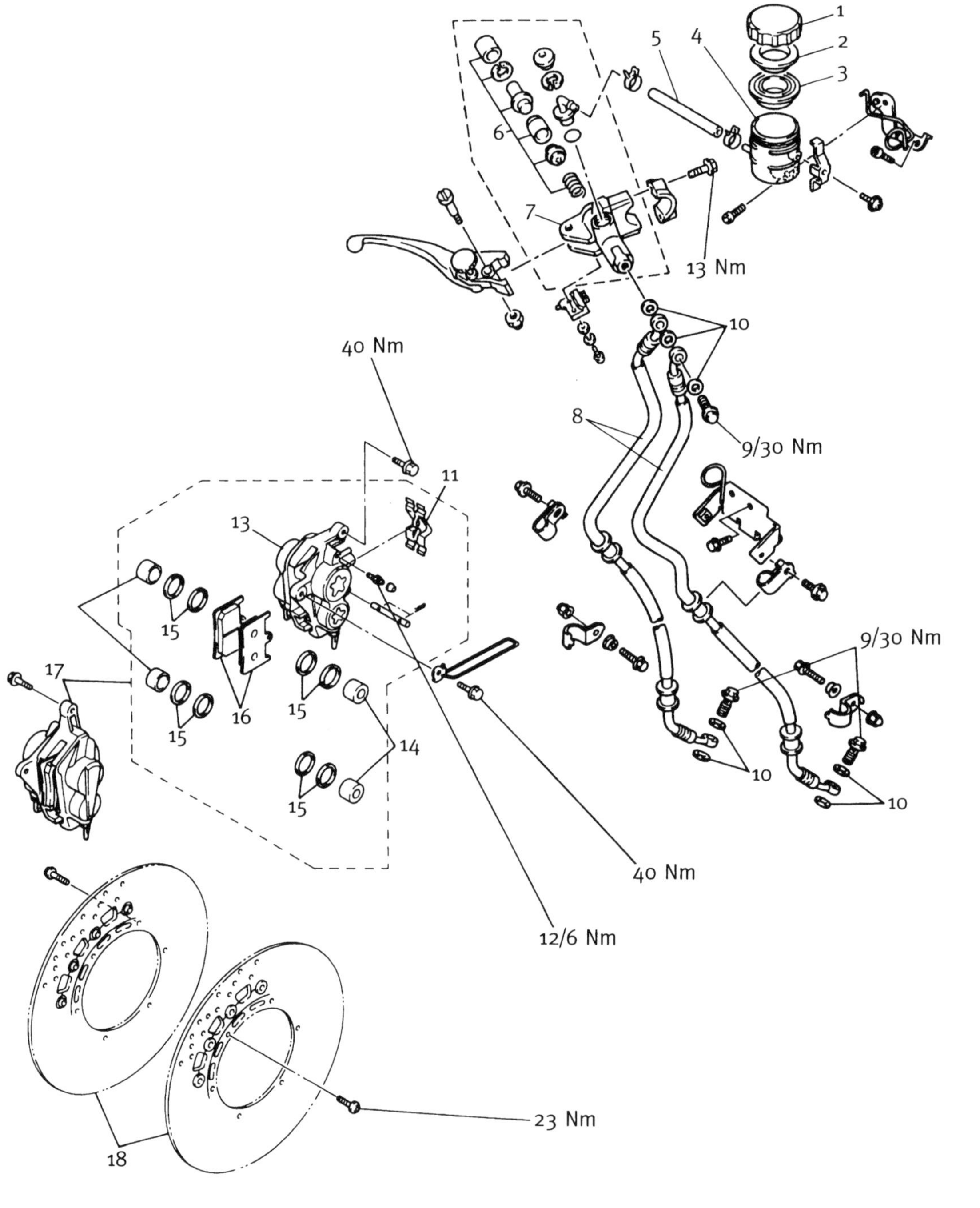

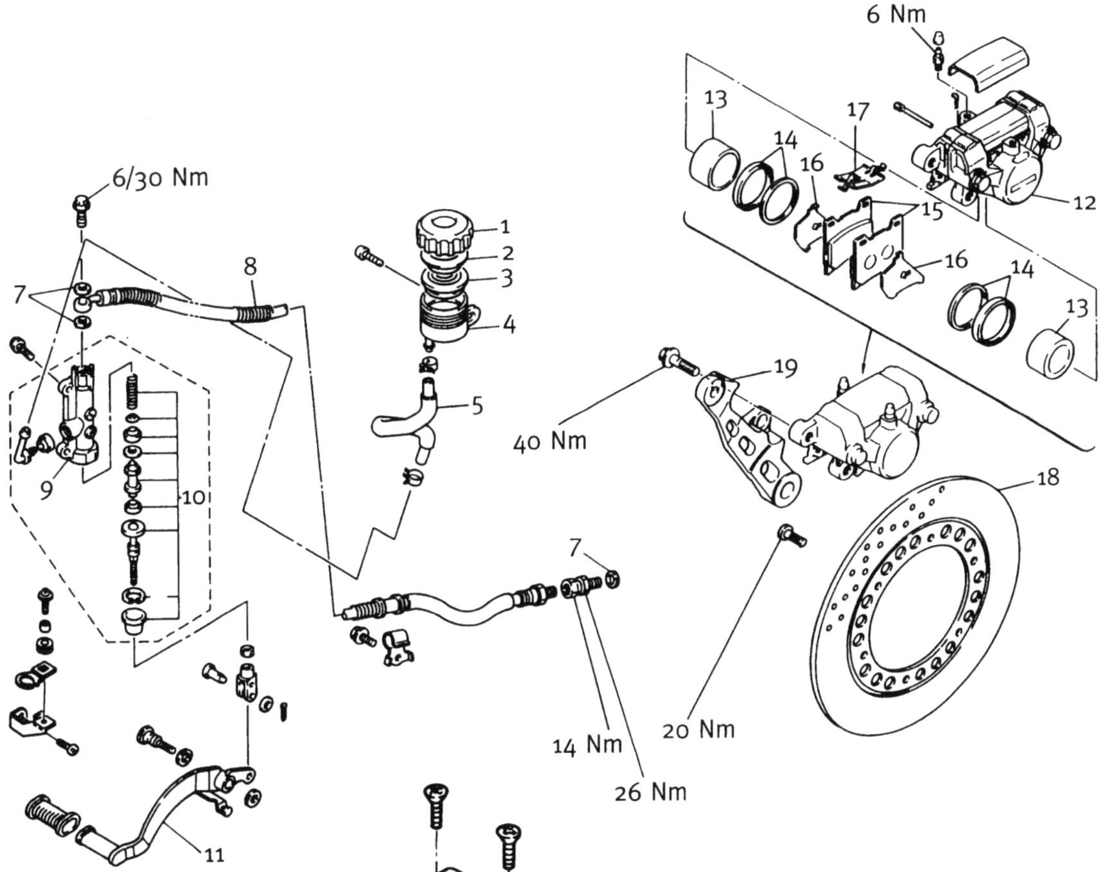

Bild 296
Hinerradbremse/YZF

1	Ausgleichsbehälter-Deckel
2	Membranhalter
3	Membran
4	Ausgleichsbehälter
5	Bremsschlauch
6	Hohlschraube
7	Kupferscheibe
8	Bremsschlauch
9	Fusspumpe
10	Kolbensatz
11	Bremspedal
12	Bremssattel (komplett)
13	Kolben
14	Dichtringe
15	Bremsbelag
16	Belagblech
17	Belagfeder
18	Bremsscheibe
19	Bremssattelhalter

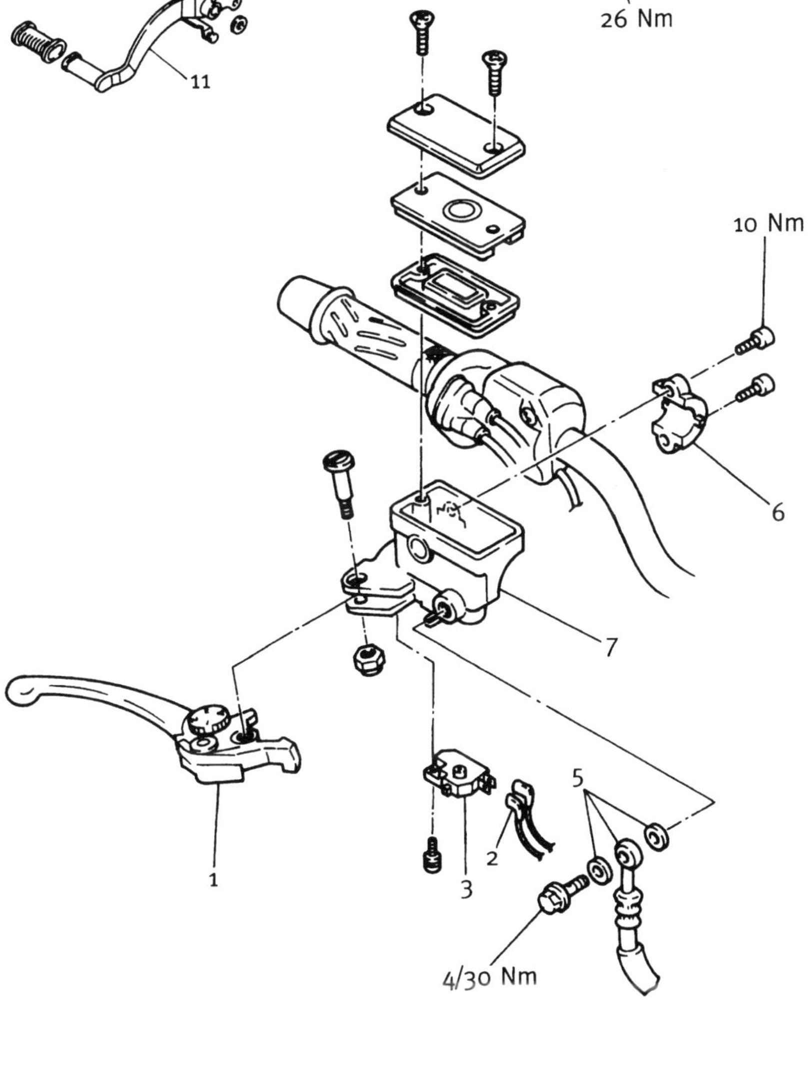

Bild 297
Handpumpe am Lenker/FZS

1	Hebel
2	Bremslichtschalter-Stecker
3	Bremslichtschalter
4	Hohlschraube
5	Kupferscheibe
6	Pumpenhalter
7	Handpumpe/Zylinder

Vorsicht! ⚠
Aufgepasst!

Bild 298
Handpumpe/FZS

1 Staubkappe
2 Sicherungsring
3 Kolbensatz
4 Feder

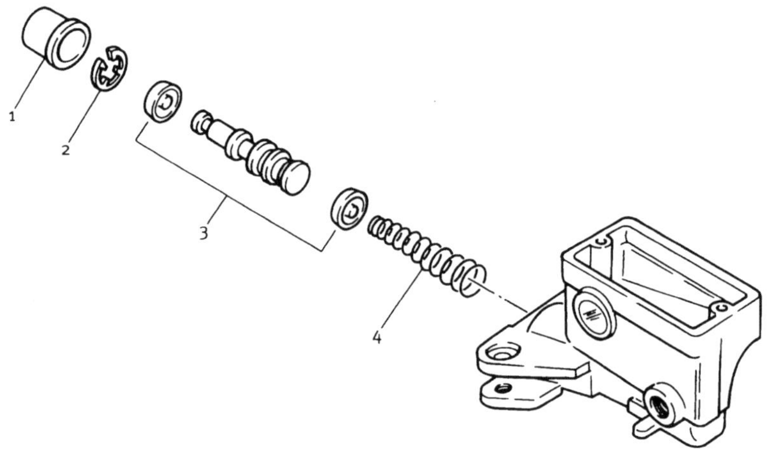

Bild 299
Fusspumpe am Rahmen/FZS

1 Befestigungs-schrauben
2 Hohlschraube
3 Bremsschlauch/ Kupferscheibe
4 Schlauch/Schelle
5 Splint
6 Stift
7 Scheibe
8 Fusspumpe

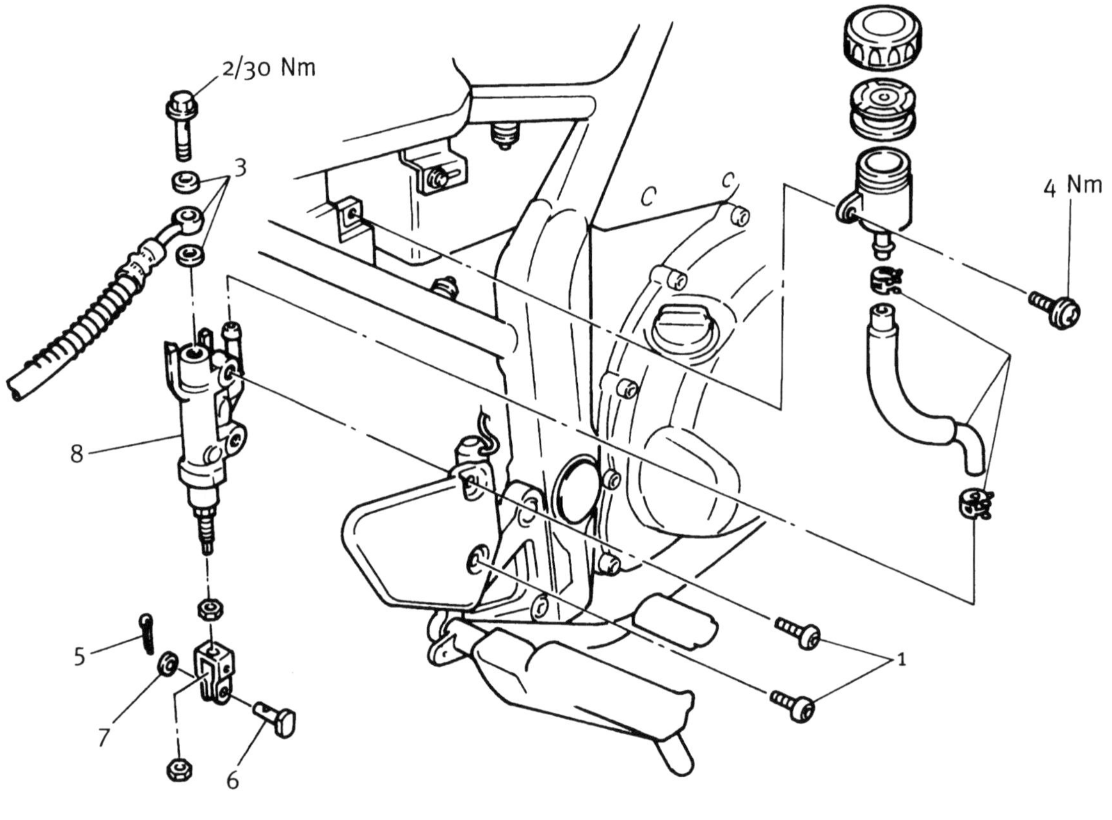

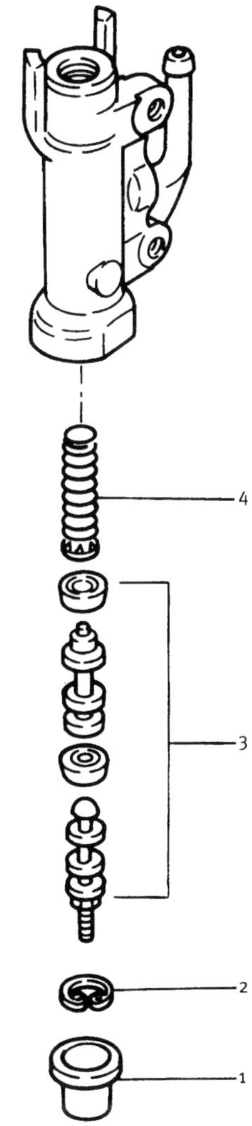

Bild 300
Fusspumpe/FZS
1 Staubkappe
2 Sicherungsring
3 Kolbensatz
4 Feder

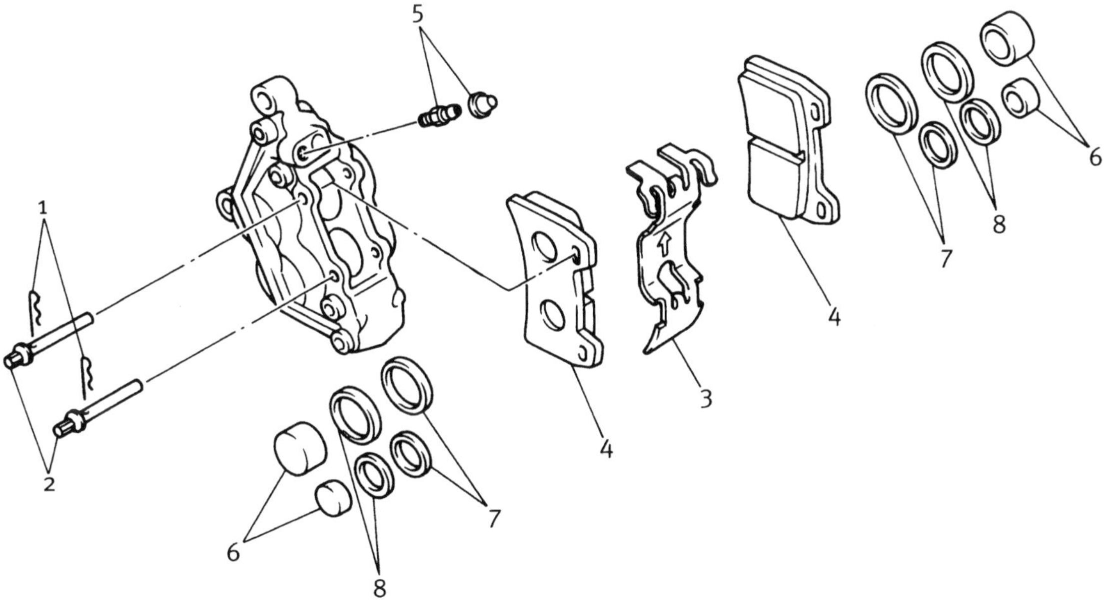

Bild 301
Vorderrad-Bremssattel/FZS
1 Splinte
2 Belagstifte
3 Belagfeder
4 Bremsbelag
5 Entlüfterventil
6 Kolben
7 Staubkappe
8 Dichtring

Bild 302
Hinterrad-Bremssattel/FZS
1 Belagstifte
2 Belagfeder
3 Bremsbelag/
Belagblech
4 Entlüfterventil
5 Kolben
6 Staubkappe
7 Dichtring

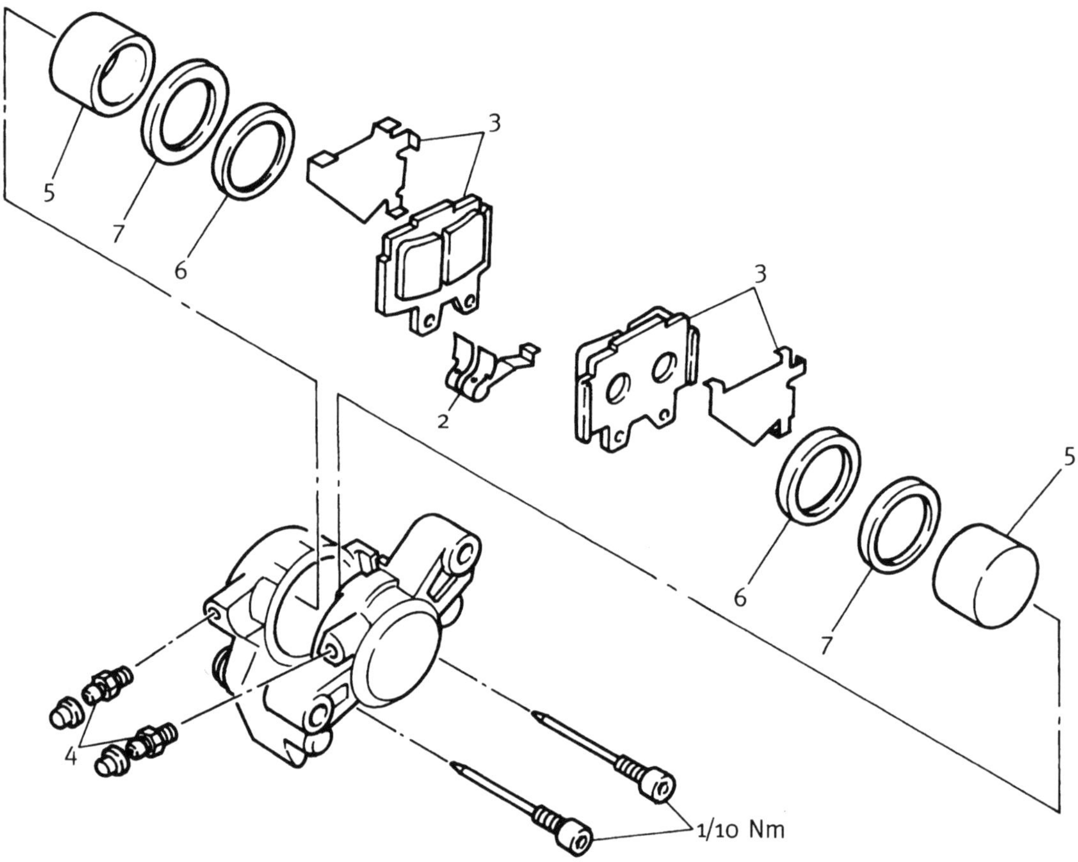

Bild 303
»Trockene«
Bremshydraulik-Anlage
befüllen
1 Entlüftungsventil
öffnen
2 Hebel betätigen
3 Entlüftungsventil
schliessen
4 Hebel herauslassen

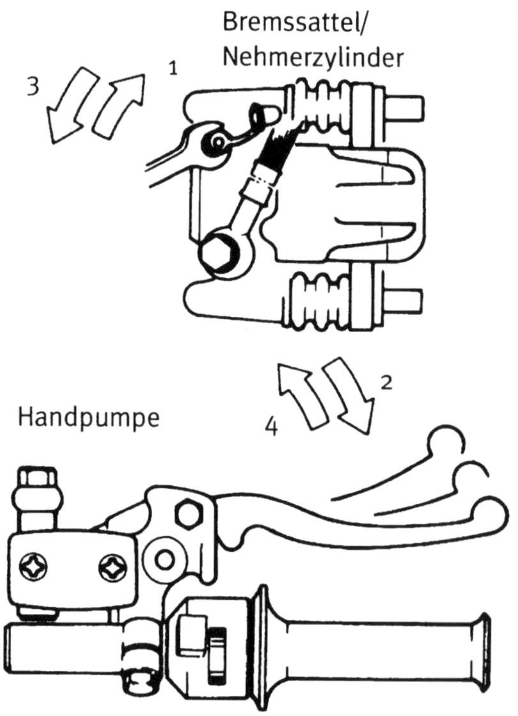

Frontpartie

18.1 Ausbau

Laufrad

- ■ Für sicheren Stand der Maschine sorgen und mit Kiste o.Ä. so unterbauen, dass Vorderrad freisteht und Motorrad nicht unversehens nach vorn kippt.
- ⚠ Radlager nur bei Beschädigung oder Verschleiss ausbauen.
- ■ Bremssättel und Bremsschlauch-Halterung abnehmen.
- ⚠ Bremssättel nicht am Schlauch baumeln lassen, sondern Zug-entlastend aufhängen und sichern.
- ■ *YZF:* Links Tachowelle (Überwurfmutter) ausdrehen.
- ■ **Bild 304:** Klemmschraube lockern und Achse ausdrehen. Achse nach rechts herausziehen und Rad entnehmen.
- ■ *YZF:* Rechts an Radnabe Tachoschnecke abnehmen. Auf Verbleib des Distanzstücks achten.
- ■ Gegebenenfalls Bremsscheibe nach Ausdrehen von sechs Innensechskantschrauben abnehmen.
- ■ Radlager austreiben (*Kapitel 19.1*).

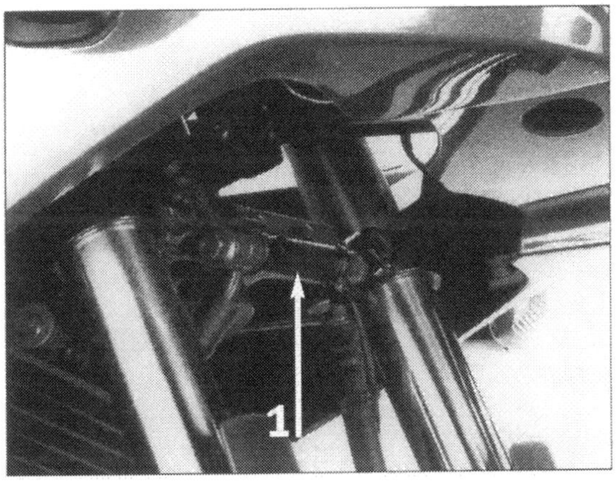

Bild 304
Beide Bremssättel zum Radausbau abnehmen
1 Radachse
2 Klemmschraube

◄ Bild 306
Obere Gabelverschlussschraube ausdrehen

Teleskopgabel

- ⚠ Die Gabel muss zum Wechsel des Gabelöls ausgebaut werden.
- ■ Befestigungsschrauben an Radabdeckung ausdrehen und abnehmen.
- TIPP Vor Lösen der Gabelbrücken-Klemmschrauben obere Gabelverschlussschraube lockern (noch nicht ganz ausdrehen).
- ■ *FZS*: Klemmschrauben der Lenkerstummel lockern.
- ■ **Bild 305:** Gabelklemmschrauben oben und unten lockern und Gabelbeine nach unten herausführen.
- ■ **Bild 306:** Obere Gabelverschlussschraube ganz ausdrehen.
- ■ *FZS*: Gabelbeine zusammenschieben. Distanzhülse, Federsitz, und Feder entnehmen.
- ■ **Bild 307/*YZF*:** Gegenmutter der Dämpferstange lockern und obere Gabelverschlussschraube von Stange ausdrehen. Federsitz und Feder entnehmen.
- ■ Gabelbeine umdrehen und Gabelöl ablassen. Dabei Gabelrohre mehrmals zusammenpumpen.

◄ Bild 305
Untere Gabelklemmschrauben
1 Bremsschlauch-Verteiler

- **Bild 308:** Untere Gabelverschlussschraube (Innensechskant SW 6) ausdrehen.
  YZF: Falls sich Dämpferstange mitdreht, mit YAMAHA-Spezialwerkzeug 90890-01460 (und passendem Griff 90890-01326) Dämpferstange gegenhalten.

TIPP *YZF:* Falls Spezialwerkzeug nicht zur Verfügung steht und sich Dämpferstange mitdreht, zum Gegenhalten Feder, Distanzhülse und Federsitz provisorisch montieren.

- Gleitbuchsen und Dämpferpatrone (FZS: Dämpferstange samt Kolbenring), die jetzt aus Tauchrohr 'rausgeschüttelt wird, lassen sich leicht von Hand demontieren, ist jedoch zur Sichtprüfung nicht nötig.

- **Bild 309** und **Bild 310:** Staubmanschette mit kleinem Schraubendreher von Sitz loshebeln und Anschlag-Federring aushebeln.
- **Bild 311:** Standrohr mit kräftigem Ruck samt Wellendichtring und Stützring aus Tauchrohr herausziehen (Ziehhammer-Prinzip).
- Gleitbuchsen und Dämpferstange samt Kolbenring, die jetzt aus Tauchrohr 'rausgeschüttelt wird, lassen sich leicht von Hand demontieren, ist jedoch zur Sichtprüfung nicht nötig.

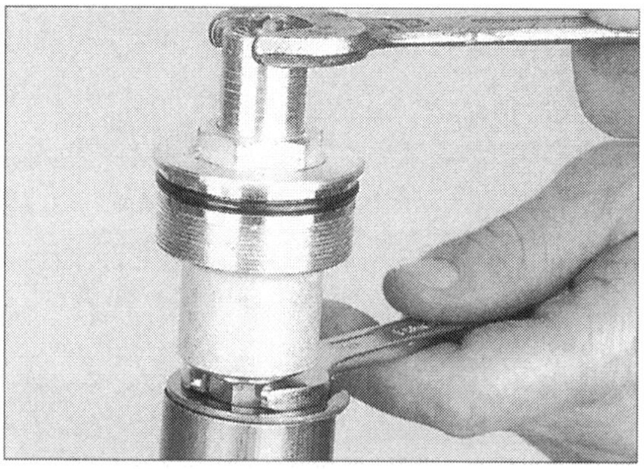

Bild 307
YZF: Gegenmutter der Dämpferstange lockern und Gabelverschlussschraube (Vorspannungseinsteller) ausdrehen

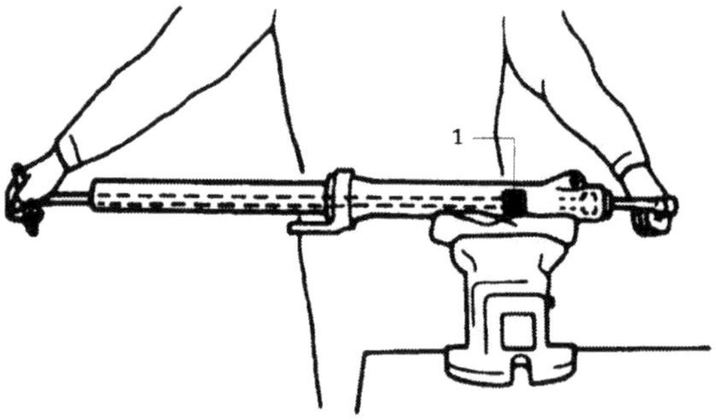

Bild 308 ➤
Untere Gabelverschlussschraube ausdrehen
1 Spezialwerkzeug 90890-01460

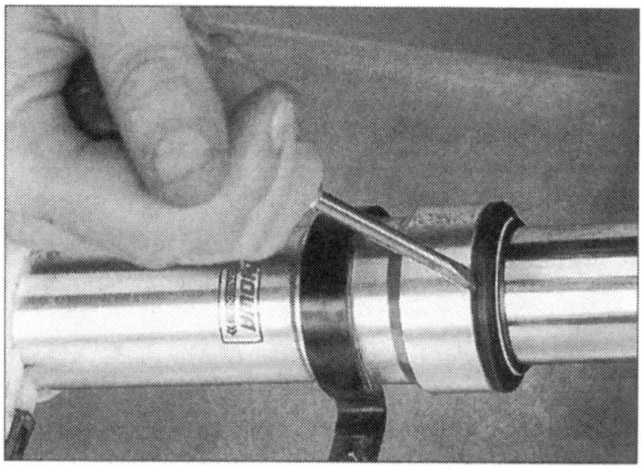

Bild 309
Staubdichtung aushebeln

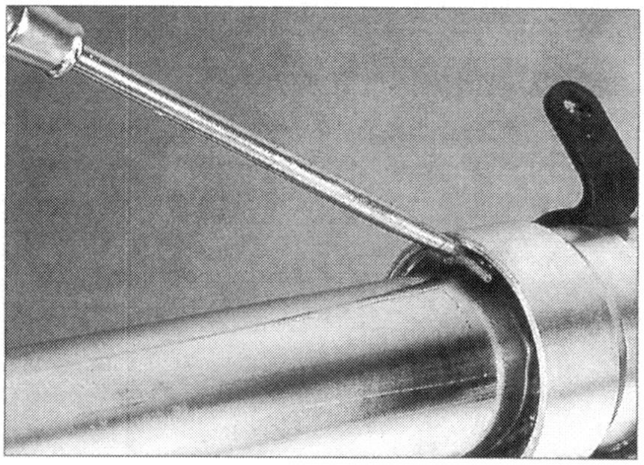

Bild 310 ➤
Sicherungsring aushebeln

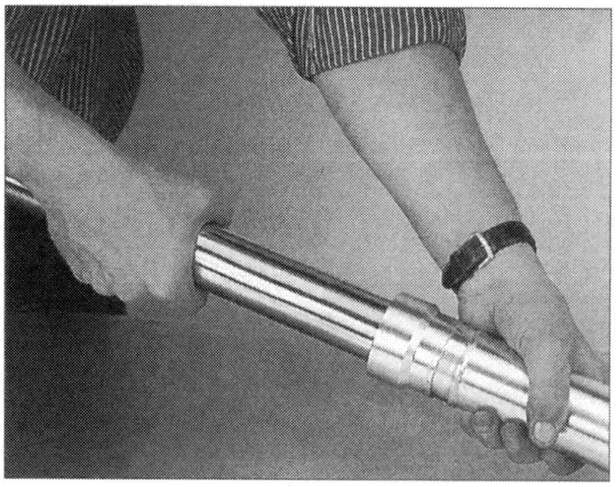

Bild 311
Standrohr ausziehen (Ziehhammer-Prinzip)

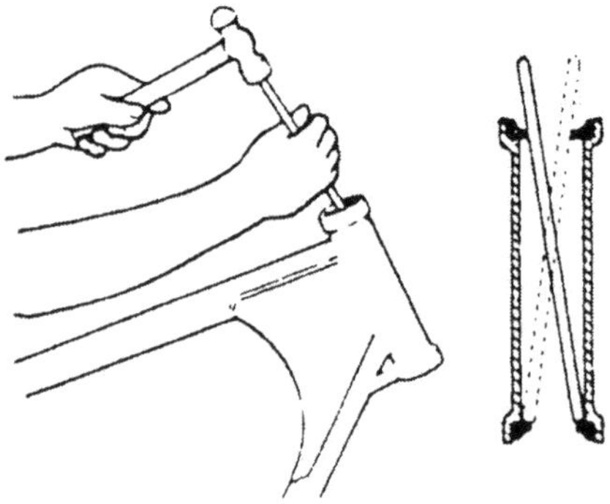

Bild 312 ➤
Lagerlaufring austreiben

TIPP Fingerzeig
Exakt messen

Lenkkopflager

⚠ Lagerschalen nur bei Beschädigung oder Verschleiss ausbauen.

- Obere Gabelbrücke wie zur Spielkorrektur ausbauen (*Kapitel 3.18*).
- Einstellmutter ganz ausdrehen und untere Gabelbrücke/Gabelschaftrohr nach unten entnehmen.
- **Bild 312:** Lagerschalen oben und unten im Lenkkopf mit entsprechend langem und kräftigem Dorn von oben bzw. unten mit Stahlhammerschlägen schrittweise über Kreuz austreiben.

⚠ Lager nicht verkanten und so Lagersitz aufweiten!

- **Bild 313:** Unteren Laufring mit Hammer und Meissel vom Sitz treiben.

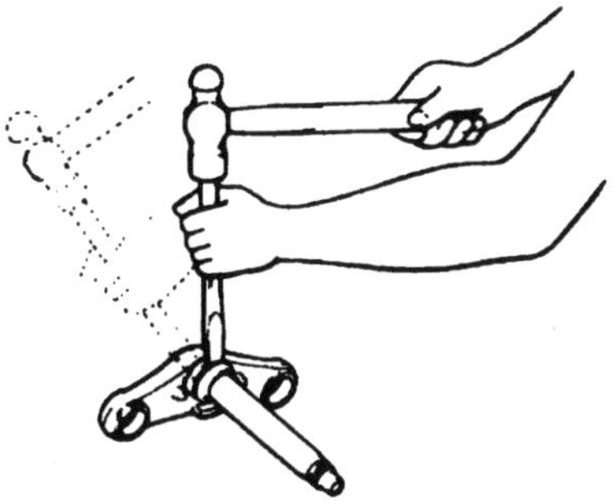

Bild 313
Lagerlaufring mit Meissel austreiben

◄ **Bild 314**
Improvisierte Felgenschlag-Messung

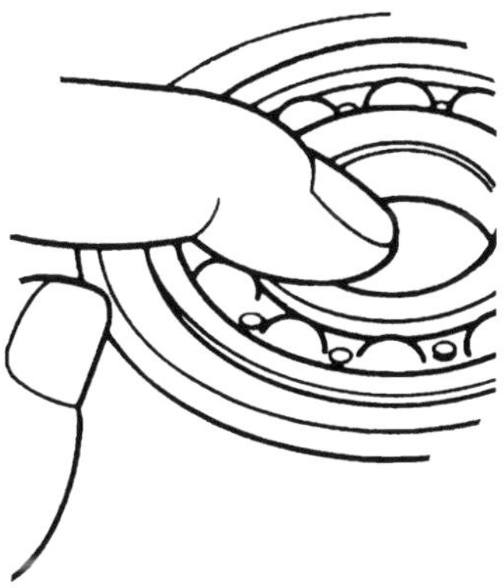

◄ **Bild 316**
Radlager von Hand prüfen

18.2 Prüfen und Vermessen

Laufrad

Räder auf Zentrierständer lagern, Seiten- und Höhenschlag mit Messuhr prüfen (Verschleissgrenze jeweils 2,0 mm). Unrund laufende Räder richten lassen.

Bild 314: Auf Zentrierständer auch Unwucht des Rades feststellen (einen solchen Stützbock kann man leicht improvisieren oder selbst herstellen. Ein stabiler Schraubstock reicht oft schon aus, um die verschraubte Radachse einzuspannen).

Wuchtung des Rades nach jedem Reifenwechsel prüfen. Manche Reifenhersteller markieren leichteste Stelle des Reifens mit Farbpunkt. Dieser muss genau in Höhe des Ventils stehen.

- An Vorderradfelge nicht mehr als 60 Gramm Wuchtgewichte anbringen.

Bild 315: Radachse über Richtplatte rollen und so Verzug feststellen. Bei Verzug Achse erneuern.

⚠ Niemals versuchen, Achse geradezurichten.

Bild 316: Innenlaufringe der Radlager mit Finger auf einwandfreien und geräuschlosen Lauf prüfen. Aussenlaufring muss fest in Nabe sitzen.

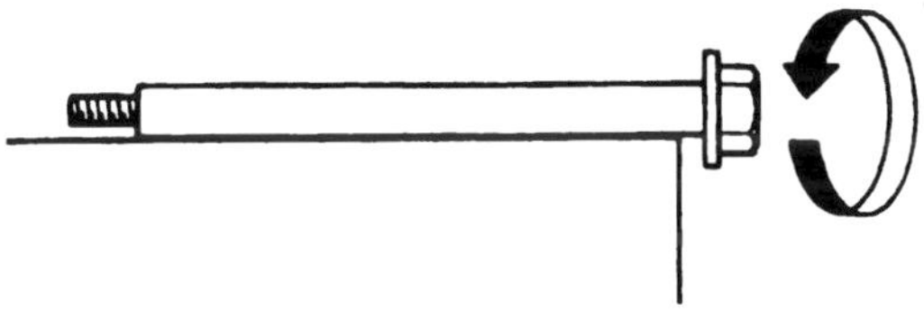

Bild 315
Achsschlag auf Richtplatte prüfen

Teleskopgabel und Lenkkopflager

Gabelstandrohre in Prismenblöcke legen und mit Messuhr auf Schlag prüfen. Dabei beachten, dass tatsächlicher Schlag der Hälfte des angezeigten Wertes entspricht!

- Ab 0,1 mm Schlag Fachwerkstatt zu Rate ziehen, ob Standrohr wieder gerichtet werden kann.

Freie Länge der Gabelfeder messen. *Verschleissgrenze siehe Technische Daten.*

Bauteile auf Kratzer, Riefen oder anormalen Verschleiss untersuchen. Gleitbuchsen müssen ausgewechselt werden, wenn Beschichtung über mehr als Dreiviertel der Oberfläche abgenutzt ist.

Konuslaufringe des Lenkkopflagers auswechseln, wenn sie beschädigt sind oder Druckstellen und Vertiefungen aufweisen.

18.3 Montage

Lenkkopflager – **Bild 317** *und* **Bild 318**

- **Bild 319:** Unteren Kegellaufring samt Staubdichtung auf Lenkerschaftrohr mit passendem Rohrstück auftreiben, bis er rundum satt aufsitzt.

TIPP Erwärmen des Laufrings auf ca. 100°C erleichtert sein Aufschieben.

- **Bild 320:** Lagerschalen in Lenkkopflagersitz mit passendem Rundmaterial eintreiben. Besser mit Gewindestange und passenden Scheiben einziehen.

⚠ Darauf achten, dass Lagerschalen nicht verkanten und so Lagersitze aufweiten.

- Lagerlaufkörper gefettet in ursprüngliche Lagerschale einsetzen.
- Untere Gabelbrücke bzw. Lenkschaftrohr von unten in Lenkkopf einführen.
- Oberen Lagerlaufkörper gefettet in Lagerschale einsetzen.
- Lagerdeckel auflegen und Einstellmutter anziehen (40 – 44 Nm), damit sich Lagerschalen setzen.
  Anschliessend wieder um ¼–½ Umdrehung lösen und wieder anziehen, bis Lager spielfrei und leichtgängig ist (*Kapitel 3.18*).

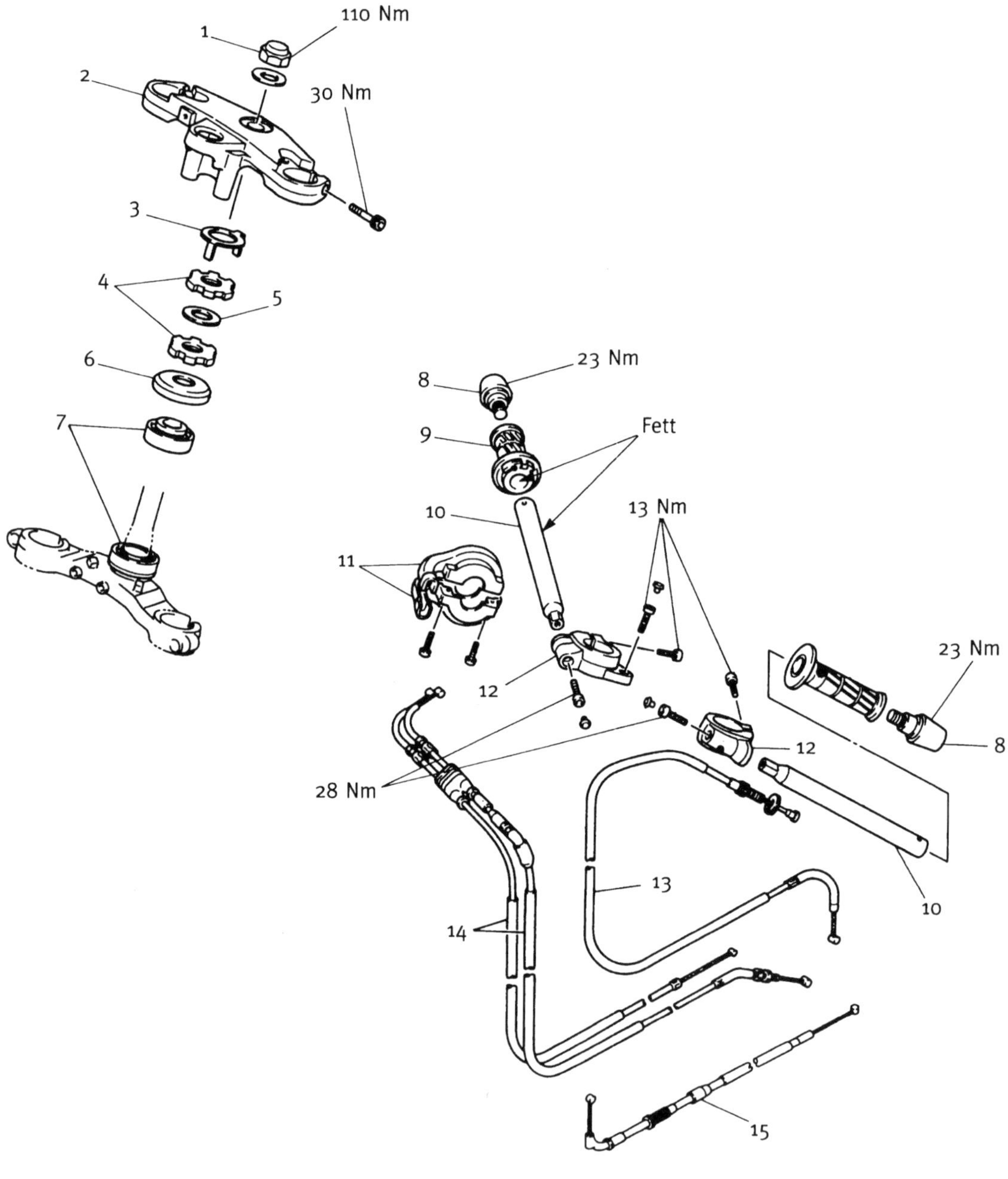

Bild 317
Lenkkopflager und Lenker YZF
Anzugsmomente

1	Lenkkopfmutter
2	Obere Gabelbrücke
3	Sicherungsscheibe
4	Nutmutter
5	Gummischeibe
6	Abdeckung
7	Lager
8	Lenkergewicht
9	Gasdrehgriff
10	Lenkerstummel
11	Gasdrehgriff-Gehäuse
12	Klemmfaust
13	Kupplungsseilzug
14	Gasseilzug
15	Chokeseilzug

TIPP Fingerzeig
Exakt messen

■ Obere Gabelbrücke samt Lenkkopfmutter montieren. Dabei Gabelstandrohre provisorisch einsetzen.

Bild 321: Bei angelegter Gabelbrückenklemmung mit geschliffener Platte Parallelität der Standrohre prüfen (Platte darf auf beide Standrohre aufgelegt nicht kippeln). Gegebenenfalls Standrohre vor endgültigem Festziehen der Klemmung ausrichten (nach Montage der Gabelinnereien).

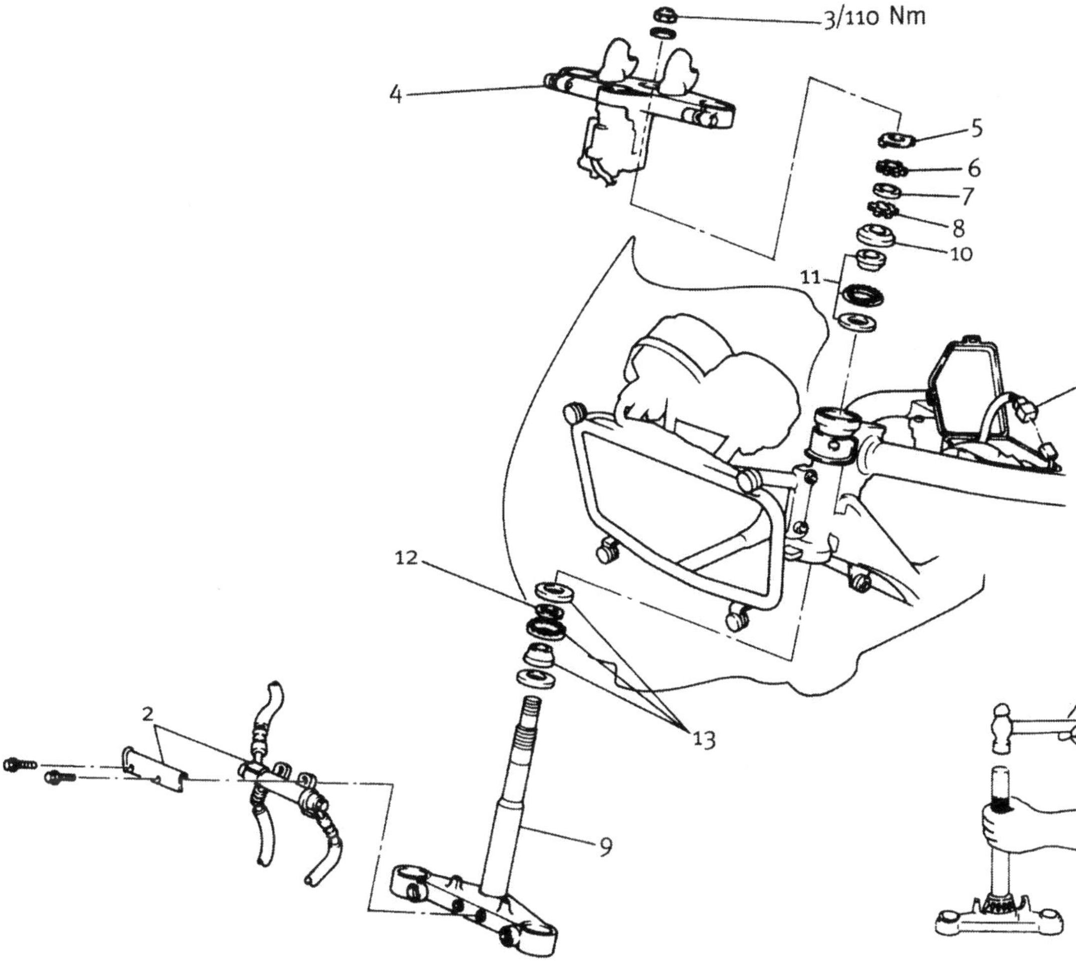

Bild 318
Lenkkopflager FZS

1	Zündschloss-Stecker
2	Bremsschlauch-Verteiler
3	Lenkkopfmutter
4	Obere Gabelbrücke
5	Sicherungsscheibe
6	Nutmutter
7	Gummischeibe
8	Nutmutter
9	Untere Gabelbrücke
10	Abdeckung
11	Lager
12	Gummischeibe
13	Lager

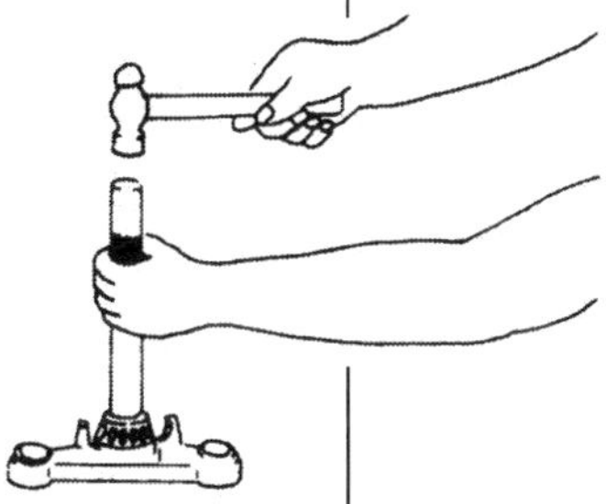

▼ **Bild 319**
Lagerschale auftreiben

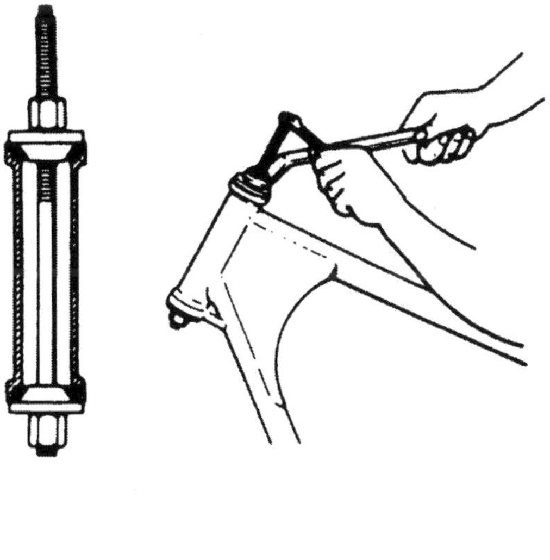

◄ **Bild 320**
Lagerschalen einziehen

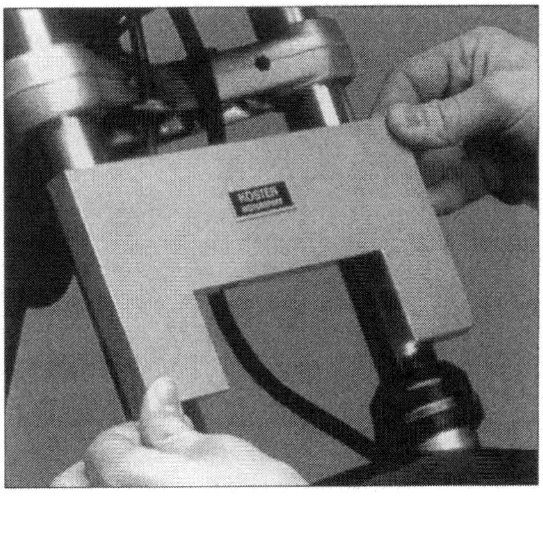

Bild 321
Standrohr-Parallelität mit geschliffener Platte prüfen

Teleskopgabel – **Bild 322** *und* **Bild 323**

- Standrohrbuchse in zugehörige Nut am Standrohr einsetzen.
- *YZF:* Falls demontiert, Nylon-Kolbenring von Hand auf Dämpferstange anbringen.
- Dämpferstange mit Rückprallfeder von oben durch Standrohr durchstecken und Öldichtstück auf Ende der Dämpferstange aufsetzen.
- Standrohr so vormontiert in Tauchrohr einschieben.
- Untere Gabelverschluss-Schraube mit flüssiger Schraubensicherung versehen und mit Kupferdichtring eindrehen (61 Nm).

TIPP Falls sich Dämpferkolbenstange mitdreht, mit YAMAHA-Spezialwerkzeug und langer Verlängerung gegenhalten, oder Gabelfeder mit Distanzstück und Gabelverschlussschraube provisorisch montieren.

- Staubdichtung, Federsicherung, Wellendichtring und Gleitrohrbuchse von Hand auf Standrohr aufschieben.
- Buchse zusammen mit Stützring mit passendem Rohrmaterial oder schrittweise über Kreuz mit langem Dorn eintreiben.

⚠ Vorsicht, Standrohr nicht mit Dorn zerschrammen!

- Es folgt Wellendichtring. Diesen mit Gabelöl anfeuchten und mit Beschriftung nach oben entweder mit passendem Rohrmaterial oder schrittweise über Kreuz mit langem Dorn eintreiben.
- Anschlagring in Nut des Gleitrohrs einsetzen und darauf achten, dass dieser einwandfrei in seiner Nut sitzt. Staubdichtung einsetzen.
- Standrohr bis zum Anschlag in Tauchrohr schieben und pro Gabelbein korrekte Menge Gabelöl einfüllen (*Technische Daten*).

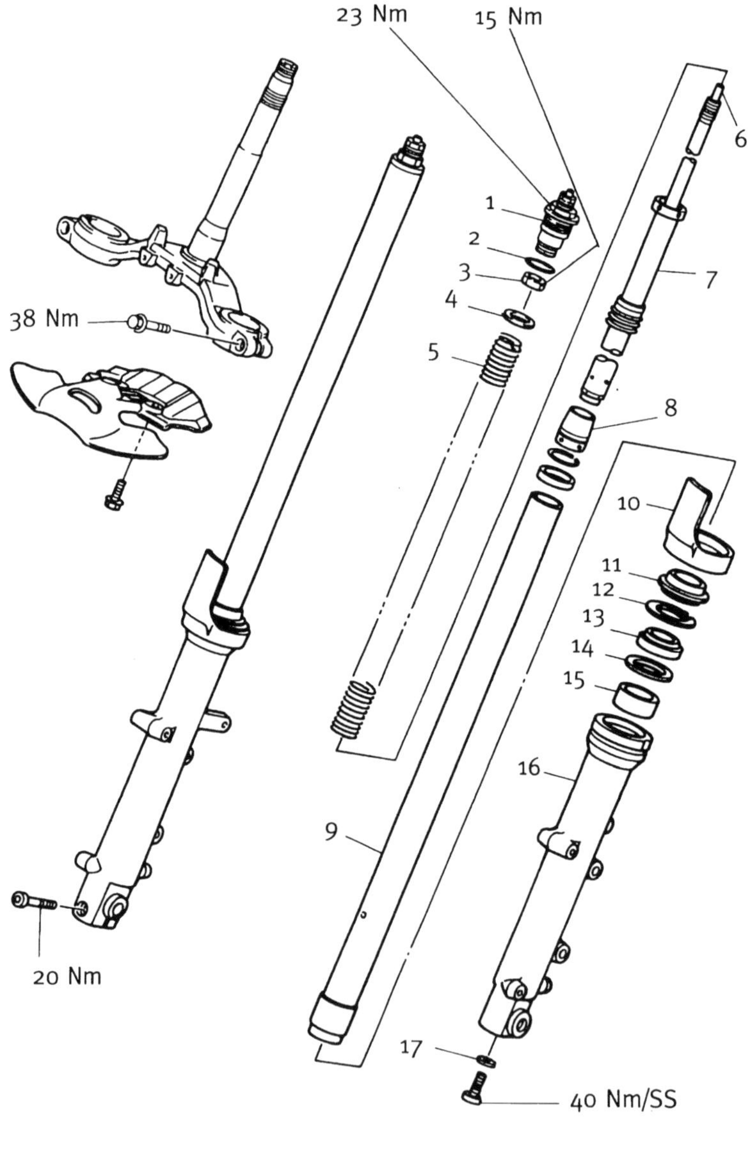

Bild 322
Teleskopgabel YFZ
1 Verschlussschraube
2 O-Ring
3 Gegenmutter
4 Federsitz
5 Gabelfeder
6 Stange
7 Dämpferpatrone
8 Patronenbuchse
9 Standrohr
10 Schmutzabweiser
11 Staubmanschette
12 Federsicherung
13 Wellendichtring
14 Scheibe
15 Gleitbuchse
16 Tauchrohr
17 Kupferscheibe

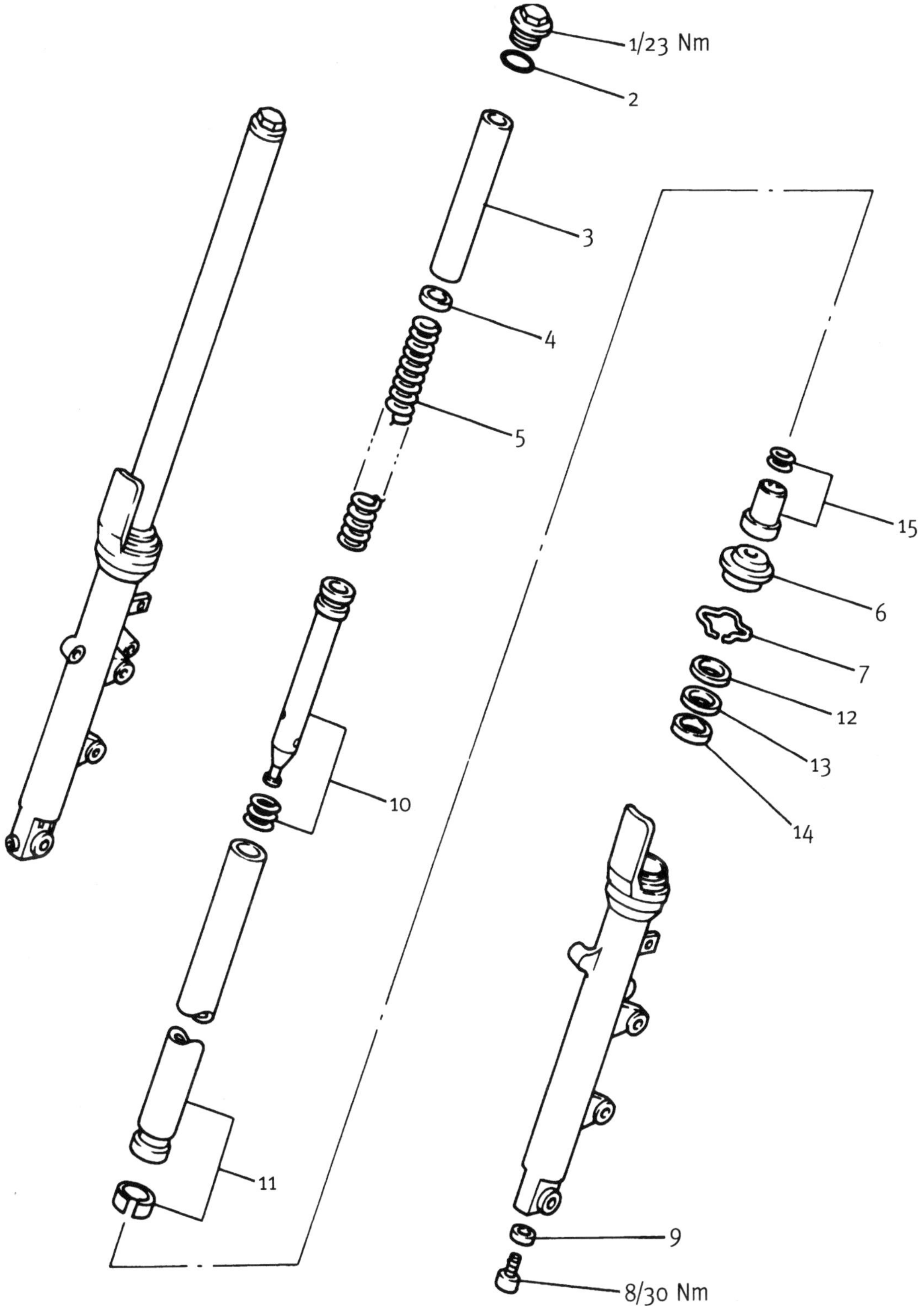

Bild 323
Teleskopgabel FZS

1	Verschlussschraube
2	O-Ring
3	Vorspannhülse
4	Federsitz
5	Gabelfeder
6	Staubmanschette
7	Federsicherung
8	Untere Verschlussschraube
9	Dichtring
10	Dämpferrohr mit Rückprallfeder
11	Standrohr/Buchse
12	Wellendichtring
13	Scheibe
14	Gleitbuchse
15	Öldichtstück

Vorsicht! ⚠
Aufgepasst! 👁

- Gabelrohre mehrmals auf- und abpumpen, bis keine Luftbläschen mehr auftauchen und so Dämpfer entlüften.
- Ölstand von Oberkante des Standrohrs aus messen.

Unbedingt darauf achten, dass Ölstand in beiden Gabelbeinen gleich ist (Gabel vollständig zusammengeschoben ohne Feder).

- Gabelfeder in Standrohr einführen (grosser Windungsabstand nach unten weisend). Es folgen Federsitz und Distanzhülse.
- **Bild 307**/*YZF*: Dämpferstange der Dämpferpatrone in Einstell-Einheit/Verschlussschraube eindrehen und mit Gegenmutter kontern.
- Obere Gabelverschlussschraube mit geöltem O-Ring eindrehen.
- Standrohr unter gleichzeitigem Drehen durch untere und obere Gabelbrücke schieben, bis Standrohre oben bündig mit Gabelbrücke, bei YZF bündig mit Lenkerstummel abschliessen.
- **Bild 317** und **Bild 324**: Untere und obere Gabelklemmschrauben anziehen.

Bild 324
Gabel einbauen
1 Radabdeckung
2 Klemmschraube oben
3 Verschlussschraube
4 Klemmschraube unten
5 Gabelholm

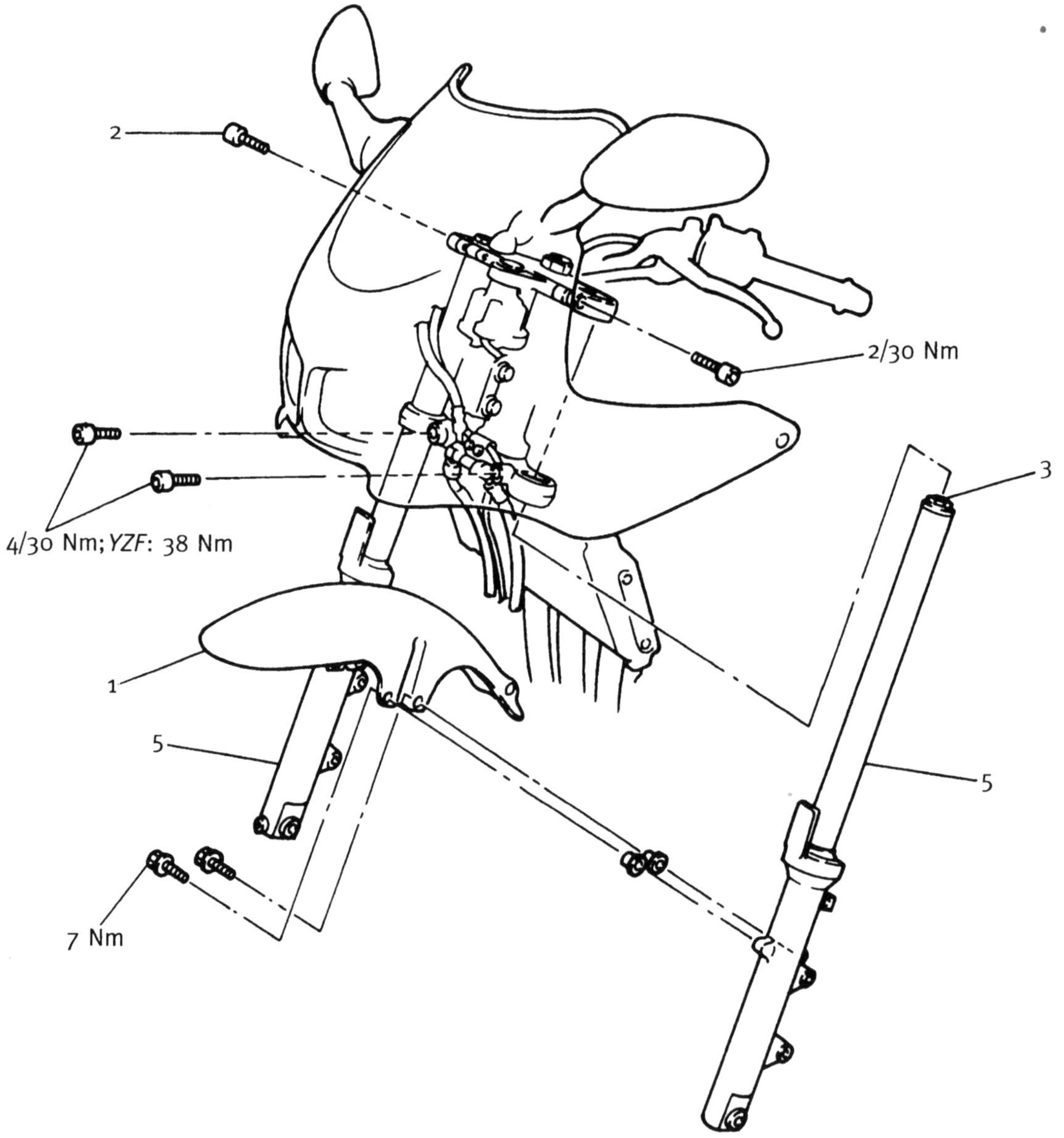

- Radabdeckung montieren.
- **Bild 317** und **Bild 325:** Lenker und Armaturen/Lenkerschalter montieren.
- FZS: Zuerst vordere Klemmschrauben der Lenkerklemmböcke anziehen, dann hintere (Klemmspalt muss hinten liegen).

FZS: Körnermarkierung am Lenker fluchtet mit Klemmspalt (wie **Bild 327**).

- **Bild 326** bis **Bild 329:** Nasen der Lenkergriffe und Armaturen auf Lenkerbohrungen ausrichten.

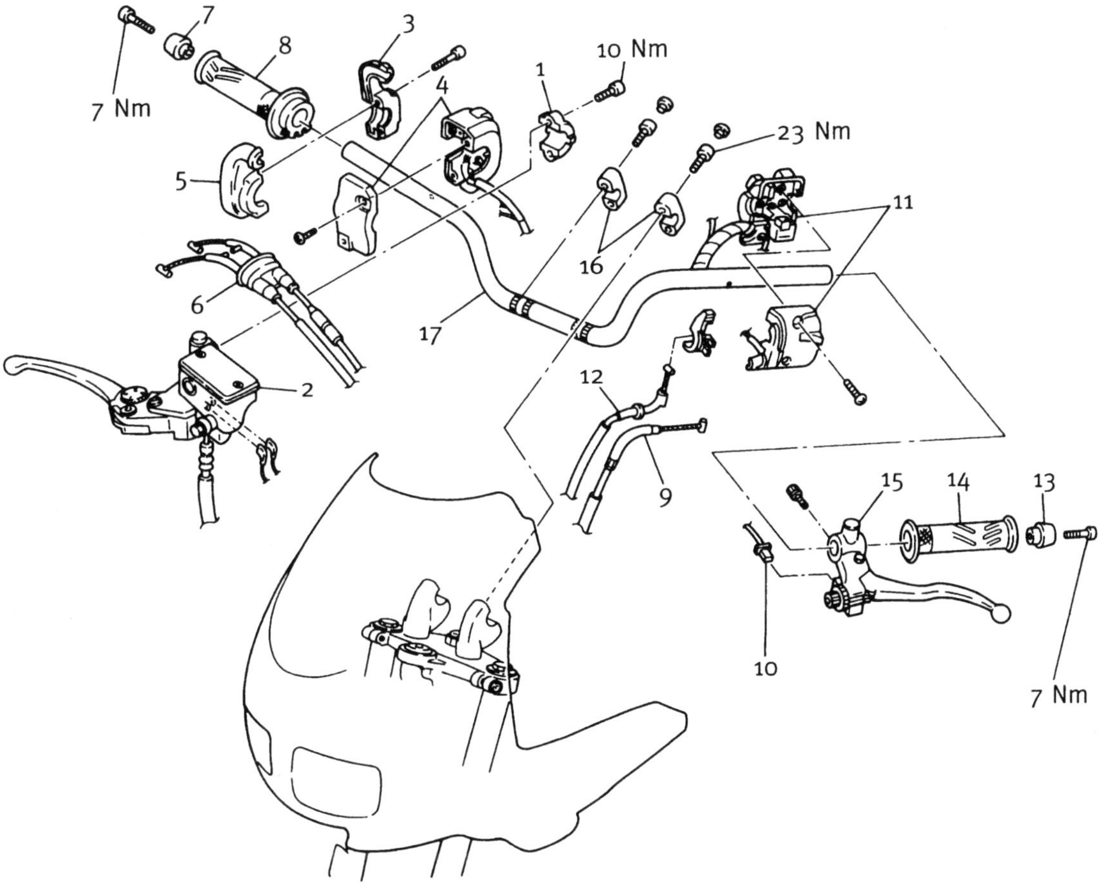

Bild 325
Lenker montieren/FZS
1 Handpumpenhalter
2 Handpumpe
3 Gasdrehgriffgehäuse
4 Lenkerarmatur rechts
5 Gasdrehgriffgehäuse
6 Gasseilzug
7 Lenkergewicht
8 Gasdrehgriff
9 Kupplungsseilzug
10 Kupplungsschalter
11 Lenkerarmatur links
12 Chokezug
13 Lenkergewicht
14 Lenkergriff links
15 Kupplungshebelhalter
16 Klemmbock
17 Lenker

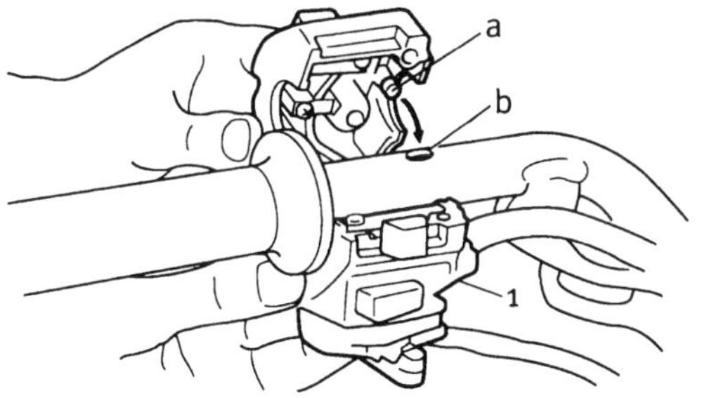

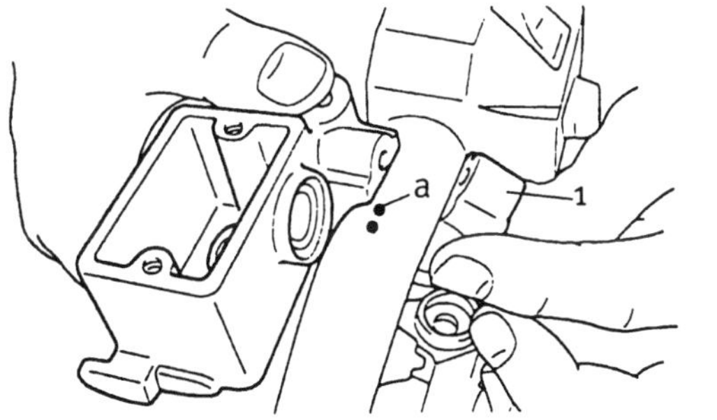

◄ Bild 326
Lenkerarmatur links
1 Armatur
a Nase
b Bohrung

Bild 327
Pumpenhalter
1 Halter
a Körnerpunkt

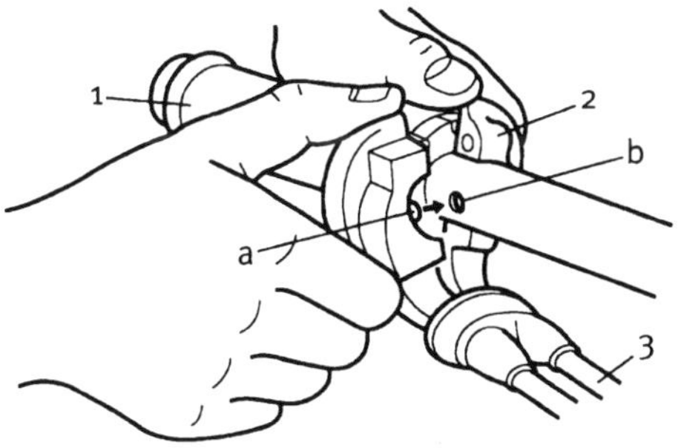

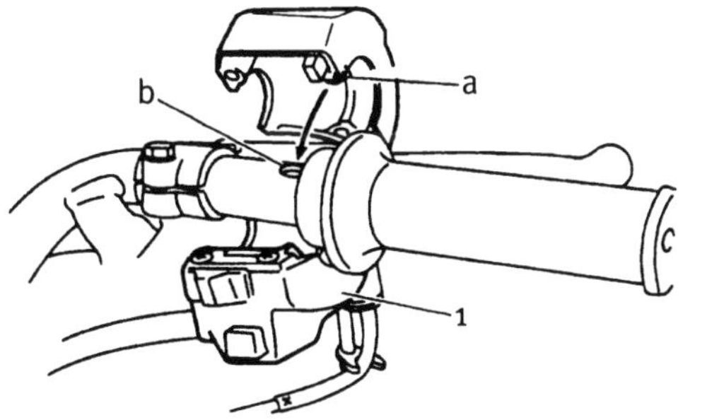

◄ Bild 328
Lenkerarmatur rechts
1 Gasdrehgriff
2 Gehäuse
3 Gasseilzüge

Bild 329
Lenkerschalter links
1 Armatur
a Nase
b Bohrung

Vorsicht! ⚠
Aufgepasst!

Laufrad – **Bild 330** *und* **Bild 331**

- Lager und Staubdichtungen wie bei *Lenkkopflager* beschrieben einziehen.
- Zuerst linkes Lager (fettgefüllt) einziehen, Distanzhülse einsetzen, dann rechtes Lager einziehen. Gegebenenfalls Lager nur am Aussenring mit passender Nuss oder Rundmaterial nachsetzen.
- Seegerring einsetzen.
- Dichtringe mit passender Nuss einschlagen.
- Bremsscheibe montieren. Schrauben mit flüssiger Schraubensicherung anziehen (20 Nm).
- **Bild 332:** Tacho-Mitnehmer bzw. -Sensor und -Schnecke einfetten und so einsetzen, dass seine Zungen in Schlitze der Nabe einspuren.
- Bremsscheibe mit hochwertigem Entfettungsmittel (Bremsscheibenreiniger) reinigen.
- **Bild 333:** Rad mit Distanzhülse und Tachoschnecke rechts zwischen Gabelbeine einsetzen. Tachoschnecke an Gabelanschlag ausrichten und Achse von rechts einschieben.
- Achse mit 65/67 Nm (YZF/FZS) anziehen, dann Klemmschraube anziehen (20 Nm).

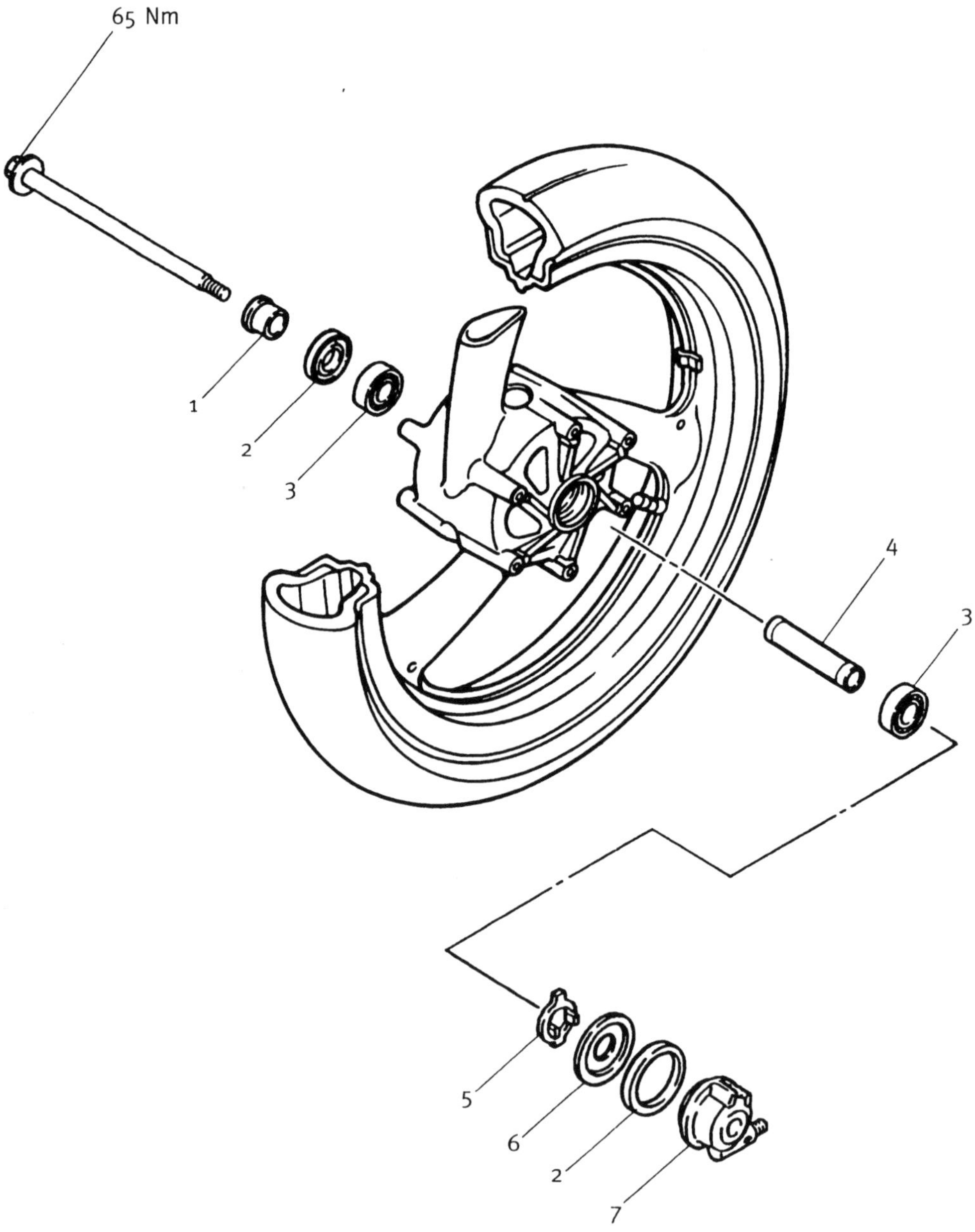

Bild 330
Vorderrad zusammenbauen (YZF)
1 Distanzhülse
2 Dichtring
3 Lager
4 Distanzstück
5 Tacho-Mitnehmer
6 Mitnehmerhalter
7 Tachoschnecke

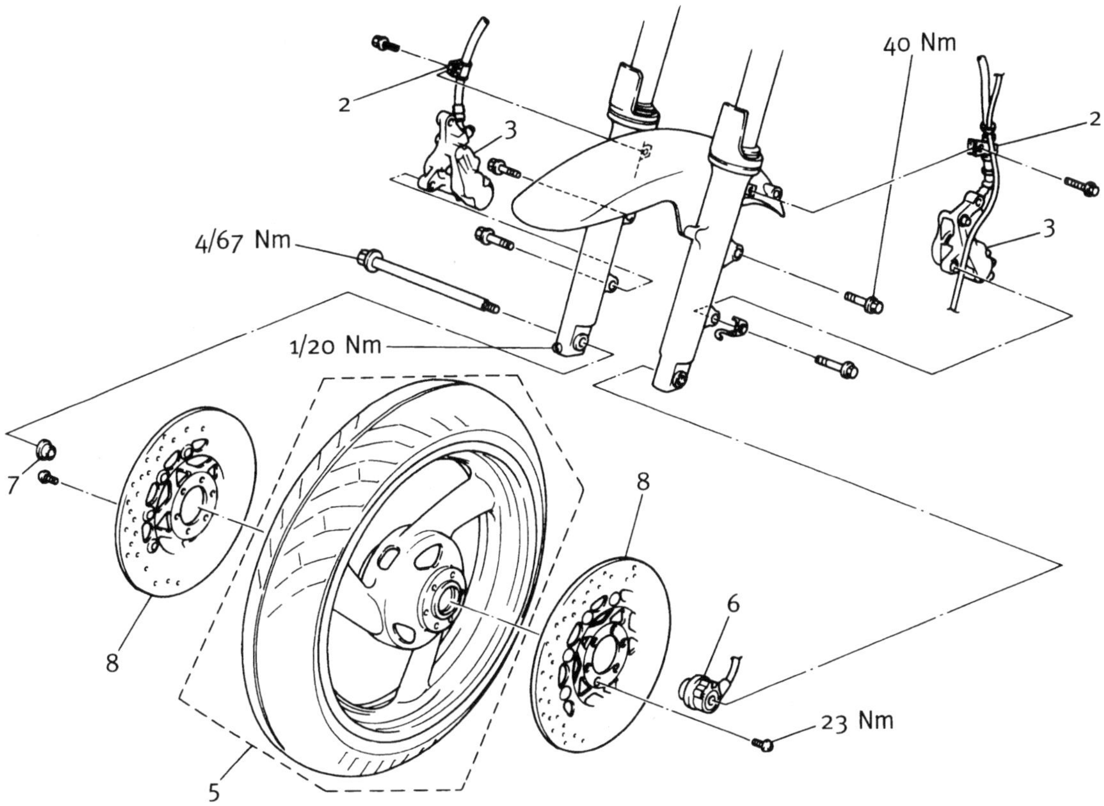

Bild 331
Vorderrad einbauen/FZS
1 Achsklemmschraube
2 Bremsschlauchhalter
3 Bremssattel
4 Achse
5 Vorderrad
6 Tachosensor
7 Distanzhülse
8 Bremsscheibe

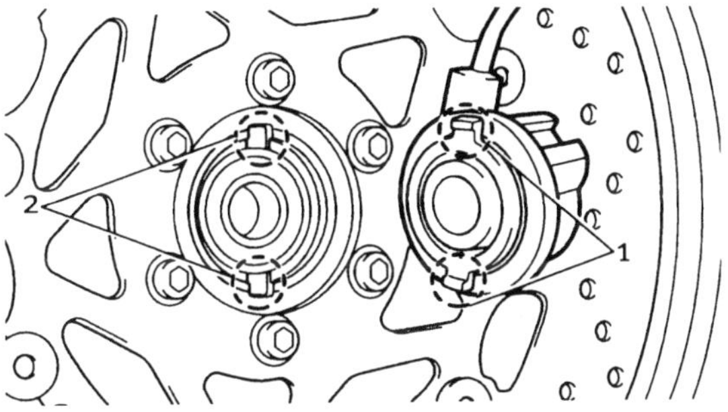

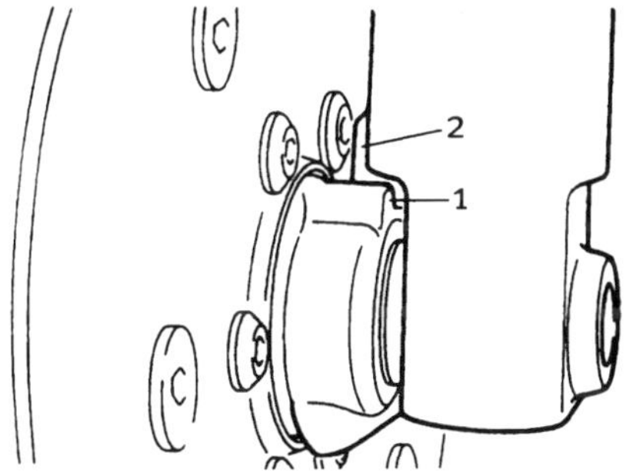

◄ **Bild 332**
Schnecke bzw. Sensor einsetzen

Bild 333
Führung an Tachoschnecke anlegen
1 Nase
2 Gabelanschlag

Heckpartie

19.1 Ausbau

- Motorrad auf Kiste o.Ä. stabil so untermauern, dass Hinterrad freikommt.

Hinterrad
- Achsmutter ausdrehen, Hinterrad anheben und Achse ausziehen. Auf Distanzhülse achten!
- Kette von Kettenrad abnehmen, und Hinterrad aus Schwinge herausführen.
- Kettenblatt-Träger (Abtriebsflansch) von Hand abnehmen.
- Zum Entfernen des Kettenblatts acht Muttern ausdrehen.
- Wellendichtringe mit Schraubendreher o.Ä. aushebeln.

TIPP Zum Austreiben der Radlager Radnabe bzw. Abtriebflansch auf elektrischer Kochplatte anwärmen. Einmal ausgebaut, gehören Radlager auf den Schrott!
- Seegerringe ausfedern.
- Distanzhülse zwischen den Radlagern aushebeln.
- **Bild 334:** Lager mit 10-mm-Dorn und Stahlhammer schrittweise über Kreuz austreiben.
- Nach Ausbau eines Lagers Distanzhülse entnehmen und das gegenüberliegende Lager austreiben.

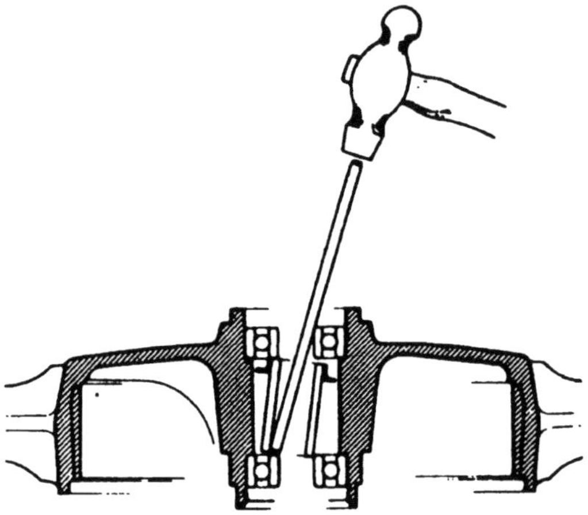

Bild 334
Radlager austreiben (Prinzipdarstellung)

Federbein
- YZF: Motorverkleidung, Heckverkleidung, Tank, Ausgleichsbehälter der Kühlflüssigkeit und Batterie ausbauen.
- YZF: Stecker der Zündbox, des Rücklichts und der Blinkerkabel trennen.
- YZF: Rücklicht ausbauen und Befestigungsschrauben der Radabdeckung ausdrehen.
- YZF: Druckbehälter des Federbeins vom Rahmen abnehmen. Zum Freilegen des Behälters Radabdeckung nach hinten ziehen.
- FZS: Batterie ausbauen.
- Zugstange von Schwinge und Umlenkhebel abnehmen. Dabei Schwinge abstützen, damit sie nicht auf Anschlag »knallt«.
- Obere und untere Befestigungsschraube ausdrehen und Federbein abnehmen.

⚠ Stossdämpfer enthält hochkomprimiertes Stickstoffgas und Öl! Das unter hohem Druck stehende Federbein kann bei unsachgemässer Beseitigung schwere Verletzungen verursachen! Beseitigung eines verschlissenen Federbeines ist Sache der YAMAHA-Werkstatt. Auf keinen Fall einfach zum Schrott werfen!

Schwinge

⚠ In diesem Montagezustand (nackt ohne Rad und Federbein/Federhebelei) Spiel der Schwingenlagerung am Schwingenende prüfen (max. 1 mm Spiel am Schwingenende).
- Zierkappen aushebeln und Achsmutter ausdrehen.
- Falls Achse schwergängig, auf die über mindestens 5 Gewindegänge aufgeschraubte Mutter kurzen trockenen Schlag mit dem Gummihammer geben und so Schwingachse lösen.
- Achse nach links herausziehen und Schwinge entnehmen.

⚠ Auf Verbleib der Distanzbuchsen und -Scheiben achten – und deren Einbaulage.
- Distanzbuchsen und Staubschutzdeckel lassen sich von Hand entnehmen. Lagerkäfige mit passendem Abzieher nach »Ziehhammer-Prinzip« austreiben, wobei diese zerstört werden.

19.2
Prüfen und Vermessen

Felgenschlag wie am Vorderrad beschrieben prüfen (*Kapitel 18.2*).

Schwinge auf Verzug oder Risse prüfen. Schwinge muss sich bei demontiertem Hinterrad und Stossdämpfer ohne Unregelmässigkeiten auf- und abbewegen lassen.

Seitliches Spiel der Schwinge wie im vorhergehenden Kapitelabschnitt beschreiben messen:
maximal 1 mm,
gemessen am Schwingenende.

Staubdichtungen der Federbeinbefestigung auf Beschädigung überprüfen. Druckdeckel und Buchse dürfen keine Riefen oder Kratzer aufweisen. Lager auf Grübchenbildung und übermässiges Spiel untersuchen.

Stossdämpfer auf Ölaustritt an Dämpferstange untersuchen.

Kettenrad auf Beschädigung und Verschleiss untersuchen.

19.3
Montage

Schwinge – **Bild 335** *und* **Bild 336**

- In Fachwerkstatt Nadellager in Schwinge mit passendem Dorn eintreiben.
- Buchsen, Distanzscheiben und Staubdichtungen gefettet einsetzen.
- Schwingachse leicht fetten und von links einschieben. Mutter mit 90/115 Nm (YZF/FZS) anziehen.

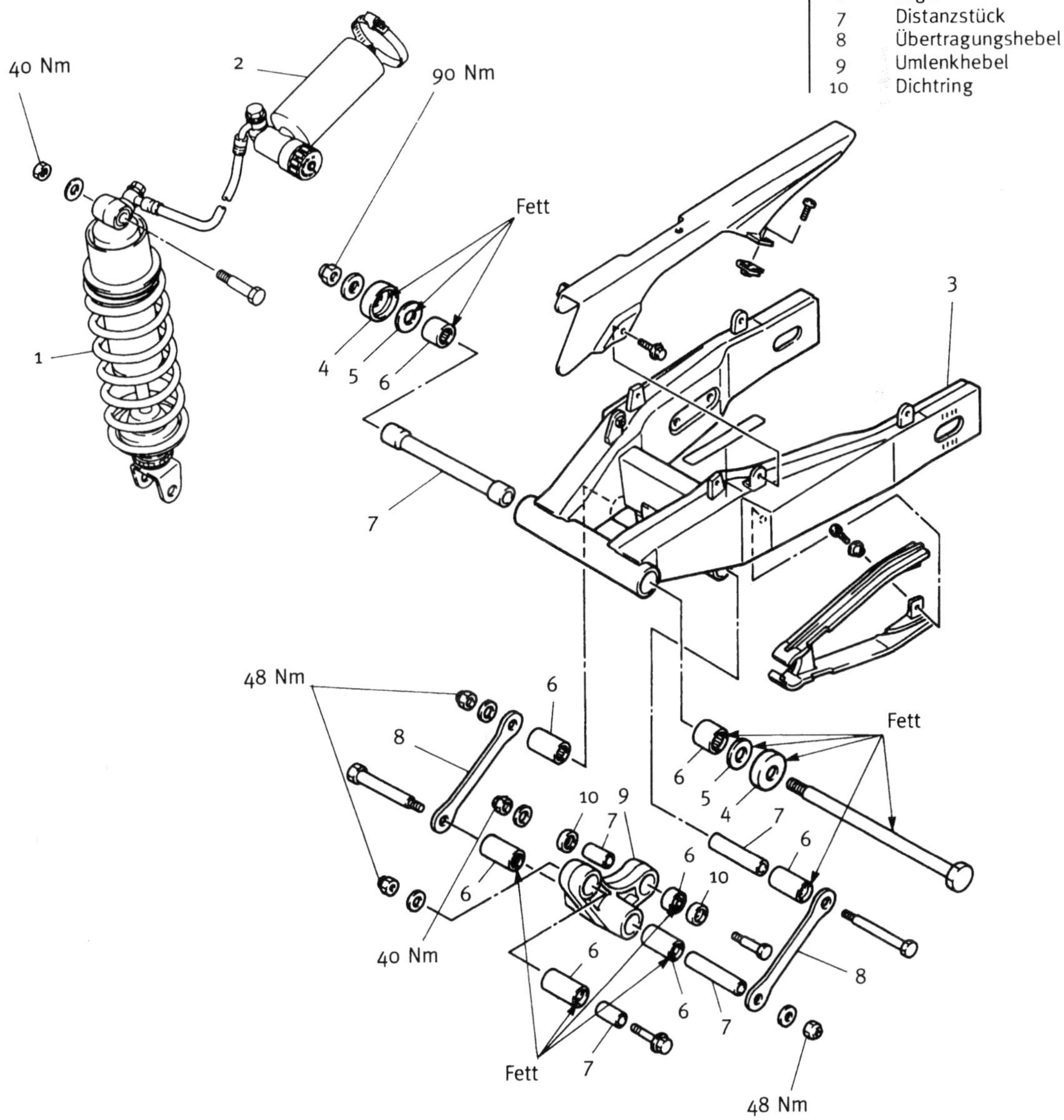

Bild 335
Schwinge und Federbein YZF
1 Federbein
2 Druckzylinder
3 Schwinge
4 Staubschutzdeckel
5 Anlaufscheibe
6 Lager
7 Distanzstück
8 Übertragungshebel
9 Umlenkhebel
10 Dichtring

Vorsicht! ⚠
Aufgepasst!

Federhebelei und Federbein

- **Bild 335** und **Bild 337:** In Fachwerkstatt Nadellager in Umlenkhebel mit passendem Dorn eintreiben.
- Buchsen, Distanzscheiben und Staubdichtungen gefettet einsetzen.
- Federbein einsetzen, obere und untere Befestigungsschrauben eindrehen (40 Nm).

Laufrad – **Bild 338** *bis* **Bild 340**

- Lager wie am Vorderrad (*Kapitel 18.3*) mit markierter Seite nach aussen einziehen. Distanzhülse nicht vergessen.
- Kettenblatt anbringen. Sechs Muttern anziehen (60 Nm).
- Dämpfergummis in Radnabe einsetzen und Abtriebsflansch einsetzen.
- Hinterrad einsetzen, Kette auffädeln, Achse leicht gefettet einschieben und Achsmutter locker anlegen.
- Antriebskette einstellen (*Kapitel 3.13*).
- Achsmutter anziehen (110 Nm), neuen Sicherungssplint einsetzen und gemäss Abbildung an Mutter anlegen.

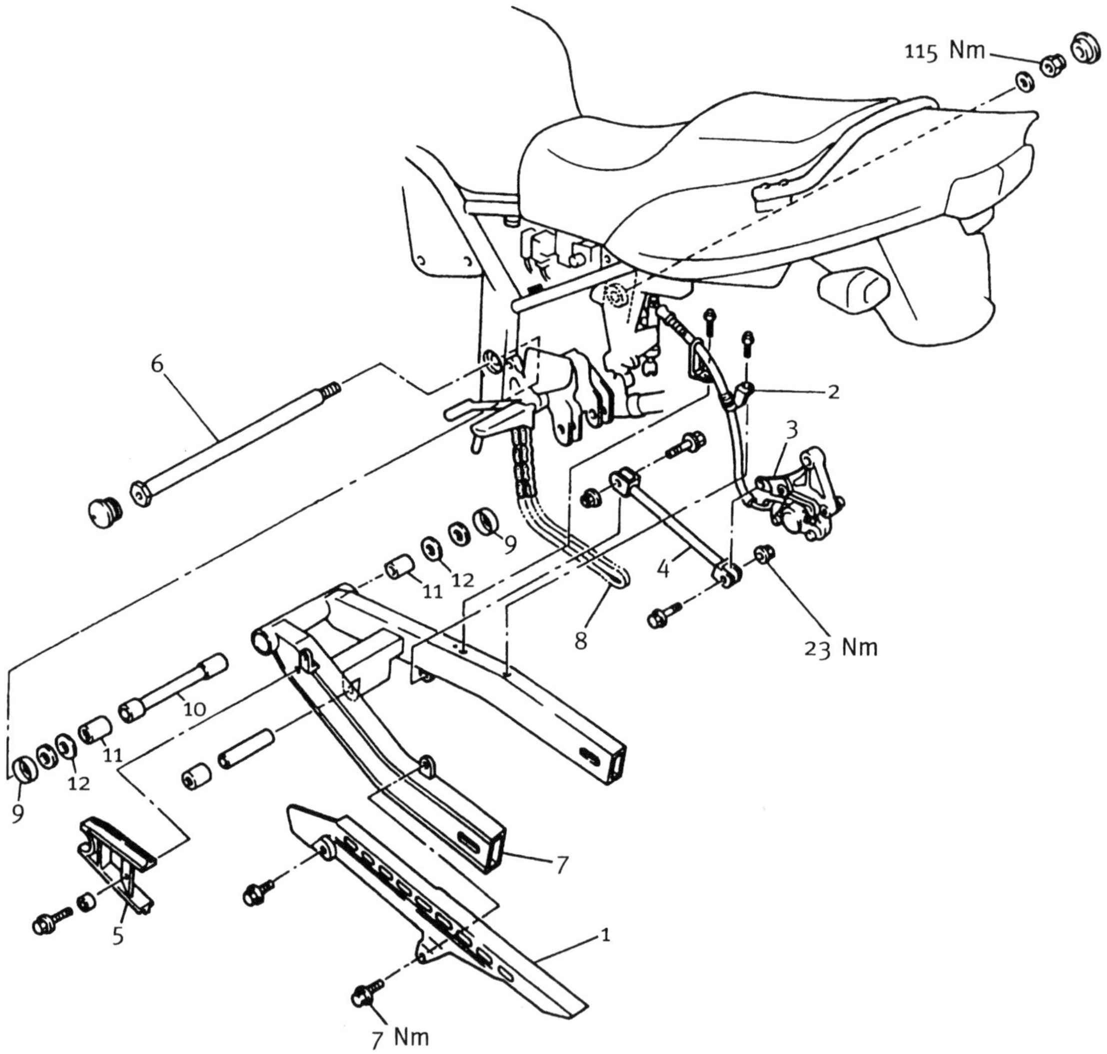

Bild 336
Schwinge FZS
Anzugsmomente
1 Kettenschutz
2 Bremsschlauchhalter
3 Bremssattelhalterung
4 Druckstange
5 Schwingenschutz
6 Schwingachse
7 Schwinge
8 Antriebskette
9 Abdeckung
10 Distanzstück
11 Lager
12 Scheibe

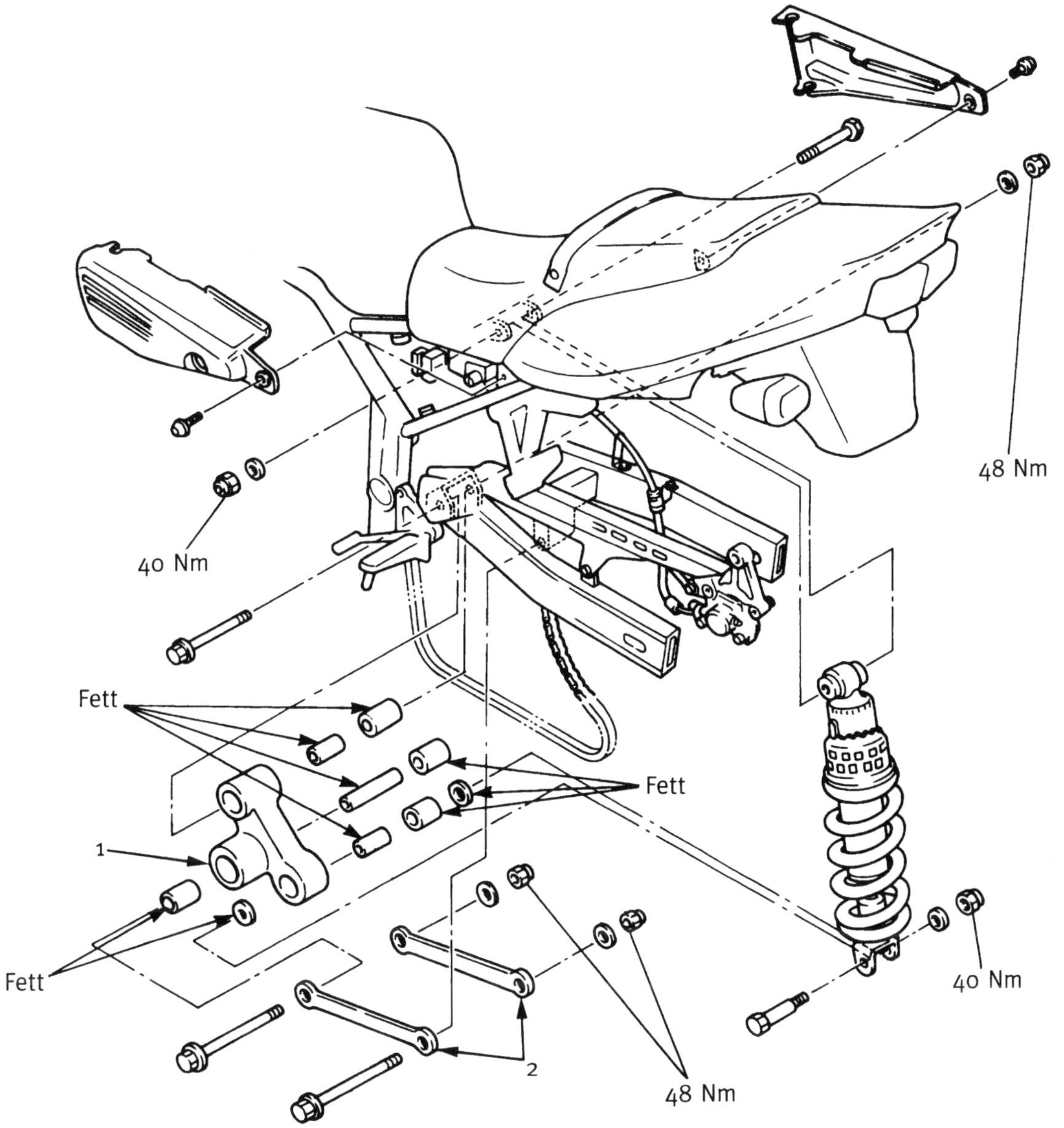

Bild 337
Federhebelei FZS
Anzugsmomente
1 Umlenkhebel
2 Übertragungshebel

Vorsicht! ⚠
Aufgepasst!

Bild 338
Hinterrad YZF
Anzugsmomente
1 Distanzhülsen
2 Dichtring
3 Lager
4 Distanzstück
5 Mitnehmernabe
6 Dämpfergummi
7 Kettenspannbolzen
SS Schraubensicherung

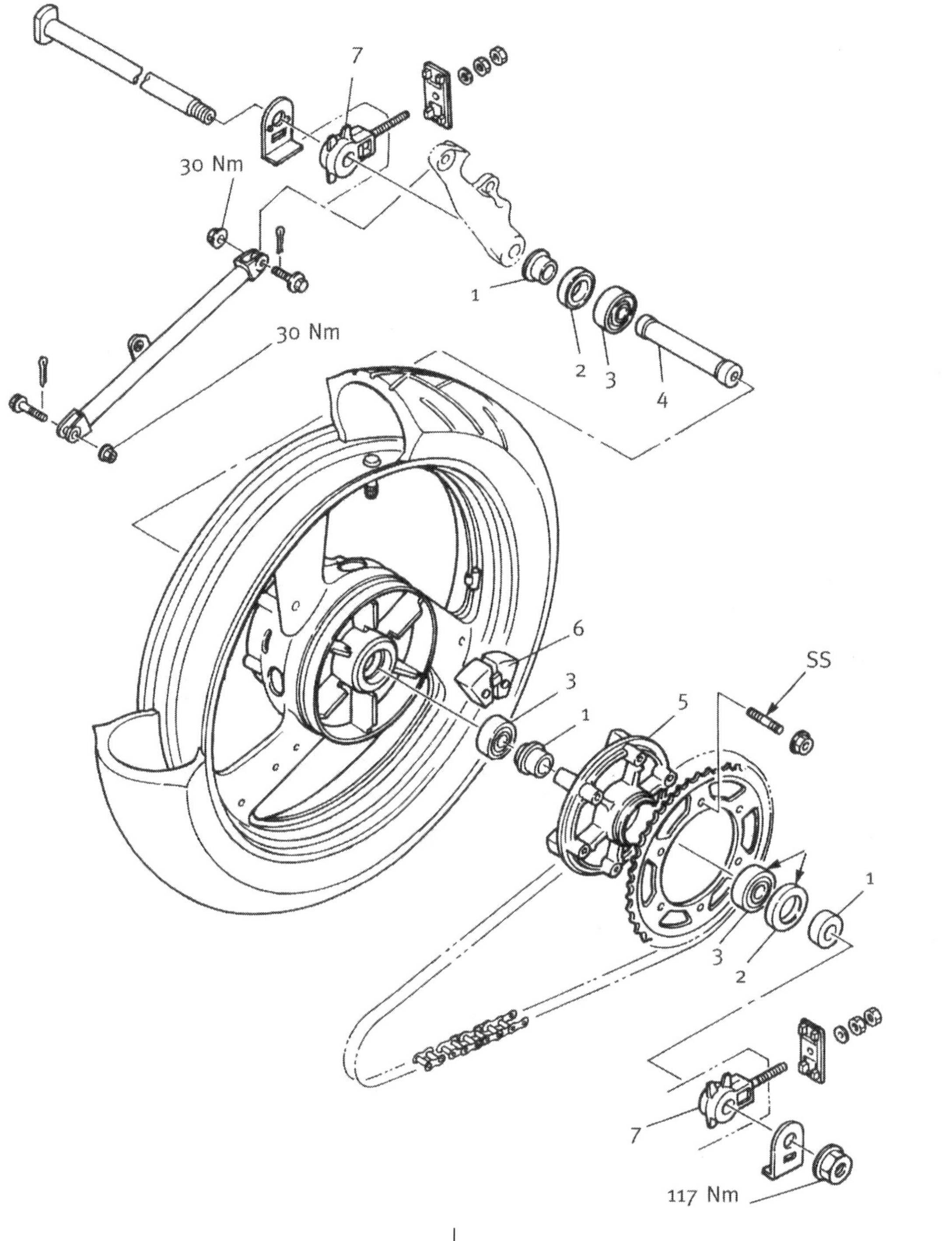

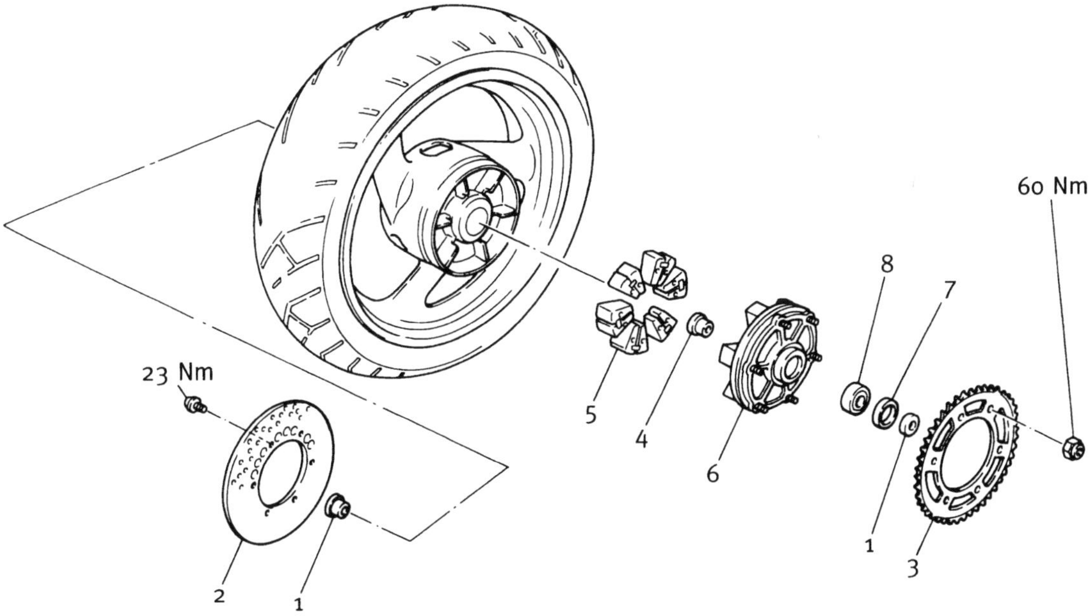

Bild 338
Hinterrad zusammenbauen/ FZS
Anzugsmoment

1 Distanzhülsen
2 Bremsscheibe
3 Kettenrad
4 Distanzstück
5 Dämpfergummi
6 Mitnehmernabe
7 Kettenspannbolzen
8 Lager

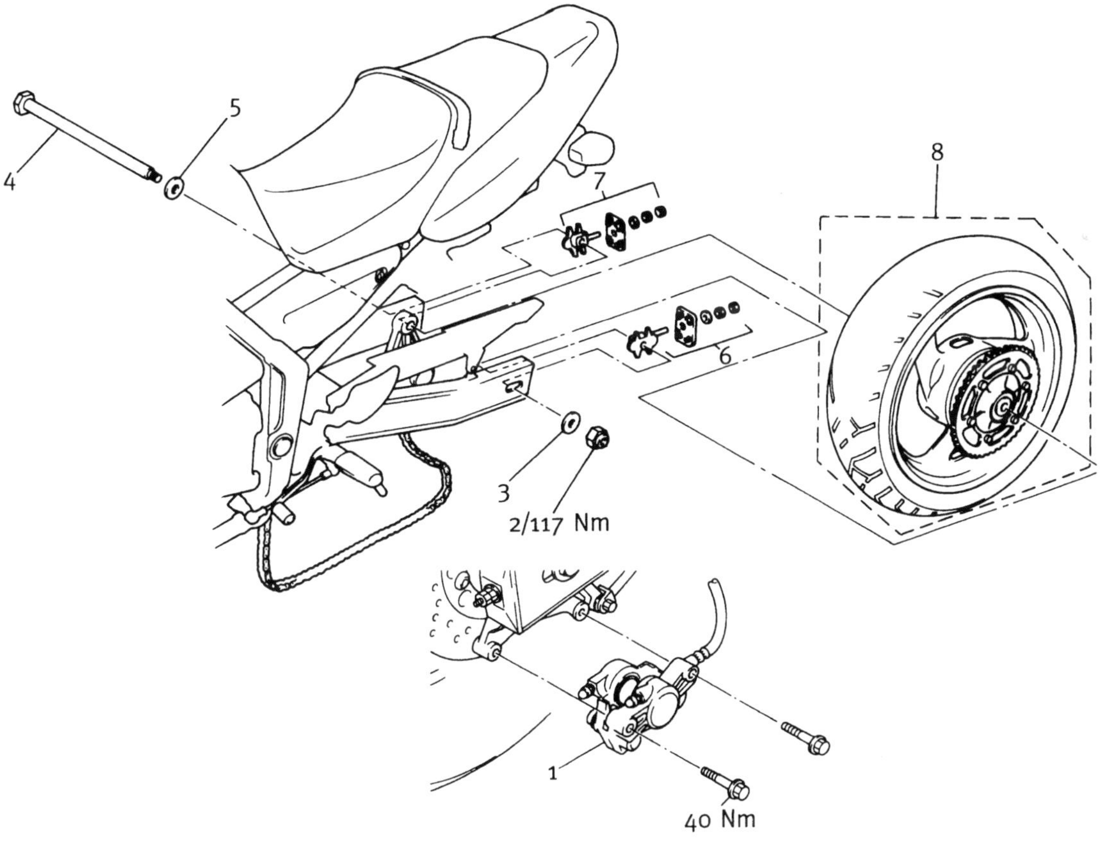

Bild 340
Hinterrad einbauen/FZS
Anzugsmomente

1 Bremssattel
2 Mutter
3 Scheibe
4 Achse
5 Scheibe
6 Kettenspanner links
7 Kettenspanner rechts
8 Hinterrad

Einwintern

Richtiges Einwintern oder »Einmotten« für längere Zeiträume (etwa ab einem Monat) macht sich auf jeden Fall bezahlt. Und zwar nicht nur durch den Werterhalt der Maschine, sondern es entfallen auch mühseliges Gefummel und Verwünschungen, wenn die Kiste nach dem Winterschlaf ihre Arbeit wieder aufnimmt, als wäre nichts gewesen.
Als Aufbewahrungsort empfiehlt sich eine trockene und gut belüftete Garage oder Ähnliches. Und im Fall einer Garage bitte darauf achten, dass nicht etwa salzhaltige Feuchtigkeit durch Fahrzeuge eingeschleppt wird, die auch bei Streusalz-Einsatz bewegt werden und die Garage mitbenutzen. Eine spezielle Abdeckplane aus dem Zubehörhandel hilft natürlich auch – und zwar der Kasse des Verkäufers. Im geschilderten Idealfall genügt ein altes Bettlaken als Staubschutz.
Anders sieht es bei einem weniger günstigen Abstellplatz aus, etwa ein überdachter Stellplatz im Freien. Hier ist eine hochwertige Abdeckplane natürlich angebracht. Hochwertig heisst in dem Fall, dass die Plane aus einer so genannten Klimamembran aufgebaut ist, welche von aussen nach innen wasser- und luftdicht abschliesst und umgekehrt entsprechend durchlässig ist. Bei Verwendung einer preisgünstigeren Kunststoffplane (oft auch innen mit Baumwolle beschichtet) unbedingt unten so weit geöffnet lassen, dass die Luftzirkulation nicht behindert wird und sich dann auch keine Feuchtigkeitsnester bilden können.
So oder so, bevor die Maschine eingestellt wird, steht penibles Putzen und Abschmieren auf dem Programm. Frisches Motoröl und Ventilspielwartung beim Viertakter runden den letzten Inspektionsgang ab, wo auch nach »schwitzenden« Motordeckeln, angescheuerten Kabeln und »gammeligen« Steckern Ausschau gehalten wird.

20.1 Batterie

- Ausbauen, Säurestand kontrollieren und gegebenenfalls regulieren wie in *Kapitel 3.11* beschrieben und »warm« lagern.
- Mit Ladegerät Batterie regelmässig alle 10 bis 14 Tage nachladen.

TIPP Im Zubehörhandel sind auch praktische Ladungserhaltungsgeräte erhältlich, die das zuweilen nervenaufreibende Nachdenken, wann mit wie viel Strom geladen wurde, erübrigen.

20.2 Vergaser und Tank

Der verdunstende Sprit hinterlässt Oxidations-Rückstände, welche feine Düsen oder Bohrungen verstopfen und dann Vergaser-Zerlegung und Reinigung notwendig machen.

- Schwimmerkammer-Ablassschraube aufdrehen und Sprit in geeignetes Auffanggefäss ablassen.
- Unversiegelten Stahlblechtank randvoll auffüllen (Rust never sleeps, sagt der Engländer – und Recht hat er).

20.3 Räder und Reifen

- Reifen etwa 0,5 kg/cm² über Normaldruck aufpumpen.
- Wenn möglich Fahrzeug so am Rahmen, Schwinge oder Motor (Gehäuse oder Ölwanne nicht eindrücken!) aufbocken, dass beide Räder frei in der Luft hängen.

20.4 Inbetriebnahme

Wenn alles wie in den Vorkapiteln beschrieben ausgeführt wurde, heisst es – in der Regel – wenn die Sonne wieder richtig 'rauskommt: kontrollieren und starten!

→ Motorölstand
→ Kühlflüssigkeitsstand
→ Reifenluftdruck
→ Beleuchtungseinrichtungen
→ Hebel und Pedale
→ Bremssystem: unter Druck setzen und nach etwa 20 Sekunden System auf Leckage sichtprüfen (besonders die Verbindungselemente). Druckpunkt immer noch deutlich fühlbar?

Kabel und Züge

Für die dauerhafte Funktion der Bowdenzüge, Elektrokabel und Schläuche ist die richtige Verlegung die wichtigste Grundvoraussetzung. Geknickte Züge scheuern durch und brechen, verklemmte Kabel können Kurzschlüsse verursachen. Die folgenden Übersichtszeichnungen helfen, Kabel, Schläuche und Züge exakt zu verlegen.

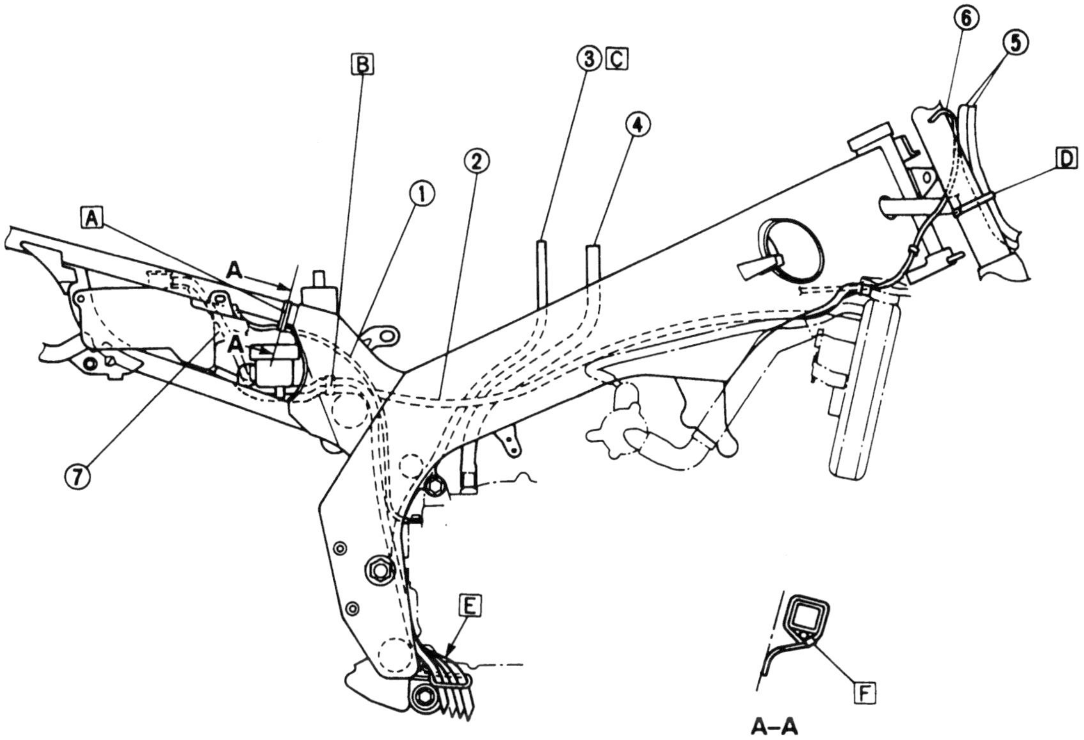

Bild 341
Kabel und Züge/YZF

1 Massekabel
2 Ausgleichsbehälterschlauch
3 Auslaufschutzschlauch (D)
4 Kurbelgehäuse-Entlüftungsschlauch
5 Bremsschlauch
6 Lenkerschalter rechts
7 Entlüftungsschlauch des Kühlflüssigkeits-Ausgleichbehälters
A Massekabel mit Mehrwegkabelbinder am Rahmen befestigen
B Entlüftungsschlauch des Kühlflüssigkeits-Ausgleichbehälters mit Kunststoff-Halteklammer oben und Ausgleichsbehälterschlauch unten am Rahmen befestigen
C Luftfilter-Entlüftungsschlauch am Auslaufschutzschlauch entlangführen
D Vorderrad-Bremsschläuche und Lenkerschalterkabel mit Kabelbinder am Standrohr befestigen
E Schläuche am Rahmen entlang und durch Metall-Kabelführung verlegen
F Kabel mit Mehrweg-Kabelbinder unten am Rahmen befestigen. Sicherstellen, dass Kabelbinderende nach unten weist

Bild 342
Kabel und Züge/YZF
1 Frontverkleidungshalterung
2 Lenkerschalter links
3 Zündschlosskabel
4 Starterkabel
5 Seitenständerschalterkabel
6 Kupplungsseilzug
7 Lüftermotorkabel
8 Tachokabel
9 Blinkerkabel vorn/links
10 Standlichtkabel vorn
11 Hupenkabel
12 Bremsschlauch
13 Massekabel
14 Belüftungsschlauch des Ausgleichsbehälters
15 Auslaufschutzschlauch (D)
16 Tankbelüftungsschlauch
17 Luftfilter-Belüftungsschlauch
A Zündschlosskabel und Lenkerschalterkabel mit Kabelbinder am Standrohr befestigen
B Frontverkleidungshalter an Kühlerhalterung, dann Lenkerschalterkabel und Zündschlosskabel mit Mehrweg-Kabelbinder links an Kühlerhalterung befestigen
C T-Klammer am Rahmen befestigen
D Unterdruckschläuche mit Kunststoff-Kabelführung am Rahmen befestigen
E Starterkabel hinter Kabelbaum führen, dann mit Mehrweg-Kabelbinder an Rahmen befestigen
F Kabel anschliessen und Stecker mit Gummiüberzug abdecken (breites Ende weist nach unten)

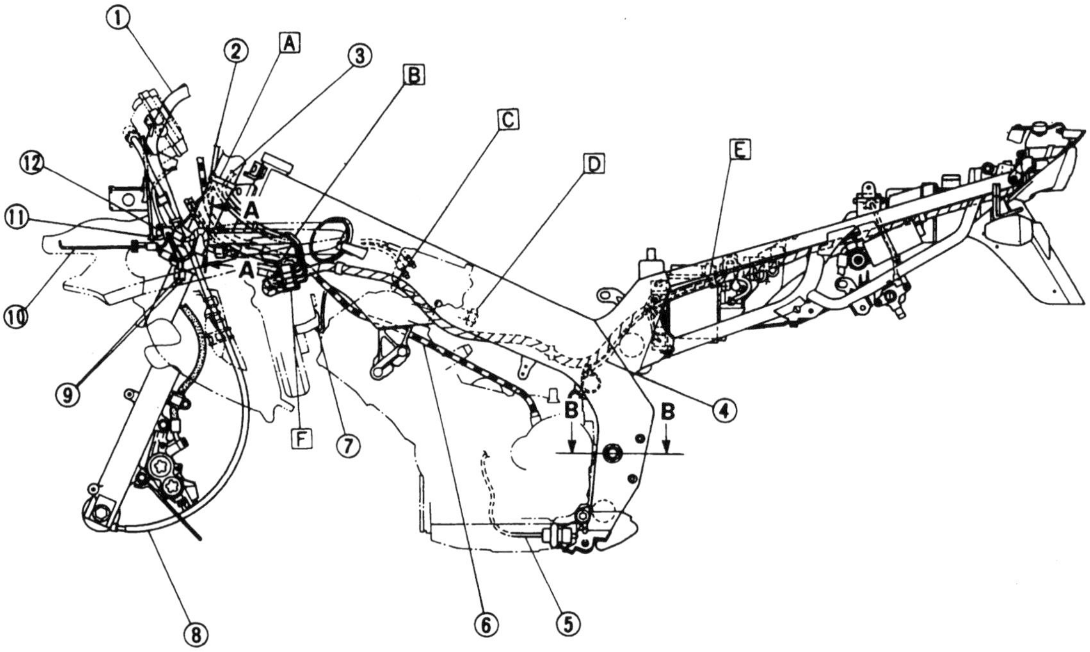

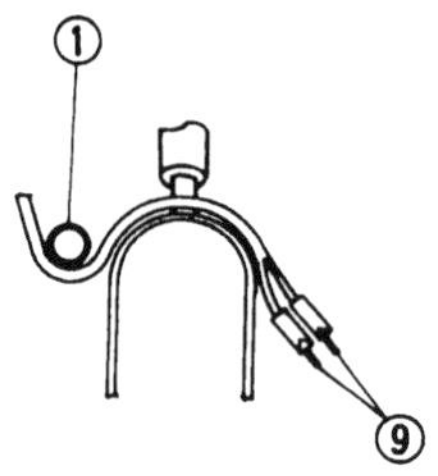

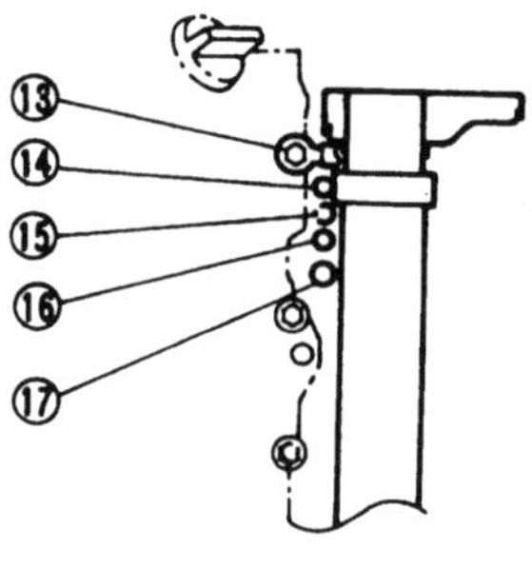

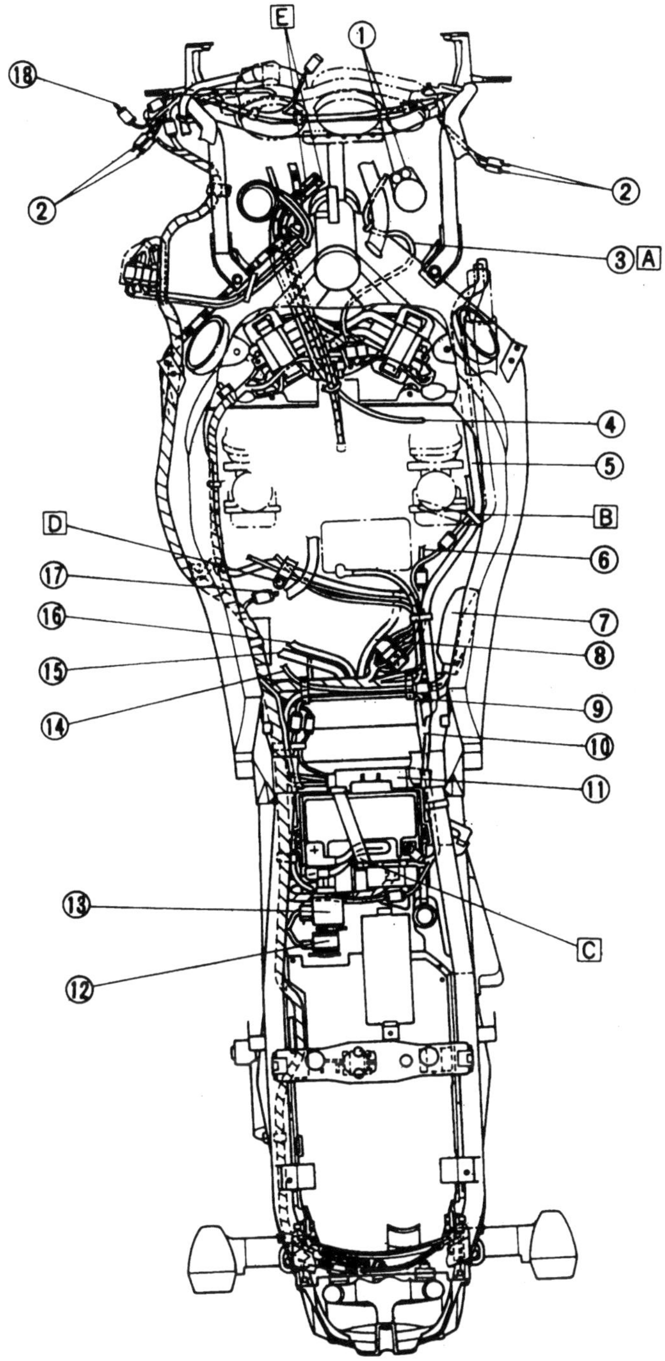

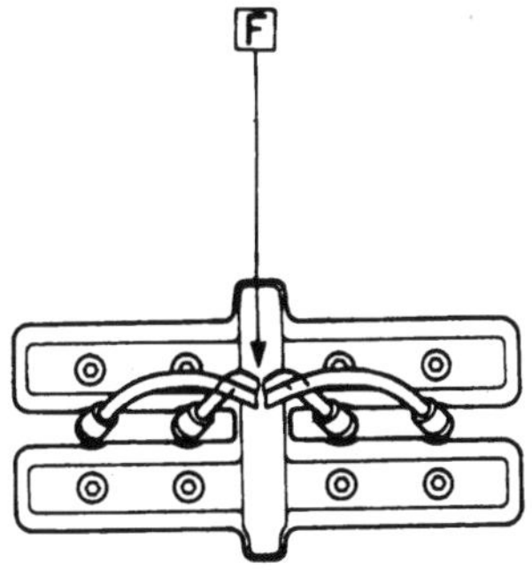

Bild 343
Kabel und Züge/YZF

1	Vorderrad-Bremsschlauch
2	Blinkerkabel vorn
3	Lenkerschalterkabel rechts
4	Choke-Seilzug
5	Kühlflüssigkeits-Ausgleichsbehälter-schlauch
6	Temperatursensor-Kabel
7	Regler/Gleichrichter
8	Auslaufschutz-schlauch (nur D)
9	Hinterrad-Brems-lichtschalterkabel
10	Massekabel
11	Zündbox
12	Blinkerrelais
13	Relais-Baugruppe
14	Benzinpumpen-kabel
15	Luftfilter-Entlüf-tungsschlauch
16	Tankbelüftungs-schlauch
17	Benzinstandgeber
18	Standlichtkabel
A	Lenkerschalterkabel rechts zwischen Rahmen und Kühler sowie Rahmen und Zündspulenblech verlegen
B	Kühlflüssigkeits-Ausgleichsbehälter-schlauch, -Entlüf-tungsschlauch und Gangsensorkabel Mehrweg-Kabelbin-der zusammenbin-den
C	Pluskabel mit Batterie-Haltegum-mi befestigen
D	Seitenständerschal-terkabel, Generator-kabel und Gang-sensorkabel durch Metall-Kabel-führung verlegen
E	Gasseilzüge zwischen Rahmen und Kühler sowie Rahmen und Zündspulenblech verlegen
F	Zündkerzenstecker müssen nach innen weisen. Hochspan-nungskabel vom Kühler fernhalten!

Bild 344
Kabel und Züge/FZS

1 Gasseilzüge
2 Kupplungsseilzug
3 Lenkerschalter links
4 Starterkabel
5 Zündschloss
6 Bremsschlauch
7 Tachokabel
8 Scheinwerferkabel
9 Lenkerschalter rechts
A Kabel des linken Lenkerschalters, Kupplungsseilzug und Starterkabel mit Kabelbinder zusammenfassen
B Bremsschlauch mit Kabelbinder aussen am Tachokabel verlegen

Bild 345
Kabel und Züge/FZS

1 Zündschlosskabel
2 Starterkabel
3 Lenkerschalterkabel links
4 Kupplungsseilzug
5 Regler/Gleichrichter
6 Hupenkabel
7 Box
8 Luftführung
9 Starterkabel
10 Blinkerrelais
11 Batterie
12 Startersperr-Relais
13 Batterie-Pluskabel
14 Sitzschlosszug
15 Generatorkabel
16 Starterkabel
17 Luftfilter-Ablaufschlauch
18 Seitenständerschalter
19 Neutralanzeigeschalter
20 Ölstandschalter
21 Tachokabel
22 Hupe
23 Starterrelais
24 Sicherungskasten
25 Zum Vorderrad-Bremslichtschalter
26 Zum Batterie-Minuskabel
27 Zum Starterrelais
28 Generatorstecker
29 Pickupstecker
30 Neutralanzeige-Stecker
31 Stecker von Ölstandschalter und Neutralanzeige
A Lenkerschalterkabel links, Zündschlosskabel, Kupplungsseilzug und Starterkabel mit Kunststoffklemme am Rahmen befestigen

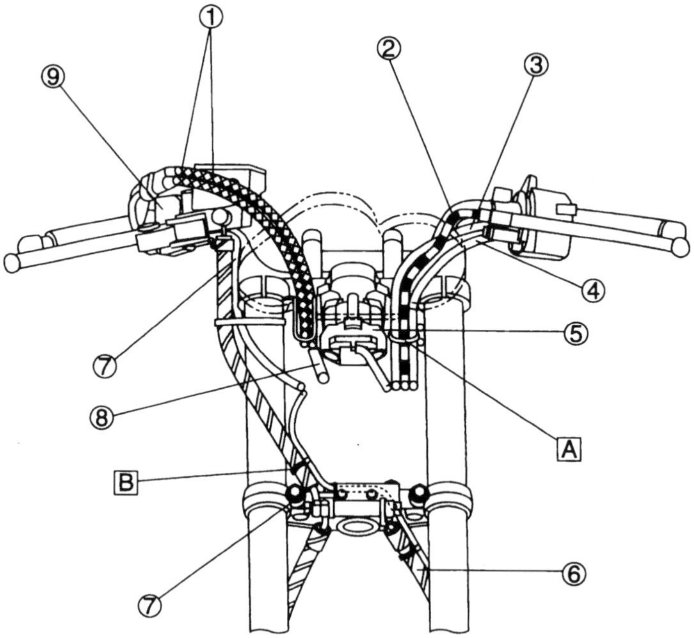

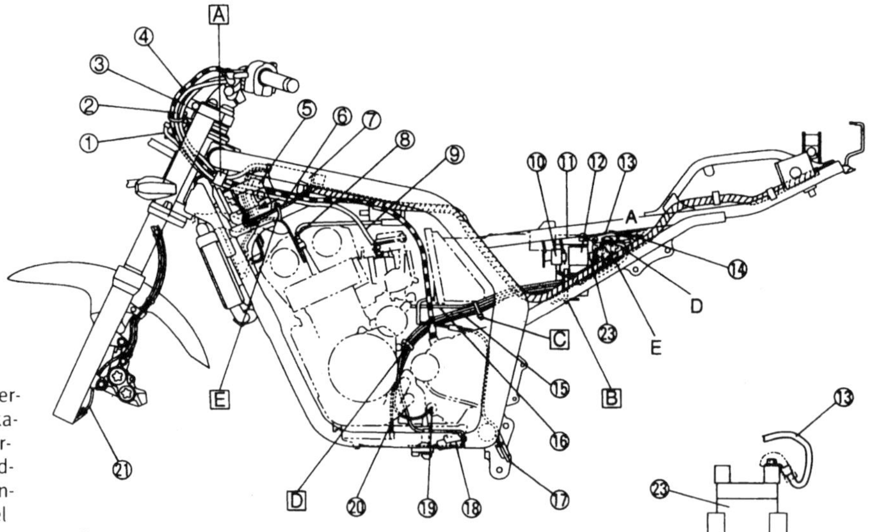

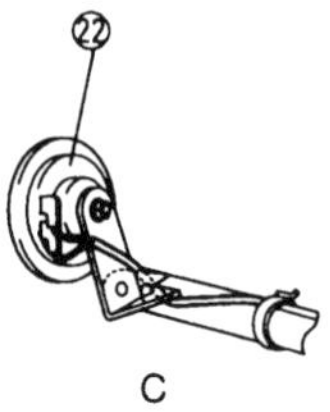

C

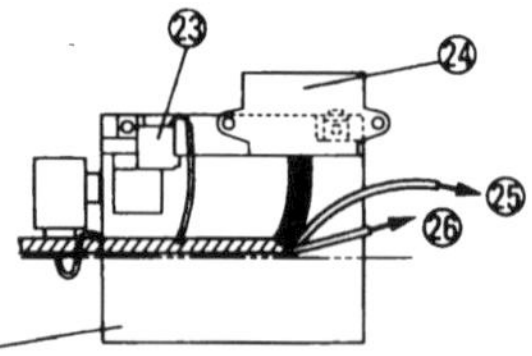

A

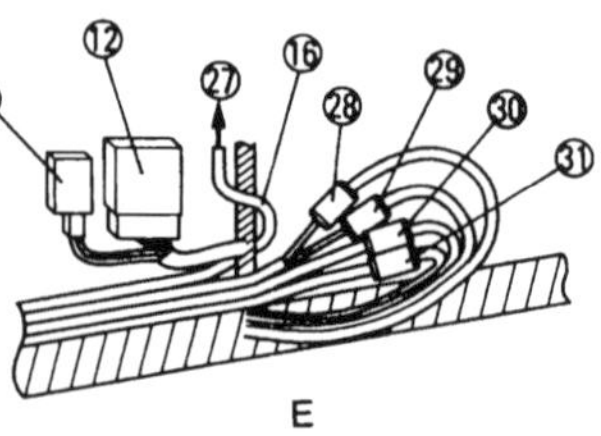

E

B Kabelbaum, Starterkabel, Generatorkabel, Seitenständerkabel und Ölstandschalter-/Neutralanzeigeschalterkabel mit Kabelbinder zusammenbinden. Anschliessend die Klemme an Rahmenhalterung befestigen. Kabelbinder aussen am Rahmen befestigen
C Starterkabel, Generatorkabel, Seitenständerschalterkabel und Ölstandschalter-/Neutralanzeigeschalterkabel mit Kabelbinder an Rahmenhalterung befestigen. Überstehende Enden des Kabelbinders abschneiden
D Generatorkabel, Seitenständerschalterkabel und Ölstandschalter-/Neutralanzeigeschalterkabel mit Metallklemme zusammenbinden
E Hupenkabel und Luftführung mit Kunststoffklemme am Rahmen befestigen

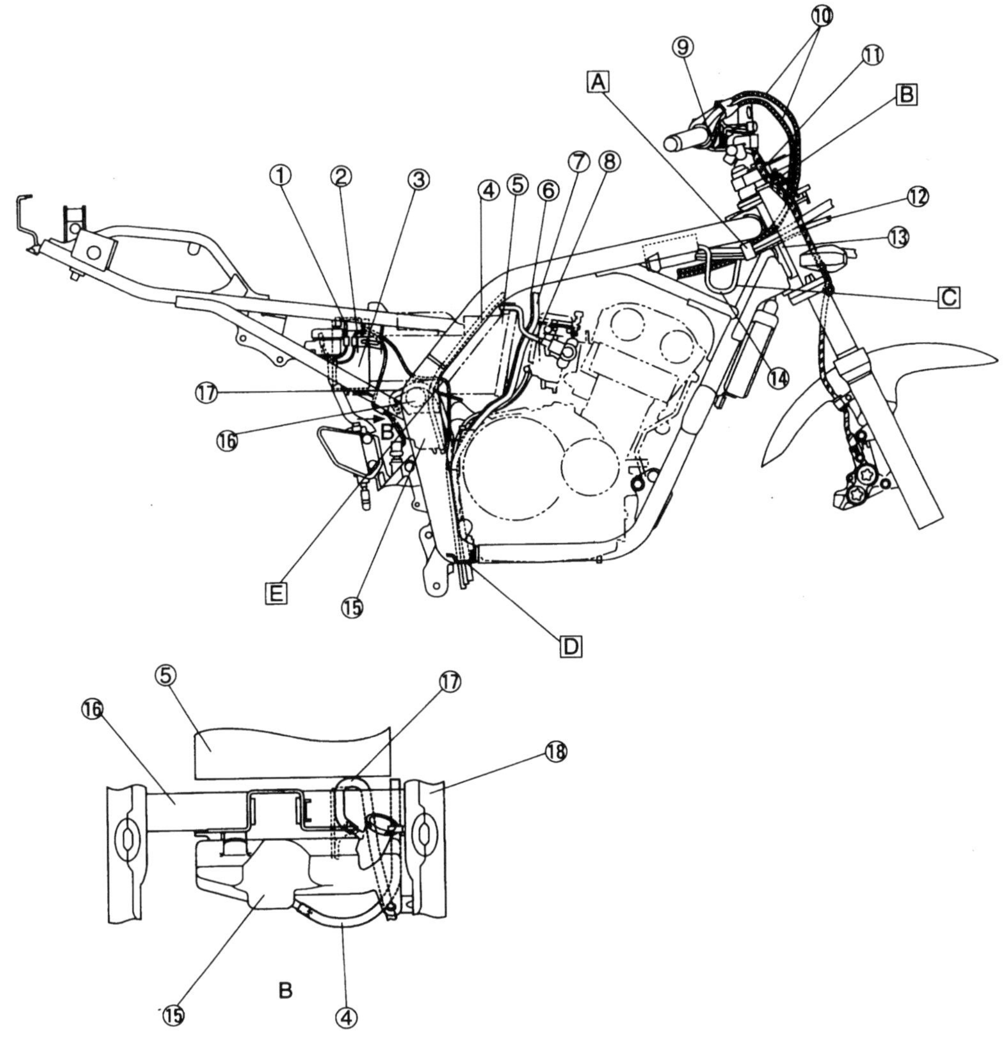

Bild 346
Kabel und Züge/FZS

1	Batterie-Minuskabel
2	Hinterrad-Bremslichtschalterkabel
3	Batterie
4	Ausgleichsbehälterschlauch
5	Luftfilter
6	Tankbelüftungsschlauch
7	Tankablaufschlauch
8	Drosselklappensensorkabel
9	Lenkerschalterkabel rechts
10	Gasseilzug
11	Bremsschlauch
12	Scheinwerferkabel
13	Tachokabel
14	Zündschlosskabel
15	Kühlmittel-Ausgleichsbehälter
16	Querstrebe
17	Überlaufschlauch
18	Schwinge
A	Gasseilzüge, Scheinwerferkabel, Lenkerschalterkabel rechts und Tachokabel mit Kunststoffklemme zusammenbinden
B	Lenkerschalterkabel rechts und Bremsschlauch mit Kabelbinder am Lenker befestigen
C	Zündschlosskabel unter Gasseilzügen, Lenekerschalterkabel rechts und Tachokabel verlegen und auf rechter Seite des Verkleidungsfachs einführen
D	Überlaufschlauch, Tankbelüftungsschlauch und Tankablaufschlauch durch die Kabelhalterung führen
E	Batterie-Minuskabel unter Ausgleichsbehälterschlauch verlegen

Bild 347
Kabel und Züge/FZS

1 Gasseilzug
2 Lenkerschalterkabel rechts
3 Scheinwerferkabel
4 Tachokabel
5 Vergaserheizungsschlauch
6 Ausgleichsbehälterschlauch
7 Benzinpumpe
8 Benzinfilter
9 Drosselklappensensorkabel
10 Benzinpegelgeber-Stecker
11 Batterie-Minuskabel Bremsschlauch
12 Batterie
13 Kühlmittel-Ausgleichsbehälter, Hinterradbremse
14 Hinterrad-Bremslichtschalterkabel
15 Sitzschlosszug
16 Zündbox
17 Hinterer Blinker rechts
18 Rücklichtkabel
19 Hinterer Blinker links
20 Starterkabel
21 Starterrelais
22 Startersperr-Relais
23 Blinkerrelais
24 Benzinpumpenkabel, Stecker
25 Zündspule
26 Kupplungsseilzug
27 Massekabel
28 Starterkabel
29 Lüftermotorkabel
30 Regler/Gleichrichterkabel
31 Starterkabel
32 Kupplungsseilzug
33 Lenkerschalter rechts
34 Zündschlosskabel
35 Zum Rücklicht
36 Hinterad-Abdeckung
37 Klemmen
A Kabelbaum unter Starterrelais verlegen
B Regler/Gleichrichterkabel, Lenkerschalterkabel links, Scheinwerferkabel und Tachokabel durch die Vorderseite des Verkleidungsfachs verlegen. Anschliessend alle Stecker anschliessen
C Stecker der hinteren Blinker ausrichten und Blinkerkabel mit Schlaufe festklemmen

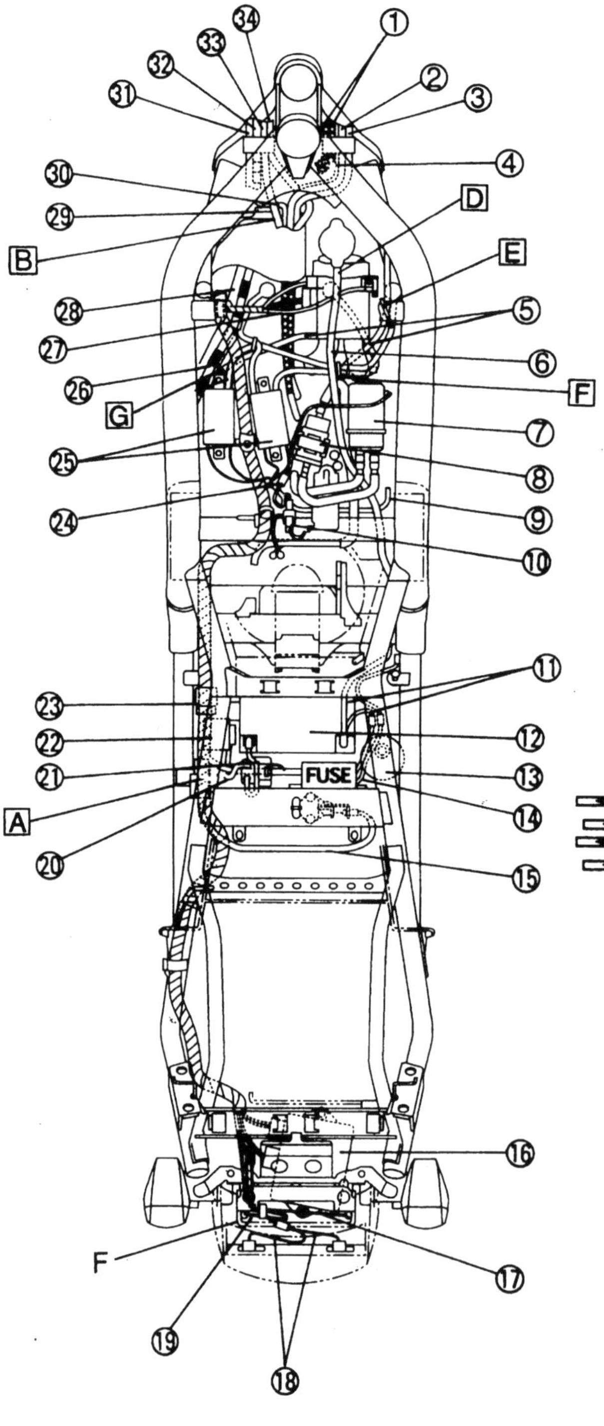

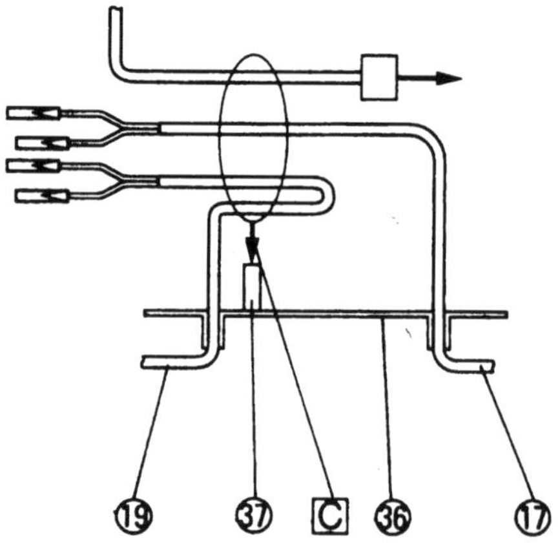

F

D Ausgleichsbehälterschlauch links am Thermostatgehäuse vorbeiführen
E Zündkabel #4 keinesfalls mit Kabelbinder befestigen
F Zur Befestigung der Zündkabel #3 und #4 Plastikklebeband verwenden
G Einlassschlauch des Vergasers unter den Zündkabeln #2 und #4 verlegen

Technische Daten

Abmessungen und Leergewicht
Einheit: mm

	Spezifikation
Gesamtlänge	2080 (2145)
Gesamtbreite	710 (725)
Gesamthöhe	1170 (1190)
Radstand	1415
Sitzhöhe	790 (805)
Bodenfreiheit	130 (135)
Wendekreisradius	2900 (3200)
Fahrzeuggewicht vollgetankt	210 kg (212 kg)

Motor

Typ	4-Takt, wassergekühlt
Ventiltrieb	Kettentrieb und DOHC, Tassenstösselbetätigung der Ventile
Zylinderanordnung	Vierzylinder-Reihe
Bohrung	62,0
Hub	49,6
Hubraum	599 cm^3
Verdichtungsverhältnis	12,0 : 1
Kompressionsdruck	15,5 kg/cm^2 bei 400/min
Luftfilter	Trockenfiltereinsatz

Ölsorte und Viskosität

Ölqualität	
API-Standard	SE oder höher
ACEA-Standard	G4 oder G5
Füllmenge	
nur Ölwechsel	2,5 Liter (2,6 Liter)
mit Filterwechsel	2,7 Liter (2,9 Liter)
Gesamtmenge	3,5 Liter

Kühlsystem

Kühlmittel-Gesamtmenge mit Umlauf	1,95 Liter

Vergaser

FZS	
Hersteller	MIKUNI
Typ/Anzahl	BSR 33/4
YZF	
Hersteller	KEIHIN
Typ/Anzahl	CVKD36/4

Kraftstoff

Sorte	Bleifreies Normalbenzin
Tankinhalt	18 Liter (19 Liter)
davon Reserve	3,5 Liter (3,1 Liter)

Zündkerzen

Hersteller/Typ	
NGK	CR9E oder CR8E
NIPPON DENSO	U27ESR-N oder U24ESR-N
Elektrodenabstand	0,7 – 0,8 mm

Kraftübertragung

Kupplungstyp	Mehrscheiben-Ölbad
Getriebe	Dauereingriff, 6-Gang
Schaltschema	1 - N - 2 - 3 - 4 - 5 - 6
Primäruntersetzung	1,708 (82/48)
Enduntersetzung	FZS: 3,200 (48/15) YZF: 3,133 (47/15)
Getriebestufung	
1. Gang	2,846 (37/13)
2. Gang	1,947 (37/19)
3. Gang	1,545 (34/22)
4. Gang	1,333 (28/21)
5. Gang	1,190 (25/21)
6. Gang	1,074 (29/27)

Fahrwerk
Einheit: mm

Rahmen

Bauart	Zweischleifen-Stahlrohrrahmen (Deltabox-Rahmen)
Lenkkopfwinkel	24° (25°)
Nachlauf	88 mm (97 mm)

Reifen

FZS	
Vorderreifengrösse	110/70 ZR 17 (54W)
Hinterreifengrösse	160/60 ZR 17 (69W)
Hersteller/Typ	
Bridgestone	
vorn	BT57F
hinten	BT57R
Dunlop	
vorn	D207F
hinten	D207J
YZF	
Vorderreifengrösse	120/60 ZR 17
Hinterreifengrösse	160/60 ZR 17
Hersteller/Typ	
Bridgestone	
vorn	BT50F
hinten	BT50R
Dunlop	
vorn	D202F
hinten	D202
Metzeler	
vorn	ME Z1 Front
hinten	ME Z1
Michelin	
vorn	A89X
hinten	M89X

Reifenluftdruck	
bis 90 kg Zuladung	
vorn	2,25 kg/cm²
hinten	2,50 kg/cm²
über 90 kg Zuladung und Hochgeschwindigkeitsfahrt	
vorn	2,25 kg/cm²
hinten	2,80 kg/cm²

Bremse
Einheit: mm

Vorderradbremse	Hydraulische Doppelscheibenbremse
Hinterradbremse	Hydraulische Einzelscheibenbremse

Federung

Vorderradfederung	Teleskopgabel
Federweg	120 mm (130 mm)
Hinterradfederung	Schwinge
Federweg	120 mm
Stossdämpfer	Stickstoff-Dämpfer mit Ausgleichsbehälter

Elektrische Anlage

Zündung	Digitale Transistorzündung
Generator	Drehstrom mit Dauermagnet
Batterie	12 V/8 Ah (12V/10 Ah)
Typ	GT12B-4 (YTX12-BS)
Glühlampen (alle 12 Volt)	
Scheinwerfer (Fern-/Abblendlicht)	60/55 W
Standlicht	5W (4W)
Brems-/Schlussleuchte	21/5 W x 2 (x 1)
Blinkleuchte	21 W x 4
Kennzeichenleuchte	5 W x 2
Instrumentenleuchte	3 W x 3 (1,7 W x 4)
Blinkanzeige	1,4 W x 2 (3,4 W x 1)
Fernlichtanzeige	1,4 W (3,4 W)
Neutralanzeige	1,4 W (3,4 W)
Ölstandanzeige	1,4 W (3,4 W)
Benzinstand-Warnleuchte	1,4 W (3,4 W)
Motortemperatur-Warnleuchte (FZS)	LED

Technische Änderungen vorbehalten

Motor
Einheit: mm

	Standard	*Verschleissgrenze*
Zylinderkopf		
Zylinderkopfverzug	–	0,10 (0,05)
Nockenwelle und Zylinderkopf		
Nockenwellenlager-Durchmesser	23,000 – 23,021	–
Nockenwellenlagerzapfen-Durchmesser	22,967–22,980	–
Lagerspiel	0,020 – 0,054	0,08
Nockenhöhe A		
EIN	32,75 – 32,85	32,7
AUS	32,45 – 32,55	32,4
	(32,55 – 32,65	32,5)
Nockengrundkreis B		
EIN	25,0 – 25,1	24,94
AUS	24,95 – 25,05	24,9
Nockenhub C		
EIN	7,65 – 7,85	7,5
AUS	7,4 – 7,6	7,25
	(7,452 – 7,652	7,3)
Nockenwellenschlag		
EIN und AUS	–	0,03 (0,06)
Steuerkettenlänge	130 Glieder (118)	
Steuerkettentyp	92RH2010J (DID215F)	
Ventil und Führung		
Ventilspiel (bei kaltem Motor)		
EIN	0,11 – 0,20	–
AUS	0,21 – 0,30	–
Ventilteller-Durchmesser A		
EIN	23,9 – 24,1	–
AUS	20,9 – 21,1	–
Ventilkegelbreite B		
EIN und AUS	1,56 – 2,40	–
Ventilsitzbreite C		
EIN und AUS	0,9 – 1,1	–
Ventiltellerdicke D		
EIN und AUS	0,6 – 0,8	–
Ventilschaftdurchmesser		
EIN	3,975 – 3,990	–
AUS	3,960 – 3,975	–
Innendurchmesser der Ventilführung		
EIN und AUS	4,000 – 4,012	–
Ventilführungsspiel (Schaft/Führung)		
EIN	0,010 – 0,037	0,08
AUS	0,025 – 0,052	0,1
Ventilschaftschlag		
EIN und AUS	–	0,04

Einheit: mm

	Standard	*Verschleissgrenze*
Ventilfederlänge (unbelastet)		
EIN und AUS	40,09	37,5
Einbaulänge		
EIN und AUS	34,5	–
Ventilfederspannung (eingebaut; 34,5 mm lang)		
EIN und AUS	13,4 – 15,6 kg	–
Zylinder		
Durchmesser	62,00 – 62,01	62,10
Unrundheit	–	0,07
Konizität	–	0,09
Kolben und Kolbenringe		
Kolbenlaufspiel	0,025 – 0,050	0,07
Kolbendurchmesser	61,960 – 61,975	–
Messpunkt	5 mm über Unterkante	
Kolbenbolzenversatz	0,5	–
Versatzseite	zum Einlass	
Kolbenbolzen-Bohrungsdurchmesser	17,002 – 17,013	–
Kolbenbolzendurchmesser	16,991 – 17,000	–
Abmessungen		
1. Ring	0,8 x 2,2	–
2. Ring	0,8 x 2,3	–
Ölabstreifring	1,5 x 2,3	–
Kolbenringnutspiel		
1. Ring	0,020 – 0,075	0,1
2. Ring	0,020 – 0,055	0,1
Kolbenring-Stossspiel		
1. Ring	0,15 – 0,30	0,6
2. Ring	0,25 – 0,40	0,7
Ölabstreifring	0,10 – 0,35	–
Ölabstreifring	0,20 – 0,90	–
Pleuel und Kurbelwelle		
Pleuellagerspiel	0,043 – 0,066	0,08
Kurbelbreite A	48,4	–
Wellengesamtbreite	296,8 – 298,0	–
Schlaggrenze C	–	0,03
Pleuel-Seitenspiel D	0,160 – 0,262	0,5
Pleuel-Höhenspiel E	0,043 – 0,066	0,08
Ausweichung am PLeuelkopf F	0,32 – 0,50	0,8
Kurbellagerspiel	0,025 – 0,043	0,08

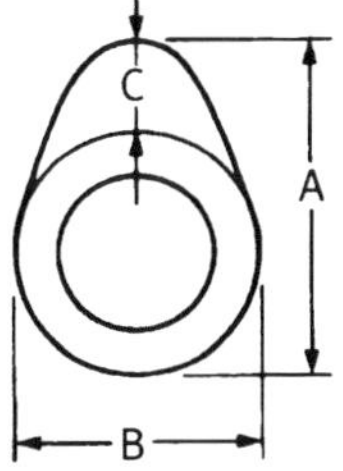

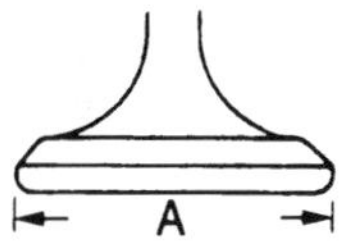

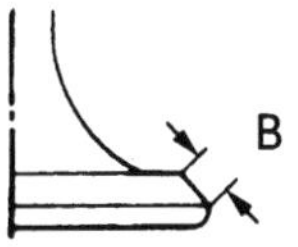

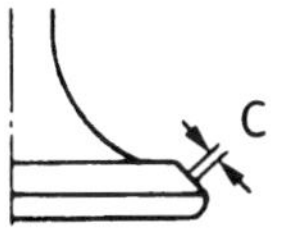

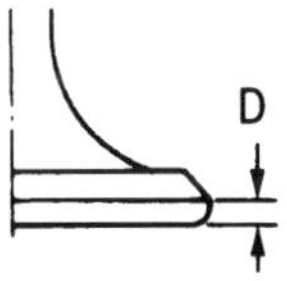

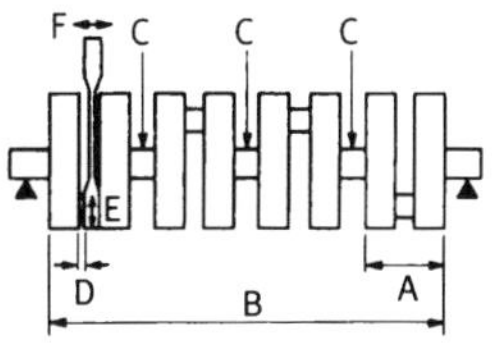

Kupplung
Einheit: mm

	Standard	Verschleissgrenze
Reibscheibendicke (8 Stück)	2,94 – 3,06	2,8
Reibscheibendicke (1 Stück)	2,94 – 3,06	—
Stahlscheibendicke (8 Stück)	1,9 – 2,1	—
Stahlscheibenverzug	—	0,1
Kupplungsfederlänge (unbelastet)	34,9	34,3
Kupplungskorb		
Axialspiel	0,05 – 0,13	0,2
Radialspiel	0,005 – 0,041	—
Druckstangenschlag	—	0,3

Getriebe

Getriebewellenschlag	—	0,02
Schaltgabelschienenschlag	—	0,05

Vergaser

	FZS	*YZF*
Hersteller	MIKUNI	KEIHIN
Typ	BSR 33	BST 34
Durchlass	33	34
Kenn-Nr.	5DM1 00	3EB00
Leerlaufdrehzahl	1150 – 1250/min	1350 ± 50/min
Schwimmerhöhe	4,5	14,6 ± 0,5
Hauptdüse	#115	165
Hauptluftdüse	#80	
Leerlaufdüse	#12,5	45
Leerlaufluftdüse	#130	45
Leerlaufbohrung	0,9	
Düsennadel	5D86	5F81/2
Nadeldüse	P-0	0-7
Luftdüse	80	1,2
Chokedüse	50 (60)	45
Leerlaufgemisch-Einstellschraube (Grundstellung; Umdrehungen heraus)	2	2 ½
Ventilsitzgrösse	1,0	
Chokedüse	0,6	
Drosselklappengrösse	#110	

Schmiersystem
Einheit: mm

	Standard	Verschleissgrenze
Ölfilter	Papiereinsatz	
Ölpumpe	Rotorpumpe	
Radialspiel	0,30 – 0,09	0,15
Axialspiel	0,30 – 0,08	0,15
Ansprechdruck		
Bypassventil	0,8 – 1,2 bar	—
Überdruckventil	4,5 – 5,5 bar	—

Kühlsystem

Kühlerdeckel-Öffnungsdruck	0,95 – 1,25 bar	—
Kühlmittelmenge	0,6 Liter	—
Ausgleichsbehälter	0,61 Liter	—
Differenz zwischen MAX und MIN	0,22 Liter	—
Wasserpumpe		
Typ	Kreiselpumpe mit einfacher Zulauföffnung	
Übersetzung	82/48 x 48/49 (1,673)	

Lager und Dichtringe

	Spezifikation
Pleuellager	Gleitlager 30 x 15
Kurbelwellenlager	Gleitlager 30 x 16
Kurbelwellen-Dichtring	S3-29-40-7,5L HS
Wasserpumpenlager	BWF26-44R
Hauptwellenlager	
links	6204DLA8NUR (Kugellager)
rechts	83B285SH2C3 22 x 56 x 16
Nebenwellenlager	
links	83424ASH2CS41
rechts	20NQ3315NE 20 x 33 x 15
Nebenwellen-Dichtring	SD7-35-52-8 VS
Schaltwellen-Dichtring	SD-12-22-5-HS

Fahrwerk
Einheit: mm

Teleskopgabel und Schwinge

	Standard	Verschleissgrenze
Federweg vorn	120 (130)	—
Freie Länge der Gabelfeder	323 (424,5)	319 (419,5)
Distanzhülsenlänge	200 (—)	—
Federrate		
K1	75 N/mm (80)	—
K2	14 N/mm (—)	—
Federweg		
K1	0 – 70 (0 – 130)	—
K2	70 – 120	—
Ölmenge	475 cm³ (421)	—
Füllhöhe	121 (137)	—
Ölsorte	Gabelöl #10 (#5)	—
Federweg hinten	50 (64)	—
Freie Länge der Federbeinfeder	177 (228)	—
Einbaulänge	168 (217,5)	—
Federrate K1	147 N/mm (870)	—
Federweg K1	0 – 50 (0 – 64)	—
Gas/Luftdruck	12 bar	—
Seiten- und Höhenspiel am Schwingenende	–	1,0

Räder

	Standard	Verschleissgrenze
Vorderrad		
Felgengrösse	17 x MT3,00 (MT3,50)	—
Max. zulässiger Schlag		
Höhe	—	1,0
Seite	—	0,5
Hinterrad		
Felgengrösse	17 x MT5,00	—
Max. zulässiger Schlag		
Höhe	—	1,0
Seite	—	0,5

Antriebskette

	Standard	Verschleissgrenze
Bauart/Hersteller	50VA7/DAIDO	—
Kettenglieder	110 (108)	—
Durchhang	30 – 40 (20 – 30)	—

Vorderradbremse

Einheit: mm

	Standard	Verschleissgrenze
Bremsscheiben-Durchmesser	298	—
Bremsscheibendicke	4,0 (5,0)	—
Seitenschlag der Scheibe	—	0,2
Belagdicke	5,0	0,5
Pumpenzylinder-Durchmesser	14	—
Bremssattelzylinder-Durchmesser	30,2	—
	27	—
Bremsflüssigkeit	DOT 4	—

Hinterradbremse

	Standard	Verschleissgrenze
Bremsscheiben-Durchmesser	245	—
Bremsscheibendicke	5,0	—
Seitenschlag der Scheibe	—	0,15
Belagdicke	5,5	0,5
Pumpenzylinder-Durchmesser	12,7 (14,0)	—
Bremssattelzylinder-Durchmesser	38,1 (42,85)	—
Bremsflüssigkeit	DOT 4	—

Lager und Dichtringe

	Spezifikation
Schwingachslager	TA2428Z; 24 x 31 x 28
Vorderradlager	6203LLU/2A; 17 x 40 x 12
Hinterradlager	6204 2RS; 20 x 47 x 14
Hinterrad-Dichtring rechts	SD-28-47-7-1
Kupplungsnabenlager	62062RS; 30 x 62 x 16
Kupplungsnaben-Dichtring	MHSA-40-62-8-B

Elektrische Anlage
Ω-Werte bei 20°C

Zündsystem

	Spezifikation
Zündzeitpunkt	10° (5°) vor OT bei 1250/min
Frühzündung	50° vor OT bei 4500/min
Transistorzündanlage	
Hersteller	MITSUBISHI
Typ	J4T085
Widerstand der Pickup-Spule	189 – 231 Ω
Zündspule	
Hersteller	NIPPON DENSO
Typ	J0313
Widerstand der Primär-Wicklung	1,87 – 2,53 Ω
Widerstand der Sekundär-Wicklung	12 – 18 kΩ

	Spezifikation
Zündkerzenstecker	
Typ	Kunstharz
Widerstand	10 kΩ

Ladesystem

Generator	
Bauart	Drehstrom
Hersteller	MITSUBISHI
Typ	F4T359 (F4T-358)
Nennleistung	12 V 18 A bei 5000/min
Widerstand der Statorspulen	0,36 – 0,44 Ω
Spannungsregler/Gleichrichter	
Hersteller	SHINDENGEN
Typ	SH650-12 (SH650A) (Transistorregler)
Regelspannung	14,1 – 14,9 V
Kapazität	18 A
Max. zulässige Spannung	200 V

Startersystem

	Standard	*Verschleissgrenze*
Starter		
Hersteller	MITSUBA	
Typ	SM-13	
Bauart	Permanenteingriff	
Ausgangsleistung	0,7 kW	
Feldspulenwiderstand	0,0015 – 0,0025 Ω	
Kohlebürstenlänge	10 mm	4 mm
Bürstenfederdruck	7,8 – 10,2 N	
Kollektordurchmesser	28 mm	27 mm
Starterrelais		
Hersteller	JIDECO	
Typ	MS5F-631	
Nennstromstärke	100 A	
Wicklungswiderstand	4,18 – 4,62 Ω (3,96 – 4,84)	

Blinkerrelais

	Spezifikation
Hersteller	NIPPON DENSO
Typ	FE246BH
Bauart	elektronisch mit Warnblinker
Blinkfrequenz	75 – 95 Impulse/min (60 – 120)

Ölstandgeber

	Spezifikation
Hersteller	SOMIC
Typ	4JH

Hupe

Hersteller	NIKKO
Typ	YF-12
Max. Stromstärke	3,0 A
Lautstärke	105 – 120 dB/2 m
Wicklungswiderstand	1,15 – 1,25 Ω

Lüftermotor

Hersteller	NIPPON DENSO
Typ	5DM

Lüftermotorschalter

Hersteller	NIPPON THERMOSTAT
Typ	3LN (2EL)

Thermosensor (YZF)

Hersteller	NIPPON SEIKI
Typ	11H

Sicherungen

Bauart	Schmelzsicherungen
Hauptsicherung	30 A
Scheinwerfer	20 A
Blinker	20 A (15)
Zündung	20 A (7,5)
Lüftermotor	10 A (7,5)
Zusatzsicherung	5 A (—)
Reserve	30, 20, 10 und 5 A (7,5)

Anzugsmomente

Befestigungsart	*Nm*
Sechskantschraube und -mutter, 5 mm	5
Sechskantschraube und -mutter, 6 mm	10
Sechskantschraube und -mutter, 8 mm	15
Sechskantschraube und -mutter, 10 mm	30
Sechskantschraube und -mutter, 12 mm	55

Die unten aufgeführten Anzugsdrehmomente gelten für wichtige Befestigungsteile. Andere Befestigungsteile sind auf die oben angegebenen Standard-Anzugswerte anzuziehen.

Hinweis

① Motoröl auftragen
② Schraubensicherung auf Gewinde auftragen
③ Molybdändisulfidöl auftragen
④ Molybdändisulfidfett auftragen

Motor

	Nm	*Hinweis*
Nockenwellen-Lagerdeckel	10	
Zylinderkopf	35	①
Zündkerze	13	
Zylinderkopfdeckel	10	
Zylinderkopf-Seitendeckel	9	
Pleueldeckel	15	③
(anschliessend um 90° weiterdrehen)		
Nockenwellenrad	24	
Steuerkettenspanner	10	
Steuerkettenspanner-Verschlussschraube	20	
Steuerkettenschiene (Einlassseite)	10	②
Leitung 2, 3 und 4	10	
Thermostatdeckel	10	
Motormasse	10	
Kühler	7	
Dichtung	10	
Wasserpumpe	10	
Wasserpumpengehäuse	10	
Kühlerdeckel	8	
Leitung 5 und 6	10	
Rotorgehäuse	7	
Ölpumpe	10	②
Ölsiebgehäuse	10	②
Ölsiebdeckel	12	
Ölkühler-Hohlschraube	64	①
Ölablassschraube	43	
Förderleitung	20	
Leitungshalter	10	
Ölfilterpatrone	17	
Vergaseransaugstutzen	10	
Luftfiltergehäusestutzen	1	
Luftfiltergehäuse	7	
Luftfilterdeckel	2	
Auspuffrohrmutter	10	
Auspuffkrümmerschraube	20	
Kurbelgehäuse		
M8-Hauptlagerschrauben	24	④
M8 (1 Stck.)	24	①
M6	12	①
Ölschwallblech	7	②
Dichtringsitz	10	②
Generatordeckel	12	
Ritzeldeckel		
M6	10	
M5	4	
Startergetriebedeckel	12	
Hauptölkanal	8	①
Kupplungsdeckel	12	
Klemme (Generator)	7	
Starterkupplung	80	
Starterzahnrad	30	②
Kupplungsfederschrauben	6	
Kupplungsnabe	70	
Druckhebel	5	②
Druckstangen-Einsteller	16	
Ritzelmutter	70	
Schaltwalzensitz	10	②
Schaltarm	10	
Schaltgabelschienen-Anschlag	10	②
Arretierungshebel	10	②
Schalthebel-Einsteller	7	
Seitenblech 2	4	②
Generatorrotor	130	
Statorspule	10	②
Pickupspule	5	
Starter	10	
Neutralanzeigeschalter	4	
Ölstandgeber	7	
Thermoschalter		
Lüftermotor	23	
Temperatur-Warnleuchte	8	

Fahrwerk

	Nm	Hinweis
Standrohr-Klemmschrauben	30	
Lenkkopfmutter	110	
Untere Lenkerhalterung	40	
Obere Halterung	23	
Handpumpenhalterung	10	
Hydraulik-Hohlschraube	30	
Drehgriff	7	
Frontverkleidungsstrebe	33	
Frontverkleidungshalterung	7	
Vorderradabdeckung	7	
Motorhalterung vorn und hinten	33	
Befestigungsschrauben	55	
Schwingachse	115	
Federbein oben und unten	40	
Umlenk-/Übertragungshebel	48	
Tank vorn und hinten	10	
Tankhalterung hinten	7	
Benzinhahn	7	
Benzinstandgeber	4	
Zündspule	7	
Sitzschloss	7	
Hinterrad-Abdeckung an Rahmen	7	
Rücklicht-Halterung an Hinterrad-Abdeckung	7	
Heckverkleidung und Rücklicht-Halterung	4	
Heckverkleidung und Rahmen	7	
Hintere Blinker	7	
Rücklicht	4	
Soziusgriff	19	
Vorderachse	67	
Achsklemmschraube	20	
Vorderrad-Bremssattel	40	
Bremsscheiben	23	②
Entlüfterventil	6	
Druckstange	23	
Kettenrad	60	
Kettenspannermutter	16	
Bremssattel-Halterung vorn	40	
Hinterachsmutter	117	
Seitenständer	23	
Fussrastenhalterung an Rahmen	28	
Hinterrad-Bremssattel an Rahmen	23	
Rastenhalterung und Raste	55	
Fussrastenhalterung/hinten an Rahmen	28	
Mutter des Hauptständers	56	
Fussrastenhalterung und Auspuff	20	
Fussrastenhalterung/hinten und Dämpfer	30	

Technische Änderungen vorbehalten

Schaltplan

YAMAHA FZS 600 Fazer
ab Baujahr 1998

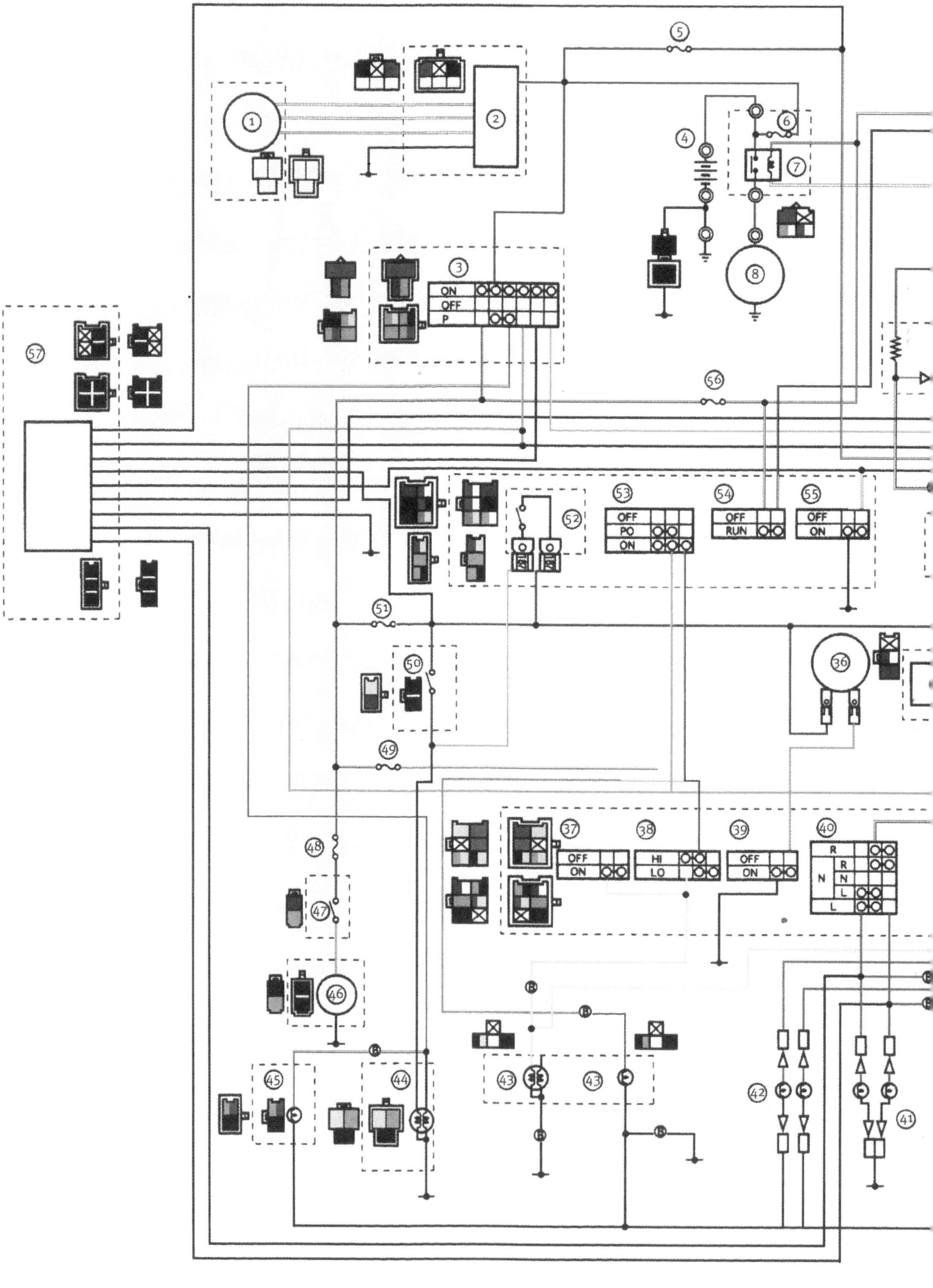
ON
OFF
P
OFF
PO
ON
OFF
RUN
OFF
ON
OFF
ON
HI
LO
OFF
ON
R
N
R
N
L
L
B

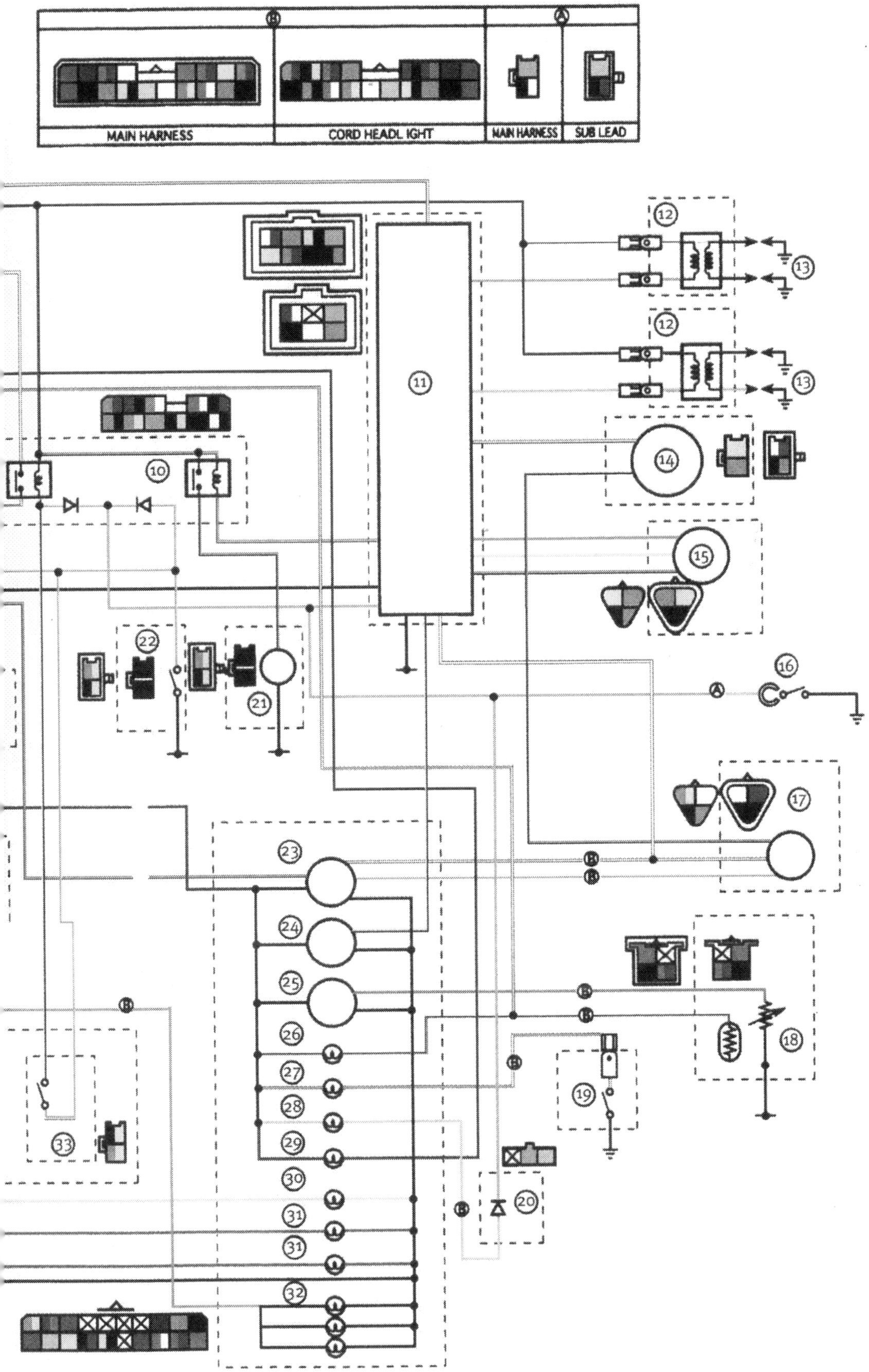

Schaltplan FZS ab 1998

1	Generator
2	Regler/Gleichrichter
3	Zündschloss
4	Batterie
5	Reservesicherung
6	Hauptsicherung
7	Starterrelais
8	Starter
9	Starter-Sperrrelais
10	Benzinpumpenrelais
11	Zündbox
12	Zündspule
13	Zündkerze
14	Impulsgeber (Pickup)
15	Drosselklappen-sensor
16	Neutralschalter
17	Tachosensor
18	Benzinstandgeber
19	Thermoschalter (Warnleuchte)
20	Diode
21	Benzinpumpe
22	Seitenständer-schalter
	Thermosensor
23	Tacho
24	Drehzahlmesser
25	Tankanzeige
26	Benzinpegel-Warnleuchte
27	Motortemperatur-Warnleuchte
28	Neutralanzeige
29	Ölstand-Warnleuchte
30	Fernlicht-Kontrolle
31	Blinkkontrolle
32	Instrumente-Beleuchtung
33	Kupplungsschalter
34	Ölstandschalter
35	Blinkerrelais
36	Hupe
37	Lichthupenknopf
38	Abblendschalter
39	Hupenknopf
40	Blinkerschalter
41	Blinker vorn
42	Blinker hinten
43	Scheinwerfer
44	Brems-/Rücklicht
45	Standlicht
46	Lüftermotor
47	Thermoschalter
48	Lüftermotor-Sicherung
49	Scheinwerfer-sicherung
50	Hinterrad-Bremslichtschalter
51	Blinkersicherung
52	Vorderrad-Bremslichtschalter
53	Lichtschalter
54	Motorstoppschalter
55	Starterschalter
56	Zündungssicherung
57	Alarm (optional)

Schaltplan

Yamaha YZF 600 R
ab Baujahr 1996

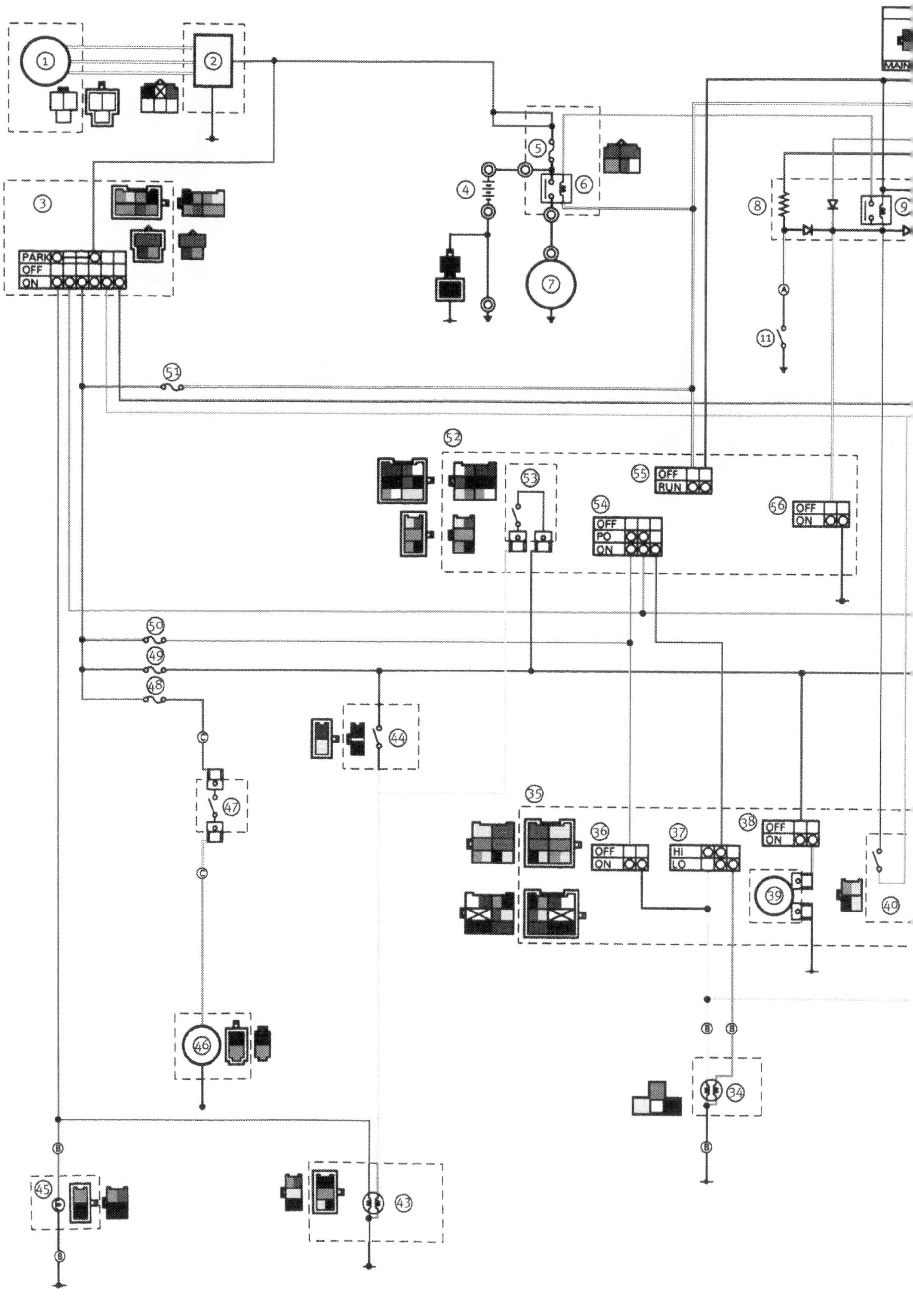
MAIN
PARK
OFF
ON
OFF
RUN
OFF
ON
OFF
PO
ON
OFF
ON
HI
LO
OFF
ON

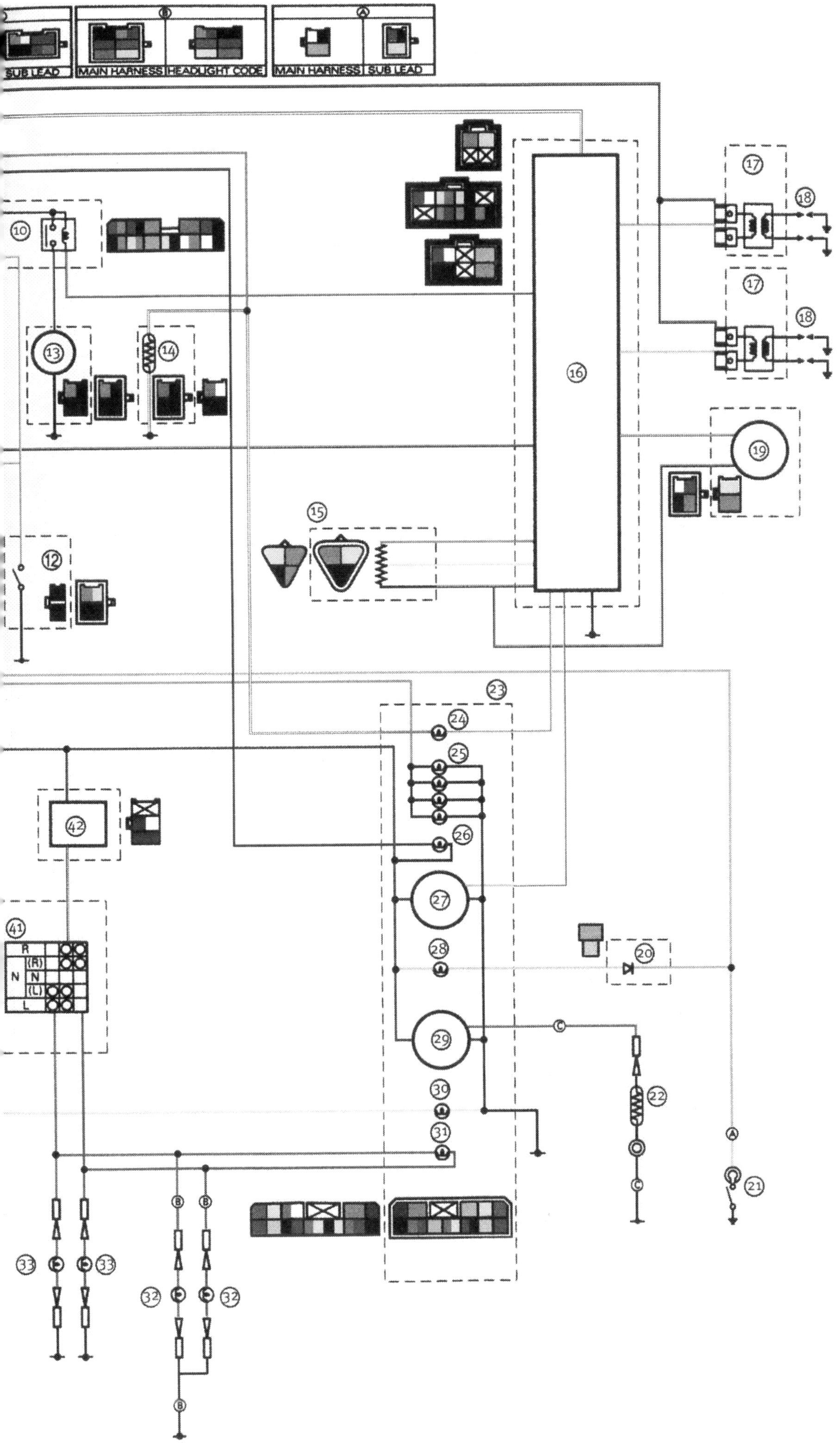

Schaltplan YZF ab 1996

1	Generator
2	Regler/Gleichrichter
3	Zündschloss
4	Batterie
5	Hauptsicherung
6	Starterelais
7	Starter
8	Relais
9	Starter-Sperrrelais
10	Benzinpumpenrelais
11	Ölstandschalter
12	Seitenständer-schalter
13	Benzinpumpe
14	Benzinstandgeber
15	Drosselklappen-sensor
16	Zündbox
17	Zündspule
18	Zündkerze
19	Impulsgeber (Pickup)
20	Diode
21	Neutralschalter
22	Thermosensor
23	Instrumente
24	Reserve-Warnleuchte
25	Instrumente-Beleuchtung
26	Ölstand-Warnleuchte
27	Drehzahlmesser
28	Neutralanzeige
29	Temperaturanzeige
30	Fernlicht-Kontrolle
31	Blinkkontrolle
32	Blinker vorn
33	Blinker hinten
34	Scheinwerfer
35	Lenkerarmatur links
36	Lichthupenknopf
37	Abblendschalter
38	Hupenknopf
39	Hupe
40	Kupplungsschalter
41	Blinkerschalter
42	Blinkerrelais
43	Brems-/Rücklicht
44	Hinterrad-Bremslichtschalter
45	Standlicht vorn
46	Lüftermotor
47	Thermoschalter
48	Lüftermotor-Sicherung
49	Blinkersicherung
50	Scheinwerfer-sicherung
51	Zündungssicherung
52	Lenkerarmatur rechts
53	Vorderrad-Bremslichtschalter
54	Lichtschalter
55	Motorstoppschalter
56	Starterschalter

FSC
www.fsc.org
MIX
Papier | Fördert gute Waldnutzung
FSC® C083411

Kolibri 360 GmbH
Ferdinand-Jühlke-Straße 7
99095 Erfurt, Deutschland
produktsicherheit@kolibri360.de